复旦史地丛刊

气候变化与江苏海岸的历史适应研究

鲍俊林 著

复旦大学出版社

复旦大学历史地理研究中心重大攻关研究项目

目 录

序

葛剑雄

　　未来全球气候的变化关乎人类命运,也是当今科学家最大的难题。影响气候的因素难以计数,既有自然的,也有人为的;既有地球本身的,也有地球以外的;既有现实产生的,也有历史累积的。而要准确预测未来就更难,因为预测未来的前提是了解过去,但人类用仪器观测气候的年代(即"器测时期")还不满 200 年,并且 90％的观测点都集中在西欧。显然,依据如此有限时间和空间内的数据,是不可能精确测定以往长时段的气候变化周期及相关数据,更难掌握其变化的规律。

　　我国杰出的气象学家竺可桢,充分应用我国地方志中的资料、古籍中的物候资料、考古发掘和研究资料对以往 7000 年间的气候变化作了推测和论证,取得重要结论。但由于其中绝大多数资料无法精确量化,其代表的时间和空间范围也难以准确复原,由此得出的结论只能是粗略的、宏观的,目前也无法得到验证。

　　在气候变化的事实、原因与未来趋势研究方面,尽管当代的学者已将直接、间接的资料收罗殆尽,尽管科学技术的进步又提供了一些新的量化或重建手段,但在可以预见的将来,精确的观测数据面对如此巨大的空白还是无法填补的。但这并不意味着这项研究只能就此终结,特别是由于它对人类的未来是如此重要,即使仅从科学家的良知出发也不能放弃。

所以，一直有研究者在另辟蹊径，从小尺度的、微观的、间接的代用资料，或者非量化的切入点着手，逐渐接近目标。不过，在进行气候变化事实研究的同时，人类社会如何应对气候变化的影响、有效地适应环境变化，这些更是当前需要各国学者从不同角度共同探索的重要课题。特别是历史时期人类社会应对气候变化影响的知识经验日益引发关注。在这方面，鲍俊林多年的研究成果《气候变化与江苏海岸的历史适应研究》就是其中之一。

人类的生活、生产和生存离不开特定的气候环境，离不开在这一环境下形成的特定的生存空间。在生产力不发达的前工业化社会，气候的局部的、微小的变化都会直接影响人们的生活、生产、生存方式，而人们为了适应这样的变化，不得不自觉或不自觉地调整自己的生活、生产、生存方式。不同的生活、生产、生存方式对气候的变化有不同的敏感度，某些方面会特别敏感，甚至形成直接对应。重构和复原这些活动的变迁，等于复原了这一特定时空范围内的气候变化，有时甚至可以达到比较精确的量化。这样的研究也有利于我们全面、正确地认识人地关系，发现先民适应气候和环境变迁的智慧，为未来人类社会与气候变迁的适应提供有益的经验。

鲍俊林以江苏海岸带的低地区域为样本，考察近一千年来的海陆变迁，进而探索这一特定区域人类社会应对环境变化的历史过程。主要通过对人类传统生产由盐业向农业转化过程的重构，钩稽盐业生产、滩涂利用、海堤修筑与维护、海岸开发等因子与海平面升降、潮灾之间的复杂关系，系统地梳理了这一区域在中世纪暖期和小冰期背景下百年尺度的适应实践的差异化过程和演进机制，并在一定程度上显示出气候变化在这一特定时空范围内百年尺度的变化幅度。

进行这项研究并取得如此突出的成绩不仅要作深入细致的

文献资料搜集、鉴别、归纳，还必须反复进行田野调查，更需要运用多学科交叉研究，所幸作者在博士研究生期间接受了历史地理学的系统训练，又先后在南京大学地理学博士后流动站、华东师范大学河口海岸学国家重点实验室得到高抒教授的悉心指导，使他能奋力站到学术前沿。作为他的博士生导师，我为他在短期内能取得这项重要的新成果而欣慰；作为"未来地球计划"中国国家委员会委员，我为中国的青年学者对人类的未来作出新贡献而自豪。

2021 年 6 月

第一章

绪论

第一节　选题意义及研究背景

1. 气候变化、海岸带及沿海低地

　　气候变化,与人类命运息息相关,是全球人类社会面临的共同挑战。气候变化主要受自然进程与外部强迫的影响,另外人类活动持续对大气组成成分和土地利用的改变,导致大气温室气体浓度大幅增加,温室效应增强,引发全球气候变暖以及一系列环境变化,包括冰川萎缩、海平面上升、极端天气气候事件、极端水文事件等,对人类社会系统的生存与发展产生了深远的影响。[①] 联合国政府间气候变化专门委员会(Intergovernmental Panel on Climate Change,IPCC)第五次评估报告显示,全球海陆表面平均温度从 1880 到 2012 年呈现线性上升趋势,升高了 0.85℃。[②] 自然与人类活动驱动的气候变化事实及其影响需要

────────────

① 秦大河:《气候变化科学概论》,北京:科学出版社,2018 年,第 1—2 页。

② IPCC, Summary for Policymakers, In: Stocker, T. F., Qin, D., Plattner, G. K., Tignor, M., Allen, S. K., et al. (eds.), *Climate Change 2013: The Physical Science Basis. Contribution of Working Group I to the Fifth Assessment Report of the Intergovernmental Panel on Climate Change*, Cambridge University Press, Cambridge, United Kingdom and New York, N. Y., USA, 2013, pp. 4 - 6.

通过减缓与适应等措施降低风险,实现人类社会可持续发展,已成为科学界的共识。[①] 有关气候变化的影响、适应、减缓的研究因此受到持续关注,成为国际全球变化研究的前沿热点。[②] 联合国政府间气候变化专门委员会(IPCC)、"未来地球"(Future Earth)等国际研究组织、大科学计划都对气候变化适应研究的重要性给予高度关注。[③] 积极推动国际合作,综合全球与地方知识、现代与历史知识,科学应对气候变化引发的系统性风险,是当前人类社会面临的共同挑战与重大现实需求。

适应与减缓是人类社会应对气候变化的两个基本对策,二者都是为了确保降低气候变化对人类社会带来的损失与风险。[④] 减缓是指为了减少对气候系统的人为强迫,通过减少温室气体排放和增加碳汇,以降低气候变化速率与规模;适应主要是指人类社会经济系统为应对气候变化影响而做出趋利避害的调整,通过工程或非工程措施化解气候风险,以适应不断变化的气候环境。[⑤] 比较而言,减缓措施主要关注长远利益,具有全球性,

---

① 《第三次气候变化国家评估报告》编写委员会:《第三次气候变化国家评估报告》,北京:科学出版社,2015年,第5—11页。

② IPCC, *Climate Change 2014: Impacts, Adaptation, and Vulnerability. Part B: Regional Aspects. Contribution of Working Group II to the Fifth Assessment Report of the Intergovernmental Panel on Climate Change*, Barros, V. R., Field, C. B., Dokken, D. J., et al. (eds.), Cambridge University Press, Cambridge, United Kingdom and New York, N. Y., USA, 2014.

③ 秦大河:《气候变化科学与人类可持续发展》,《地理科学进展》2014年第7期;徐冠华、葛全胜、宫鹏、方修琦、程邦波、何斌、罗勇、徐冰:《全球变化和人类可持续发展:挑战与对策》,《科学通报》2013年第21期;曲建升、肖仙桃、曾静静:《国际气候变化科学百年研究态势分析》,《地球科学进展》2018年第11期。

④ 秦大河总主编,潘家华、胡秀莲主编:《中国气候与环境演变(2012年)》(第3卷:减缓与适应),北京:气象出版社,2012年,第274页;肖子牛:《气候与气候变化基础知识》,北京:气象出版社,2014年,第93—107页。

⑤ 广义上适应也包括自然生态系统对气候变化趋利避害的响应,本书主要指人类社会经济系统的适应活动。参见肖子牛:《气候与气候变化基础知识》。

针对的是地球系统,是解决气候变化问题的根本出路,但缺点是难以很快见效;相反,适应措施关注近期效益,见效快,具有地域性与因地制宜的特征,针对的是人类社会系统,以提高防御和恢复力为目标,旨在将气候变化的影响降到最低。[①] 目前来看,在减缓方面,加强国际间紧密合作、控制碳排放成为重要目标。[②] 但对于大部分国家来说适应更具现实性与紧迫性,2015 年签订生效的《巴黎协定》就明确了全球各国建设"气候适应型"社会的方向。[③] 积极探索提高关键区域的气候变化适应能力、增强韧性与可持续性才是核心内容。

　　海岸带(Coastal zone)是气候变化适应研究的关键区域之一。海岸带介于海洋和陆地之间,是直接受海面变化影响的特殊生态系统。联合国《千年生态系统评估项目》将海岸带定义为"海洋与陆地的界面,向海洋延伸至大陆架的中间,在大陆方向包括所有受海洋因素影响的区域;具体边界为位于平均海深 50 米与潮流线以上 50 米之间的区域,或者自海岸向大陆延伸 100 千米范围内的低地"[④]。陆海交互使海岸带具有独特的地质地貌和生态特征,资源丰富[⑤],往往具备陆海两类经济的聚合与生产力双

---

① 徐冠华、葛全胜、宫鹏、方修琦、程邦波、何斌、罗勇、徐冰:《全球变化和人类可持续发展:挑战与对策》,《科学通报》2013 年第 21 期;秦大河:《气候变化科学概论》,第 279—287 页。

② 2020 年 9 月 22 日,中国政府在第七十五届联合国大会上提出:"中国将提高国家自主贡献力度,采取更加有力的政策和措施,二氧化碳排放力争于 2030 年前达到峰值,努力争取 2060 年前实现碳中和。见新华网:"习近平在第七十五届联合国大会一般性辩论上发表重要讲话",2020 - 09 - 22(22:59:11),http://www.xinhuanet.com/politics/leaders/2020-09/22/c_1126527647.htm。

③ 王文涛、曲建升、彭斯震、刘燕华等:《适应气候变化的国际实践与中国战略》,北京:气象出版社,2017 年,第 1 页。

④ Millennium Ecosystem Assessment 2005, *Ecosystems and Human Well-being: Synthesis*, Island Press Washington D. C., 2005.

⑤ 夏东兴等:《海岸带地貌环境及其演化》,北京:海洋出版社,2009 年,第 11—12 页。

向辐射,是区域社会经济的黄金地带。[①] 这里集中了全球大部分人口与经济活动,世界上大约 40% 人口生活在海岸线 100 千米以内,并仍然在不断增长。[②] 同时气候变化通过海平面上升、风暴潮危害加剧以及极端事件出现的频率或强度的变化来影响海岸系统,导致海洋环境变化、海岸侵蚀、滨海湿地退化等,承受了远比其他区域更为显著的来自气候、人口以及经济发展引发的环境压力。[③] 这引发了很多关于海岸带如何更积极有效适应气候—海面上升的讨论。[④] 因此气候变化引发的海岸带生态系统变化,加上人类的不合理开发,使得海岸适应具有复杂性,也关乎沿海各国可持续发展及国家安全,是受到全球共同关注的关键问题之一。

为应对气候变化的影响、推动沿海可持续发展,海岸带是全球变化研究的热点区域。从 1990 年联合国政府间气候变化专门委员会发布第一次评估报告以来,海岸带就一直是受到重点关注的研究区域。[⑤] 国际上重要的大科学研究合作组织之 一——"未

---

① 晏维龙:《海岸带产业成长机理与经济发展战略研究》,北京:海洋出版社,2012年,第 2 页。

② IOC/UNESCO, IMO, FAO, UNDP, *A Blueprint for Ocean and Coastal Sustainability*, Paris, 2011.

③ [新西兰]帕特森:《海洋与海岸带生态经济学》,北京:海洋出版社,2015 年,第 1—2 页;凌铁军、祖子清等编著:《气候变化影响与风险——气候变化对海岸带影响与风险研究》,北京:科学出版社,2017 年,第 32—45 页。

④ Magnan, A. K., Ribera, T., Global adaptation after Paris, *Science*, 2016, 352 (6291): 1280 - 1282; Haasnoot, M., Lawrence, J., Magnan, A. K., Pathways to coastal retreat, *Science*, 2021, 372(6548): 1287 - 1290.

⑤ Agnew, T., Berry, M., Chernyak S., et al, World oceans and coastal zones, In: Tegart, W. J. M., Sheldon, G. W., Griffiths, D. C. (eds.), *FAR Climate Change: Impacts Assessment of Climate Change. Report prepared for IPCC by Working Group II*, 1990, pp. 1 -28. https://www.ipcc.ch/report/ar1/wg2/.

来地球海岸"(Future Earth Coasts),即以努力推动沿海地区可持续性和适应全球变化为愿景,通过融合自然科学和社会科学,将全球、区域和地方的知识联系起来,探索全球沿海地区环境变化及其驱动因素的影响,为适应全球变化提供综合性知识支撑。①

不过,海岸带具有多样性,沿海低地(Coastal Lowlands)是海岸带最为关键的部分。沿海低地一般也称为低地海岸、海岸低洼地带(Low-lying Coastal Areas)、沿海低海拔地区(Low Elevation Coastal Zones,LECZ)等,即海拔高程低于 10 米的沿海地带。从全球范围来看,沿海低地占土地总面积 2%,但占据了全球总人口的 10%和城市人口的 13%。② 根据 2008 年的统计,全球有 3 351 个城市位于沿海低地③;又据 2018 年《世界城市人口展望》报告,全球排名前 30 位的特大城市中就有近一半位于沿海低地。④ 在地理分布上,全球沿海低地主要集中在中国东部沿海、欧洲低地国家、美国南部沿海、孟加拉国与印度的恒河三角洲,以及越南湄公河三角洲。这些地区人口密度大,未来人口比

① https://futureearth. org/networks/global-research-projects/future-earth-coasts-formerly-loicz/.

② Vafeidis, A. , Neumann, B. , Zimmermann, J. , Nicholls, R. J. , *Analysis of Land Area and Population in the Low-Elevation Coastal Zone (LECZ)*, Government Office for Science, London, U. K. , 2011, p. 171;McGranahan, G. , Balk, D. , Anderson, B. , The rising tide: assessing the risks of climate change and human settlements in low elevation coastal zones, *Environment and Urbanization*, 2007,19(01): 17 – 37.

③ UN-HABITAT, *State of the World's Cities 2008/2009-Harmonious Cities*, Earthscan, London, 2008.

④ Department of Economic and Social Affairs Population of UN, *World Urbanization Prospects*, 2018, https://population. un. org/wup/.

重仍将持续增加,且以中国沿海最为明显。[①]

人口密集、经济相对发达的沿海低地,往往对气候变化风险高度敏感。在当前全球变暖、海平面上升以及极端天气事件的影响下,沿海低地遭遇洪水风险的频率与强度也日趋上升[②];预计未来每年将有数百万人面临洪水淹没的威胁,特别是在亚洲和非洲的大三角洲地区受影响人数最多。[③] 这些脆弱地带也日益成为全球气候变化研究的重点。[④] 为此,联合国政府间气候变化专门委员会(IPCC)对沿海低地也持续予以重点关注。自 2007 年IPCC 发布第四次报告,开始对海岸系统中的低洼地带(Low-Lying Areas)有了特别关注[⑤],2014 年 IPCC 第五次报告又进一步讨论了海岸低洼地区的人居环境、经济活动、交通设施以及

---

① Hauer, M. E., Fussell, E., Mueller, V., Burkett, M., Call, M., Abel, K., Mcleman, R., Wrathall, D., Sea-level rise and human migration, *Nature Reviews Earth & Environment*, 2020, (01): 28 - 39.

② Temmerman, S., Kirwan, M. L., Building land with a rising sea, *Science*, 2015, 349(6248): 588 - 589;自然资源部海洋预警监测司:《2019 年中国海洋灾害公报》,2020 年,http://www.mnr.gov.cn/sj/sjfw/hy/gbgg/zghyzhgb/。

③ Nicholls, R. J., Wong, P. P., Burkett, V. R., Codignotto, J. O., Hay, J. E., McLean, R. F., Ragoonaden, S., Woodroffe, C. D., Coastal systems and low-lying areas, In: Parry, M. L., Canziani, O. F., Palutikof, J. P., van der Linden, P. J. Hanson, C. E. (eds.), *Climate Change 2007: Impacts, Adaptation and Vulnerability, Contribution of Working Group II to the Fourth Assessment Report of the Intergovernmental Panel on Climate Change*, Cambridge University Press, Cambridge, 2007, pp. 315 - 356; Nicholls, R. J., Czenave, A., Sea-level rise and its impact on coastal zones, *Science*, 2010, 328: 1517 - 1520.

④ Barbier, E. B., A global strategy for protecting vulnerable coastal populations, *Science*, 2014, 345(6202): 1250 - 1251.

⑤ Nicholls, R. J., Wong, P. P., Burkett, V. R., et al., Coastal systems and low-lying areas, In: Parry, M. L., Canziani, O. F., Palutikof, J. P. et al. (eds.), *Climate Change 2007: Impacts, Adaptation and Vulnerability, Contribution of Working Group II to the Fourth Assessment Report of the Intergovernmental Panel on Climate Change*, Cambridge University Press, Cambridge, UK, 2007, pp. 315 - 356.

灾害应对。[①] 2019 年 IPCC 发布《关于气候变化中的海洋和冰冻圈特别报告》中再对低洼地带的气候适应发布了专题讨论。[②] 因此,海岸带适应气候变化已成为当前需要世界各国共同合作、积极面对的重大课题。

2. 中国沿海低地

中国沿海低地的土地总面积占国土总面积的 2.0%,其人口规模占全国总人口的 12.3%,约 1.65 亿人生活在沿海低地,也是世界上沿海低地人口最多的地区;而且中国沿海低地人口分布的区域差异较大,有一半分布在距离海岸线 30 千米以内,其中江苏沿海低地面积和人口为全国省级行政区之最。[③] 整体上,中国沿海低地集中分布在东部沿海、渤海湾沿岸以及珠江三角洲(图 1 - 1),这里也拥有上海、广州、天津等特大城市,是中国主要城市群与经

① Wong, P. P., Losada, I. J., Gattuso, J. P., Hinkel, J., Khattabi, A., et al., Coastal systems and low-lying areas, In: Field, C. B., Barros, V. R., Dokken, D. J., et al. (eds.), *Climate Change 2014: Impacts, Adaptation, and Vulnerability, Part A: Global and Sectoral Aspects, Contribution of Working Group II to the Fifth Assessment Report of the Intergovernmental Panel on Climate Change*, Cambridge University Press, Cambridge, United Kingdom and New York, N. Y., USA, 2014, pp. 361 - 409.
② Oppenheimer, M., Glavovic, B. C., Hinkel, J., van de Wal, R., Magnan, A. K., Abd-Elgawad, A., Cai, R., Cifuentes-Jara, M., DeConto, R. M., Ghosh, T., Hay, J., Isla, F., Marzeion, B., Meyssignac, B., Sebesvari, Z., Sea Level Rise and Implications for Low-Lying Islands, Coasts and Communities, In: Pörtner, H. O., Roberts, D. C., Masson-Delmotte, V., Zhai, P., Tignor, M., Poloczanska, E., Mintenbeck, K., Alegría, A., Nicolai, M., Okem, A., Petzold, J., Rama, B., Weyer, N. M. (eds.), *IPCC Special Report on the Ocean and Cryosphere in a Changing Climate*, In press, 2019.
③ Liu, J. L., Wen, J. H., Huang, Y. Q., Shi, M. Q., Meng, Q. J., Ding, J. H., Xu, H., Human settlement and regional development in the context of climate change: a spatial analysis of low elevation coastal zones in China, *Mitigation and Adaptation Strategies for Global Change*, 2015, 20: 527 - 546.

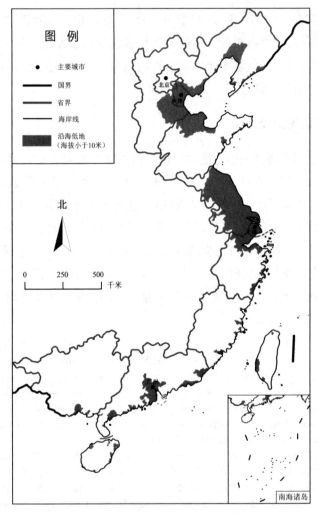

图 1-1 中国沿海低地分布图①

说明：底图根据自然资源部监制《中国地图》（2016 年）。

---

① Liu, J., Wen, J., Huang, Y., Shi, M., Meng, Q., Ding, J., Xu, H. Human settlement and regional development in the context of climate change: a spatial analysis of low elevation coastal zones in China, *Mitigation and Adaptation Strategies for Global Change*, 2015, 20: 527-546.

济引领地区。这三大区域占中国沿海低地总面积的54%，占总人口的四分之三。① 其中，从海州湾到杭州湾的中国东部沿海平原(江苏沿海、上海市、浙江北部沿海)，是绝大部分岸段平均高程低于5米的极低海岸，也是世界上面积最大、人口最多、连续的开敞式低海拔沿海地区，极易受全球气候变化与海平面上升的影响。近40年来因全球变暖与海面上升引发的重大风险持续加大，这里成为全球沿海低地气候变化风险最为突出的地区之一。②

同时，气候变暖与全球海面上升的背景下，中国东部沿海未来被淹没的威胁可能远高于预期。③ 过去50年中国东部沿海地区相对海面以每年1—6毫米的速度上升，相比21世纪初，预计到21世纪末还将上升0.6—1.3米。④ 另外，到2050年中国东部沿海将有6.41万平方千米土地受到洪水威胁，占中国沿海洪灾易感区总数的65%。⑤ 其中，地势低洼的江苏沿海、长江口地区最为突出，面临防范未来海岸风险的巨大压力(图1-2)。

① Liu, J. L., Wen, J. H., Huang, Y. Q., Shi, M. Q., Meng, Q. J., Ding, J. H., Xu, H., Human settlement and regional development in the context of climate change: a spatial analysis of low elevation coastal zones in China, *Mitigation and Adaptation Strategies for Global Change*, 2015,20: 527-546.
② 王晓利、侯西勇：《中国沿海极端气候时空特征》，北京：科学出版社，2019年，第31—42页；自然资源部海洋预警监测司：《2019年中国海平面公报》，2020年，http://www.mnr.gov.cn/sj/sjfw/hy/gbgg/zghpmgb/。
③ Hauer, M. E., Fussell, E., Mueller, V., Burkett, M., Call, M., Abel, K., Mcleman, R., Wrathall, D., Sea-level rise and human migration, *Nature Reviews Earth & Environment*, 2020,(01): 28-39.
④ Chen, L., Ren, C. Y., Zhang, B., Li, L., Wang, Z. M., Song, K. S., Spatiotemporal dynamics of coastal wetlands and reclamation in the Yangtze Estuary during the past 50 years (1960s~2015), *Chinese Geographical Science*, 2018,28(03): 386-399.
⑤ Zuo, J.C., Yang, Y.Q., Zhang, J.L., et al., Prediction of China's submerged coastal areas by sea level rise due to climate change, *Journal of Ocean University of China*, 2013,12(03): 327-334.

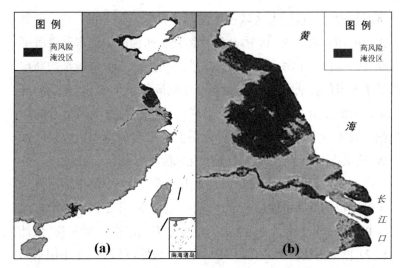

图 1-2　2050 年中国沿海淹没风险的预测①

说明：中国沿海（a）与东部沿海（b）百年一遇洪水与海面上升影响下的淹没范围预测。

为防御海岸风险、加强沿海防潮体系建设，2017 年国家发展改革委员会、水利部联合编制《全国海堤建设方案》②，力争用 10 年左右的时间完善沿海防潮减灾体系。不过，传统工程形式的保护方法被认为难以有效应对气候变化，因为工程堤坝不仅需要庞大的建设与维护成本，单一海堤战略也不具有可持续性。③ 主动、有序的适

---

① Zuo, J., Yang, Y., Zhang, J., et al. Prediction of China's submerged coastal areas by sea level rise due to climate change, *Journal of Ocean University of China*, 2013,12(03)：327-334.

② 国家发展改革委员会、水利部：《全国海堤建设方案》，2017 年，http://www.gov.cn/xinwen/2017-08/21/content_5219341.htm.

③ Hinkel, J., Lincke, D., Vafeidis, A. T., Perrette, M., Nicholls R. J., et al., Coastal flood damage and adaptation costs under 21st century sea-level rise, *Proceedings of the National Acadamy of Sciences of the United States of America*, 2014,111：3292-3297；高抒：《防范未来风暴潮灾害的绿色海堤蓝图》，《科学》2020 年第 4 期。

应措施主要在于推动国家基础设施建设的完善与适应能力建设及增强可持续性。[1] 具体到沿海低洼地带,海堤建设的重点应从硬工程防御转向基于生态系统的方式,或将两者结合起来[2];采取多样化的防御方案[3],能提供更具适应性的保护,提升长期减灾效益。[4]

在此背景下,如何更好地适应未来气候变化成为重大现实问题,科学规划、未雨绸缪至关重要。中国沿海低地应对气候风险既具有紧迫性,也有长期性。伴随沿海地区工业化、城市化的加快,沿海地区适应气候变化,保证沿海城市及海岸带安全已成为保障国家安全、具有重大意义的主要方面之一。[5] 积极探索适宜本地特征的可持续适应模式至关重要。2013 年国家发改委发布《国家适应气候变化战略》报告,就强调了在特定区域形成适合本

① 《第三次气候变化国家评估报告》编写委员会:《第三次气候变化国家评估报告》,北京:科学出版社,2015 年,第 33 页。
② Liu, X., Wang, Y. B., Costanza, R., et al., Is China's coastal engineered defences valuable for storm protection? *Science of the Total Environment*, 2019, 657: 103–107; Du, S., Scussolini, P., Ward, P. J., et al., Hard or soft flood adaptation? Advantages of a hybrid strategy for Shanghai, *Global Environmental Change-Human and Policy Dimensions*, 2020,61: 102037.
③ Morris, R. L., Boxshall, A., Swearer, S. E., Climate-resilient coasts require diverse defence solutions, *Nature Climate Change*, 2020,10: 485–487.
④ Temmerman, S., Meire, P., Bouma, T. J., et al., Ecosystem-based coastal defence in the face of global change, *Nature*, 2013,504: 79–83; Firth, L. B., Thompson, R. C., Bohn, K., et al., Between a rock and a hard place: Environmental and engineering considerations when designing coastal defence structures, *Coastal Engineering*, 2013,87: 122–135; Cheong, S., Silliman, B., Wong, P. P., et al., Coastal adaptation with ecological engineering, *Nature Climate Change*, 2013,(03): 787–791;高抒:《防范未来风暴潮灾害的绿色海堤蓝图》,《科学》2020 年第 4 期。
⑤ 《第三次气候变化国家评估报告》编写委员会:《第三次气候变化国家评估报告》,北京:科学出版社,2015 年,第 11 页。

地特征的适应格局的重要性。① 因此急需综合利用现代与历史知识,提升沿海地区气候变化适应能力,落实国家适应气候变化战略,形成具有区域特色的适应格局与模式。②

为此,全球变化与人类适应研究框架下,基于长时段视角,深入研究沿海地区历史适应的演变过程及机制具有重要意义,有助于揭示沿海地区历史适应实践的特殊性与复杂性,了解过去沿海地区应对环境变化的方式方法,为探索沿海可持续适应理论与方法提供具有全球意义的地方知识;同时,也为探索适宜本土特征的可持续适应模式、形成有区域特色的适应格局、优化现代适应策略提供基础研究与理论支撑。

第二节 现有研究综述

1. 基本概念

应对气候变化是一项高度复杂的系统性工程,随着人们对气候变化适应的复杂性的认识不断加深,传统适应实践及其知识的价值日益引起广泛关注。③ 越来越多的研究者认识到单纯依赖现有适应知识与方法可能难以充分应对未来气候变化,有效的适应措施需要综合现代科学知识与传统知识,历史适应经

---

① 国家发改委:《关于印发国家适应气候变化战略的通知》,2013 年,https://www. ndrc. gov. cn/xxgk/zcfb/tz/201312/t20131209_963985. html。

② 郑国光:《全面落实国家适应气候变化战略》,《人民日报》2014 年 4 月 15 日第12 版。

③ Stigter, C. J. , Zheng, D. , Onyewotu, L. O. Z. , Mei, X. R. , Using traditional methods and indigenous technologies for coping with climate variability, *Climatic Change*, 2005,(70): 255 - 271; Salick, J. , Byg, A. , *Indigenous Peoples and Climate Change*, Tyndall Center for Climate Change Research, Oxford, 2007.

验也能提供关键的或潜在的解决办法。① 因此,深入了解历史适应实践、探讨利用地方性历史适应知识应对气候变化逐渐成为国际气候变化研究的热点之一,形成一个新兴的跨学科研究内容。②

如前文所述,适应的概念主要强调地方尺度、地方性及其差异。历史适应与现代适应的概念内涵一致,不同的是,历史适应主要指历史时期的适应行为,即历史时期人类应对环境变化的适应行为,强调的是过去的人类应对环境变化的地方性实践,具有鲜明的区域性、地方性特征。换言之,这些适应实践是过去的人地互动,是在过去的自然—社会经济环境条件下所形成。此外,历史适应的概念与传统适应一般情况下可以通用,但也略有区别,前者主要指历史上存在的、今天可能已消亡的活动,后者即反映在传统生产生活方式中并与气候变化适应相关的地方性传统知识③,

---

① Williams, T., Hardison, P., Culture, law, risk and governance: contexts of traditional knowledge in climate change adaptation, In: Maldonado, J. K., Colombi, B., Pandya, R. (eds.), *Climate Change and Indigenous Peoples in the United States*, Springer, Cham, 2013, pp. 23 - 36; Fernandez-Llamazares, A., Garcia, R. A., Diaz-Reviriego, I., Cabeza, M., Pyhala, A., Reyes-Garcia, V., An empirically tested overlap between indigenous and scientific knowledge of a changing climate in Bolivian Amazonia, *Regional Environmental Change*, 2017, (06): 1673 - 1685.

② Stigter, C. J., Dawei, Z., Onyewotu, L. O. Z., Mei, X., Using traditional methods and indigenous technologies for coping with climate variability, *Climatic Change*, 2005,70: 255 - 271; Leonard, S., Parsons, M., Olawsky, K., et al., The role of culture and traditional knowledge in climate change adaptation: Insights from East Kimberley, Australia, *Global Environmental Change*, 2013, 23(03): 623 - 632; Granderson, A. A., The role of traditional knowledge in building adaptive capacity for climate change: perspectives from Vanuatu, *Weather, Climate and Society*, 2017,9(03): 545 - 561.

③ 刘春晖、成功、薛达元、陈秀莲:《气候变化与传统知识关联的研究进展》,《云南农业大学学报》2013 年第 4 期。

例如气候变化的地方感知、传统生产技术与生活方式、传统水利活动与土地利用、灾害应对与资源管理、地方文化与习俗等多方面,但其中一部分是历史上形成的适应活动的延续。因此,历史适应研究就在于通过揭示历史时期地方民众适应环境变化的本土实践及其知识体系,为应对未来气候变化、环境变迁而积累不同层次、不同区域的地方适应知识资源,以优化现代适应战略选择与措施,提高气候变化风险应对与决策的科学性。

需要注意的是,由于适应是因地制宜的地方实践,因此适应知识的生产本质上是一个地方过程,具有局地性,与当地自然环境、历史文化特征密切相关,形成了传统适应实践中包含的丰富"地方知识"(Local Knowledge)。与全球尺度上主要强调"全球知识"(Global Knowledge)的运用及交流一样,区域、地方尺度的适应知识的积极作用同样应受到重视。但深刻理解、科学运用地方性适应知识,必须对相关知识形成的环境与历史文化背景,以及形成的过程与机制有深入的认识[1],因为影响过去适应活动的历史和地理因素也会继续影响地方的未来适应。[2] 此外,尽管地方适应知识也被一些学者认为与现代适应措施并不相关,甚至是不重要的[3],但正因为地方性适应知识具有局地性,因此应用当地适应知识的确存在一些关键潜力,特别是在解决本土问题、提高本地适应气候变化能力的过程中可以发挥

[1] Turnbull, D., Knowledge Systems: Local Knowledge, In: Selin, H. (ed.), *Encyclopaedia of the History of Science, Technology, and Medicine in Non-Western Cultures*, Springer, Dordrecht, 2016.

[2] Colten, C. E., Adaptive Transitions: The long-term perspective on humans in changing coastal settings, *Geographical Review*, 2019, 109(03): 416 – 435.

[3] Belfer, E., Ford, J. D., Maillet, M., Representation of indigenous peoples in climate change reporting, *Climatic Change*, 2017, 145: 57 – 70.

重要作用。[①]

换言之,并没有普适性的适应知识,全球性适应知识也是来自不同地方知识的融合。尽管目前气候变化适应和恢复力应对方案的实施仍以现代科学知识为基础,然而一个重要趋势是,以往曾被忽视、被边缘化的地方性知识将在应对气候变化的过程中发挥重要作用,并促进不同区域适应知识的融合,以便更有效地适应气候变化。[②] 因此,在适应气候变化方面,地方上传统的应对措施、历史知识经验与现代科学知识同样重要,须通过多种方法将土著知识与现代科学知识结合起来,以适应和减缓气候变化。[③]

2. 国际上相关研究动态

过去全球变化(Past Global Changes,PAGES)国际科学计划将认识过去的"人类—气候—生态系统"在多时空尺度上的相互作用机制与过程、增强对当代气候变化影响与人类社会适应的理解作为重要主题之一。[④] 同时,在近几年国际社会科学理事会(The International Social Science Council,ISSC)、联合国政府间气候变化专门委员会(IPCC)发布的相关报告中,又强调了充分

---

① Naess, L. O., The role of local knowledge in adaptation to climate change, *WIREs Climate Change*, 2013, 4: 99 - 106; Barnett, J., Graham, S., Mortreux, C., Fincher, R., Waters, E., Hurlimann, A., A local coastal adaptation pathway, *Nature Climate Change*, 2014, 4, 1103 - 1108.

② Belfer, E., Ford, J. D., Maillet, M., Representation of indigenous peoples in climate change reporting, *Climatic Change*, 2017, 145: 57 - 70.

③ Makondo, C. C., Thomas, D. S. G., Climate change adaptation: Linking indigenous knowledge with western science for effective adaptation, *Environmental Science & Policy*, 2018, 88: 83 - 91.

④ Costanza, R., der Leeuw, S., Hibbard, K., et al., Developing An Integrated History and Future of People on Earth (IHOPE), *Current Opinion in Environmental Sustainability*, 2012, 4(01): 106 - 114.

结合自然科学与人文社会科学深入研究历史上适应气候变化的机制、总结其中历史适应知识与经验、为应对全球环境变化提供地方知识资源的重要性。[①] 要实现这一目标,加强在地方尺度上的相关研究工作是重要基础。因此,积极利用不同来源的知识资源、提高适应能力成为气候变化研究的重要趋势。[②] 特别是地方民众在历史时期生存与发展过程中积累的适应气候变化的传统知识,逐渐被认为是应对气候变化的重要知识资源。[③] 这有助于从人类应对气候变化的历史实践中吸取教训,提炼科学应对环境变化的响应机制与积极适应措施,确定、调节未来适应的改进方向。

目前与气候变化的历史适应相关的研究理论中,西方的气候变化人类学(The Anthropology of Climate Change)或人类学气候变化研究的影响较大,形成了比较独特的理论解释架构和方法论,即重点关注气候变化成因的文化解释、气候变化影响的民族志调查与研究,以及气候变化的地方应对与传统适应方式,强调主要基于文化尺度与人类学角度综合考察气候变化影响

---

① ISSC, UNESCO, *World Social Science Report*: *Changing Global Environments*, OECD Publishing and UNESCO Publishing, Paris, 2013; Ford, J. D., Cameron, L., Rubis, J., Maillet, M., Nakashima, D., Willox, A. C., Pearce, T., Including indigenous knowledge and experience in IPCC assessment reports, *Nature Climate Change*, 2016,(06): 349 – 353.

② Smit, B., Wandel, J., Adaptation, adaptive capacity and vulnerability, *Global Environmental Change*, 2006,16: 282 – 292; Berrang-Ford, L., Ford, J. D., Paterson, J., Are we adapting to climate change? *Global Environmental Change*, 2011,21: 25 – 33.

③ Salick, J., Ross, N., Traditional peoples and climate change, *Global Environmental Change*, 2009,19: 137 – 139; Salick, J., Byg, A., *Indigenous Peoples and Climate Change*, Tyndall Center for Climate Change Research, Oxford, 2007; Howden, S. M., Soussana, J., Tubiello, F. N., et al., Adapting agriculture to climate change, *Proceedings of the National Academy of Sciences of the United States of America*, 2007,104: 19691 – 19696.

与适应。① 特别是土著与气候变化相联系的地方文化及其适应
知识,受到气候变化人类学研究的积极关注。如人类学重要奠基
人莫斯(Mauss,M.)阐述了季节性气候变化与北美原住民传统
生活方式的关系②,托里(Torry,W. I.)在《人类学视野中的气候
变化》中讨论了自然因素导致的气候变化对自然环境和人类社会
的影响,以及当地人们的应对和传统的适应方式。③ 苏珊
(Susan,A. C.)和马克(Mark,N.)认为④,对气候变化敏感的地
区,从高纬度森林地带、寒漠地区到高海拔的山区生态系统,从热
带雨林到低海拔岸线,都存在着当地人独特的气候变化应对实践
与方式。2015 年美国人类学协会(American Anthropological
Association,AAA)发布了关于人类和气候变化的声明,进一步
强调了未来气候变化人类学研究范式与主题。⑤

同时,历史适应实践与地方特定的生态环境、历史文化及其
习俗紧密相关,地域差异显著,因此区域研究成为历史适应研究
的主要范式。近年来,国际上不少研究者基于地方案例探讨了不

① 李永祥:《西方人类学气候变化研究述评》,《民族研究》2017 年第 5 期;Barnes, J.,
Dove, M., Lahsen, M., et al., Contribution of anthropology to the study of
climate change, *Nature Climate Change*, 2013,6:541 - 544; Adger, W. N.,
Barnett, J., Brown, K., et al., Cultural dimensions of climate change impacts
and adaptation, *Nature Climate Change*, 2013,2:112 - 117。
② Mauss, M., *Seasonal Variations of the Eskimo: A Study in Social Morphology*,
London: Routledge, 1979.
③ Torry, W. I., Anthropological perspectives on climate change, In: Chen, R.,
Boulding, E., Schneider, S. (eds.), *Social Science Research and Climate
Change*, Dordrecht: Springer, 1983, pp. 207 - 288.
④ Susan, A. C., Mark, N., Introduction: Anthropology and Climate Change, In:
Susan, A. C., Mark, N. (eds.), *Anthropology and Climate Change: From
encounters and actions*, Walnut Creek, CA: Left Coast Press, 2009, pp. 9 - 36.
⑤ American Anthropological Association, *AAA Statement on Humanity and
Climate Change*, 2015.

同区域的适应知识,如传统生态知识①、生计模式②与气候变化认知③、资源管理④以及地方文化观念。⑤ 绝大部分研究工作都是基于区域案例的分析讨论,揭示区域人群应对气候变化的地方性特征及其本土知识与经验。特别是气候变化敏感区域,成为很多研究关注的热点。沿海地带及岛屿正是受到持续关注的重点区域之一。这主要是由于气候变化与海面上升导致沿海岛屿地区目前正面临迫在眉睫的直接生存威胁。⑥ 例如在太平洋小岛国家,由于处

---

① Gomez-Baggethun, E., Reyes-Garcia, V., Olsson, P., Montes, C., Traditional ecological knowledge and community resilience to environmental extremes: a case study in Doñana, SW Spain, *Global Environmental Change*, 2012,22: 640 – 650; Hosen, N., Nakamura, H., Hamzah, A., Adaptation to climate change: does traditional ecological knowledge hold the key? *Sustainability*, 2020,12(02): 676.

② Manrique, D. R., Corral, S., Pereira, A. G., Climate-related displacements of coastal communities in the Arctic: Engaging traditional knowledge in adaptation strategies and policies, *Environmental Science & Policy*, 2018,85(SI): 90 – 100.

③ Nalau, J., Becken, S., Schliephack, J., Parsons, M., Brown, C., Mackey, B., The role of indigenous and traditional knowledge in Ecosystem-Based Adaptation: A review of the literature and case studies from the Pacific Islands, *Weather, Climate and Society*, 2018,10(04): 851 – 865.

④ Lebel, L. Local knowledge and adaptation to climate change in natural resource-based societies of the Asia-Pacific, *Mitigation and Adaptation Strategies for Global Change*, 2013,(18): 1057 – 1076.

⑤ Leonard, S., Parsons, M., Olawsky, K., Kofod, F., The role of culture and traditional knowledge in climate change adaptation: Insights from East Kimberley, Australia, *Global Environmental Change*, 2013,(03): 623 – 632; Sanganyado, E., Teta, C., Masiri, B., Impact of African traditional worldviews on climate change adaptation, *Intergrated Environmental Assessment and Management*, 2018,14(02): 189 – 193.

⑥ Nurse, L. A., McLean, R. F., Agard, J. et al., Small islands, In: Barros, V. R., Field, C. B., Dokken, D. J., et al. (eds.), *Climate Change 2014: Impacts, Adaptation, and Vulnerability, Part B: Regional Aspects, Contribution of Working Group II to the Fifth Assessment Report of the Intergovernmental Panel on Climate Change*, Cambridge University Press, 1613 – 1654; Lazrus, H., Sea change: Island communities and climate change, *Annual Review of Anthropology*, 2012,41: 285 – 301.

于热带低压风暴的发源地、极端气候灾害频发,该区域有长期的应对极端灾害事件与气候变化的历史,在面对海洋环境与海面变化的实践中积累了丰富的传统知识。不少研究者分析了过去海面下降对小岛屿居民生活的影响与响应[1],小岛屿居民传统灾害知识在气候适应中的作用[2],以及小岛屿土著的气候变化感知与文化观念[3],包括密克罗尼西亚[4]、斐济、瓦努阿图与萨摩亚[5]、夏威夷[6]

---

[1] Nunn, P. D., Illuminating sea-level fall around AD1220 – 1510(730 – 440 cal yr BP) in the Pacific Islands: implications for environmental change and cultural transformation, *New Zealand Geographic*, 2000, 56: 46 – 54; Nunn, P. D., Holocene sea-level change and human response in Pacific Islands, *Earth Environmental Science Transaction Royal Society of Edinburgh*, 2007, 98: 117 – 125.

[2] Nalau, J., Becken, S., Schliephack, J., et al., The Role of Indigenous and Traditional Knowledge in Ecosystem-Based Adaptation: A Review of the Literature and Case Studies from the Pacific Islands, *Weather, Climate and Society*, 2018, 10(04): 851 – 865; Hiwasaki, L., Luna, E., Syamsidik, Marcal, J. A., Local and indigenous knowledge on climate-related hazards of coastal and small island communities in Southeast Asia, *Climatic Change*, 2015, 128: 35 – 56.

[3] Connell, J., Vulnerable islands: climate change, tectonic change, and changing livelihoods in the Western Pacific, *Contemporary Pacific*, 2015, 27: 1 – 36; Lebel, L, Local knowledge and adaptation to climate change in natural resource-based societies of the Asia-Pacific, *Mitigation and Adaptation Strategies for Global Change*, 2013, 18: 1057 – 1076.

[4] Nunn, P. D., Runman, J., Falanruw, M., et al., Culturally grounded responses to coastal change on islands in the Federated States of Micronesia, northwest Pacific Ocean, *Regional Environmental Change*, 2017, 17: 959 – 971; Thomas, F. R., Marginal islands and sustainability: 2000 years of human settlement in eastern Micronesia, *Ekonomska I Ekohistorija*, 2015, 11: 64 – 74.

[5] Walshe, R. A., Seng, D. C., Bumpus, A., et al., Perceptions of adaptation, resilience and climate knowledge in the Pacific: The cases of Samoa, Fiji and Vanuatu, *International Journal of Climate Change Strategies and Management*, 2018, 10: 303 – 322.

[6] McMillen, H., Ticktin, T., Springer, H. K., The future is behind us: Traditional ecological knowledge and resilience over time on Hawaii Island, *Regional Environmental Change*, 2016, 17: 579 – 592.

以及图瓦卢①等地。

其中,沿海地区的历史适应往往与历史开发、海岸防灾设施以及沿海风险管理的变迁研究相关,例如欧洲沿海低地的海堤设施及不同地区灾害防御责任②,德国下萨克森州的北海沿岸历史开发及海堤演变③,荷兰滨海湿地历史开发与海岸风险防御变化对生态系统的影响④,加拿大芬迪湾的历史海堤演变。⑤ 类似的长期视角的研究对于了解过去的开发与适应行为,为沿海地区的未来适应活动提供非常重要的指南。⑥ 这些研究丰富了对于不同地区低地海岸过去开发与适应方式的理解,但如何揭示沿海低地的历史适应的系统性演变及其发展机制,尚未出现这方面的研究工作。

此外,越来越多的研究者认为长时段视角有助于揭示地方适应实践演变过程、发展趋势,这需要包括自然科学、人文与社会科

① Lazrus, H., Risk Perception and Climate Adaptation in Tuvalu: A Combined Cultural Theory and Traditional Knowledge Approach, *Human Orgnization*, 2015,(01): 52 - 61.

② van Tielhof, M., Forced solidarity: maintenance of coastal defences along the North Sea coast in the early modern period, *Environment and History*, 2015,21: 319 - 350.

③ Behre, K. E., Coastal development, sea-level change and settlement history during the later Holocene in the Clay District of Lower Saxony (Niedersachsen), northern Germany, *Quaternary International*, 2004,112: 37 - 53.

④ van Eerden, M. R., Lenselink, G., Zijlstra, M., Long-term changes in wetland area and composition in The Netherlands affecting the carrying capacity for wintering waterbirds, *Ardea*, 2010,98(03): 265 - 282; Vos, P. C., Knol, E., Holocene landscape reconstruction of the Wadden Sea area between Marsdiep and Weser, *Netherlands Journal of Geosciences-Geologie en Mijnbouw*, 2015, 94 (02): 157 - 183.

⑤ Graf, M. T., Chmura, G. L., Reinterpretation of past sea-level variation of the Bay of Fundy, *Holocene*, 2010,20(01): 7 - 11.

⑥ Colten, C. E., Adaptive Transitions: The long-term perspective on humans in changing coastal settings, *Geographical Review*, 2019,109(03): 416 - 435.

学方法在内的多学科交叉方法①;人文与社会科学研究同样能够提供有关全球环境变化原因与结果的独立知识,特别是土著与地方性的适应知识②,这些传统知识在恰当的时空尺度上有利于弥补科学数据与方法的不足或局限③,可以对过去的人类社会和文化系统与气候和环境之间的相互作用提供长期的分析视角。④ 因此,通过自然科学与社会科学的学科交叉研究是促进历史适应知识与现代适应知识融合、提高地方适应能力的重要方法。⑤

总之,随着气候变化科学与可持续理论的完善,在全球变化

---

① Adger, W. N., Arnell, N. W., Tompkins, E. L., Successful adaptation to climate change across scales, *Global Environmental Change*, 2005, 15: 77 - 86; Colten, C. E., Adaptive Transitions: The long-term perspective on humans in changing coastal settings, *Geographical Review*, 2019, 109(03): 416 - 435.

② ISSC, UNESCO, *World Social Science Report 2013: Changing Global Environments*, OECD Publishing and UNESCO Publishing, Paris, 2013; Ford, J. D., Cameron, L., Rubis, J., et al., Including indigenous knowledge and experience in IPCC assessment reports, *Nature Climate Change*, 2016, 6: 349 - 353.

③ Fernandez-Llamazares, A., Garcia, R. A., Diaz-Reviriego, I., et al., An empirically tested overlap between indigenous and scientific knowledge of a changing climate in Bolivian Amazonia, *Regional Environmental Change*, 2017, 6: 1673 - 1685; 刘春晖、成功、薛达元、陈秀莲:《气候变化与传统知识关联的研究进展》,《云南农业大学学报》2013 年第 4 期; Williams, T., Hardison, P., Culture, law, risk and governance: contexts of traditional knowledge in climate change adaptation, *Climatic Change*, 2013, 120(03): 531 - 544; Mapfumo, P., Mtambanengwe, F., Chikowo, R., Building on indigenous knowledge to strengthen the capacity of small holder farming communities to adapt to climate change and variability in southern Africa, *Climate and Development*, 2016, 8 (01): 72 - 82。

④ Rick, T. C., Sandweiss, D. H. Archaeology, climate, and global change in the Age of Humans, *Proceedings of the National Academy of Sciences of the United States of America*, 2020, 117(15): 8250 - 8253.

⑤ 周天军:《未来地球科学计划及其在中国的组织实施》,《气候变化研究进展》2016 年第 5 期。

与人类适应研究框架下，对关键区域进行多学科交叉研究将成为历史气候变化适应研究的重要趋势；充分利用历史文献等多源材料，对历史适应实践开展区域比较研究也将受到更多关注。

3. 国内相关研究进展

与国际上的研究进展相比，国内相关研究仍然薄弱，研究程度较低，鲜有针对沿海地区的历史适应实践的专门研究。其他关于历史或传统适应研究集中在中国西南高山少数民族地区，以民族学或生态人类学方法为主，分析了当地民众气候变化认知及传统适应知识。[①] 此外，不少研究从全国尺度上探讨历史气候变化对社会经济系统的影响及机理[②]，但地方尺度的历史气候变化适应实践演变研究未受到充分关注。

尽管今天沿海地区成为我国经济发展的前沿地带，但古代沿海开发远不如内地，长期处于经济开发的边缘地带或边疆地带。从边缘到前沿，海涂开发经历了与海岸环境变化持续的积极适应的过程。中国海涂资源丰富，明清时期海涂围垦开发进入历史上最为活跃的阶段，通过人工围垦与水利设施建设，扩大了沿海滩涂的开发程度。翻检前人工作，不少研究将沿海历史开发作为重要研究区域与对象，奠定了丰厚的研究基础；讨论了古代沿海开发过程、灾害应对、水利建设、不同群体的资源

① 刘春晖、成功、薛达元、陈秀莲：《气候变化与传统知识关联的研究进展》，《云南农业大学学报》2013年第4期；杨兴媛、王玉珏、全威、陈俊元、何亮、成功：《乌蒙山苗族社区应对气候变化的传统知识研究》，《中央民族大学学报（自然科学版）》2017年第4期。

② 葛全胜、刘浩龙、郑景云、萧凌波：《中国过去2000年气候变化与社会发展》，《自然杂志》2013年第1期；葛全胜、方修琦、郑景云：《中国历史时期气候变化影响及其应对的启示》，《地球科学进展》2014年第1期；萧凌波：《清代气候变化的社会影响研究：进展与展望》，《中国历史地理论丛》2016年第2辑；方修琦：《历史气候变化对中国社会经济的影响》，北京：科学出版社，2019年，第229—254页。

利用关系[1]，但现有研究对深入分析滨海开发与环境变化的关系方面涉及很少。

具体到江苏海岸，在开阔低平的江苏沿海，兴筑海堤是沿海地区防御风潮、促进历史开发的重要条件，也是沿海地区重要的历史人文现象，因此揭示历史海堤变迁过程是江苏海岸历史适应研究的重要基础。古代海堤变迁是国内水利史研究的传统主题，相关研究集中在海堤（海塘）史考证及技术变迁讨论[2]，主要通过堤工或塘工（海堤建设、维修活动）记录、重要事件呈现江苏沿海的海堤发展历史，但对堤工史料处理比较粗略，未形成较高分辨率的数据序列，没有深入刻画江苏海岸堤工演变过程及时空特征。此外，部分研究梳理了沿海开发及水利活动，包括水患治理与荒政建设[3]，荡

① 刘淼：《明清沿海荡地开发研究》，汕头：汕头大学出版社，1996 年；杨国桢等：《明清中国沿海社会与海外移民》，北京：高等教育出版社，1997 年；张彩霞：《海上山东——山东沿海地区的早期现代化历程》，南昌：江西高校出版社，2004 年；王赛时：《山东沿海开发史》，济南：齐鲁书社，2005 年；于运全：《海洋天灾——中国历史时期的海洋灾害与沿海社会经济》，南昌：江西高校出版社，2005 年；杨国桢：《东溟水土——东南中国的海洋环境与经济开发》，南昌：江西高校出版社，2003 年；高志超：《明清时期伶仃洋区域社会群体与海洋社会经济变迁》，沈阳：辽宁大学出版社，2010 年；吴振南：《海岸带资源开发与乡民社会变迁》，北京：中国社会科学出版社，2014 年；惠夕平：《鲁东南沿海地区聚落选址与聚落变迁研究》，北京：科学出版社，2016；康武刚：《温州沿海平原的变迁与水利建设》，北京：人民出版社，2018 年；王日根、叶再兴：《明清东部河海结合区域水灾及官民应对》，《福建论坛（人文社会科学版）》2019 年第 1 期。

② 朱偰：《江浙海塘建筑史》，北京：学习生活出版社，1955 年；郑肇经：《中国水利史》，上海：商务印书馆，1939 年；汪家伦：《古代海塘工程》，北京：水利电力出版社，1988 年；张文彩：《中国海塘工程简史》，北京：科学出版社，1990 年；凌申：《历史时期江苏古海塘的修筑与演变》，《中国历史地理论丛》2002 年第 4 辑；张崇旺：《明清时期江淮地区水利治灾工程述论》，《北大史学》2007 年第 12 辑；毛振培、谭徐明：《中国古代防洪工程技术史》，太原：山西教育出版社，2017 年。

③ 吴春香：《康乾时期淮南盐区的水患与治理》，《长江大学学报（社科版）》2015 年第 8 期；鞠明库：《论明代海盐产区的荒政建设》，《中国史研究》2020 年第 4 期。荡

地开发[①]，海口、引河的利用与管理[②]，促进了对该地区历史水利变迁的认识，但对于其中的发展过程及其驱动机制未充分研究。

另一方面，多尺度多因子综合分析驱动影响是揭示历史适应发展机制的关键。对此，对历史海堤具有重要影响的风暴潮活动受到较多关注。相关研究集中在中国东部沿海地区历史潮灾频率与强度及其时空特征重建、脆弱性分析。[③] 这些工作对揭示历史潮灾过程作出了重要贡献，但在分析潮灾与海堤变迁方面较为滞后，除个别研究外，如郑肇经、陈昶儒等人分析了潮灾对海塘变化的影响[④]，是目前为数不多的、专门讨论潮灾与海堤变迁关系的研究；另有一些研究探讨了苏北海堤在减灾应灾中的作用。[⑤] 这类工作基于灾害史、水利史角度进行历史分析，对潮灾

① 王日根、陶仁义：《清代淮安府荡地开垦与政府治理的互动》，《史学集刊》2021年第1期。
② 李小庆：《环境、国策与民生：明清下河区域经济变迁研究》，东北师范大学博士学位论文，2019年；徐靖捷：《水灾、海口与两淮产盐格局变迁》，《盐业史研究》2019年第3期；肖启荣：《明清淮扬地区的水资源管理与沿范公堤海口的利用》，《青海社会科学》2020年第2期。
③ 陈才俊：《江苏沿海特大风暴潮灾研究》，《海洋通报》1991年第6期；孙寿成：《黄河夺淮与江苏沿海潮灾》，《灾害学》1991年第4期；潘凤英：《历史时期江浙沿海特大风暴潮研究》，《南京师范大学学报》1995年第1期；潘威、王美苏、满志敏、崔建新：《1644～1911年影响华东沿海的台风发生频率重建》，《长江流域资源与环境》2012年第2期；张向萍、叶瑜、方修琦：《公元1644～1949年长江三角洲地区历史台风频次序列重建》，《古地理学报》2013年第2期；魏学琼、张向萍、叶瑜：《长江三角洲地区1644—1949年重大台风灾害年辨识与重建》，《陕西师范大学学报（自然科学版）》2013年第4期；邓辉、洪波波：《1368—1911年苏沪浙地区风暴潮分布的时空特征》，《地理研究》2015年第12期；王洪波：《明清苏浙沿海台风风暴潮灾害序列重建与特征分析》，《长江流域资源与环境》2016年第2期；张旸、陈沈良、谷国传：《历史时期苏北平原潮灾的时空分布格局》，《海洋通报》2016年第1期。
④ 郑肇经、查一民：《江浙潮灾与海塘结构技术的演变》，《农业考古》1984年第2期；陈昶儒：《风暴潮对沿海海塘的影响初探》，《浙江水利科技》2017年第3期。
⑤ 赵赟：《清代苏北沿海的潮灾与风险防范》，《中国农史》2009年第4期；张崇旺：《明清时期两淮盐区的潮灾及其防治》，《安徽大学学报（哲学社会科学版）》2019年第3期；鞠明库：《论明代海盐产区的荒政建设》，《中国史研究》2020年第4期。

时序数据缺少整理运用,尚未揭示潮灾的影响机制,研究程度较低。同时,还有王文、谢志仁在百年尺度上分析全国沿海地区气温、海面、潮灾强弱、海塘变迁的关系[①],但目的是利用潮灾与塘工资料重建历史海面变化,对历史潮灾与江苏海岸堤工变迁的关系未做具体分析。还有汪家伦以年表形式整理了两淮潮灾与古代海堤工程的主要事件,但并未具体分析。[②]

此外,海涂地貌与土地利用变化也是历史适应实践变迁的重要影响因子。历史时期江苏沿海复杂的海岸线变化吸引了很多研究者的注意[③],相关研究从历史地貌与水利史角度初步讨论了海岸变迁与海塘工程的关系[④],呈现了整体线索,但并未具体分析海岸淤涨的影响过程与途径。海涂地貌、土地利用的一些重要特征,如滩涂淤蚀方向、速率、高程变化、围垦方向与速率、土地利用冲突等,对堤工变迁存在哪些具体联系,现有研究均尚未涉及。

综合现有研究的进展,与江苏海岸历史适应研究相关的主要贡献是:梳理了江苏海岸主要堤工事件、海堤变迁,分析了历史潮灾时空特征及岸段脆弱性,揭示了江苏海岸线演变过程,初步讨论了潮灾、海涂地貌对海堤变迁的影响。同时,现有研究的不

---

① 王文、谢志仁:《中国历史时期海面变化(Ⅰ)——塘工兴废与海面波动》,《河海大学学报(自然科学版)》1999 年第 4 期;王文、谢志仁:《中国历史时期海面变化(Ⅱ)——潮灾强弱与海面波动》,《河海大学学报(自然科学版)》1999 年第 5 期。

② 汪家伦:《两淮潮灾与古代海堤工程》,华东水利学院水利史研究组(油印稿),1985 年。

③ 陈金渊:《南通地区成陆过程的探索》,《历史地理》第三辑,上海:上海人民出版社,1983 年;张忍顺:《苏北黄河三角洲及滨海平原的成陆过程》,《地理学报》1984 年第 2 期;朱诚、程鹏、卢春成等:《长江三角洲及苏北沿海地区 7000 年以来海岸线演变规律分析》,《地理科学》1996 年第 3 期;杨达源、张建军、李徐生:《黄河南徙、海平面变化与江苏中部的海岸线变迁》,《第四纪研究》1999 年第 3 期;王颖、张振克、朱大奎:《河海交互作用与苏北平原成因》,《第四纪研究》2006 年第 3 期。

④ 陈吉余:《海塘——中国海岸变迁和海塘工程》,北京:人民出版社,2000 年;赵清、林仲秋:《江苏北部古代海堤与海陆变迁》,《徐州师范学院学报(自然科学版)》1995 年第 2 期。

足之处主要包括：尚未揭示历史堤工演变的时空特征与迁移模式，未揭示历史堤工与潮灾之间的联系，未分析历史潮灾、海涂土地利用变化对海堤变迁的影响机制。

第三节 研究区概况、研究内容

1. 研究区概况

江苏沿海位于中国东部，北纬 31°40′—35°07′、东经118°23′—121°57′，濒临黄海，海岸线北起连云港市赣榆区绣针河口，南至启东市连兴港，总长 734.8 千米。[①] 江苏沿海地区在政区上属于连云港、盐城及南通三市范围（图 1-3），整体上包括北部的废黄河口三角洲、中部的滨海平原以及南部长江口三角洲北翼。

江苏沿海土地总面积约 35 096 平方千米，2019 年末人口为1903.8 万，GDP 总量为 18 224.9 亿元，三项分别占江苏省的33%、24%和 17.9%。[②] 自 20 世纪中期以来，江苏沿海一直是中国人口最密集的地区之一，人口密度不断增长。[③] 2010 年第六次全国人口普查后，其人口密度比全国平均高出约 4 倍。[④]

江苏省地势低平，拥有中国面积最大的沿海低洼地带。江苏

---

① 参见江苏省 908 专项办公室编：《江苏近海海洋综合调查与评价总报告》，北京：科学出版社，2012 年，第 112—114 页。本书研究区以今江苏沿海为主，不含长江口与岛屿的海岸线，也不包括历史上属于江苏沿海的今上海市范围。

② 江苏省统计局、国家统计局江苏调查总队：《江苏统计年鉴（2020）》，北京：中国统计出版社，2020 年，第 60、77—80 页。

③ 马颖忆、陆玉麒、张莉：《江苏省人口空间格局演化特征》，《地理科学进展》2012 年第 2 期。

④ 中国人民共和国国家统计局：《中国统计年鉴（2016）》，北京：中国统计出版社，2016 年，第 36 页。

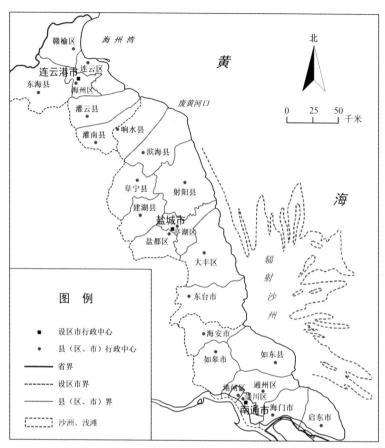

图 1-3 研究区示意图——江苏沿海政区

说明:底图根据江苏省基础地理信息中心编制《江苏省政区图》(2020 年版)、江苏华宁测绘实业公司编制《江苏省地图》(江苏省自然资源厅监制,2020 年版)。

省海拔 10 米以下的沿海低地面积约 6.7 万平方千米,占全国沿海低地总面积的 34.8%;其沿海低地人口约 5 200 万,接近全国沿海低地总人口三分之一。[①] 江苏沿海高程大部分在海拔 2～4

① 施敏琦:《中国沿海低地人口分布及人群自然灾害脆弱性研究》,上海师范大学硕士学位论文,2012 年。

米之间,地形差异小,微起伏不足 1 米①,对海平面上升及其引发的灾害风险十分敏感。到 2050 年,江苏沿海的海平面相对 2000 年将上升约 0.4～0.5 米,超过全国平均水平。②

江苏沿海受台风风暴潮影响较多,历史增水记录达到 2.84 米,有两种台风路径造成的增水较为严重。一是台风中心在长江口附近登陆并继续向西北方向移动;另一种是到达 35°N 左右的台风,中心改为东北偏北方向移动,并在朝鲜沿岸登陆,江苏沿海多为该路径。③

江苏沿海是我国经济开发关键区域之一。2009 年江苏沿海成为国家战略开发地区,近年来不断加大基础设施投资和海堤达标工程建设,是中国促进沿海开发与防御海岸风险的重点地区之一。④ 伴随江苏沿海快速工业化、城市化,海涂生态保护也日益受到重视。1992 年,在江苏中部沿海滩涂地区(盐城市)建立了中国沿海最大的湿地自然保护区,后被列入联合国教科文组织"人与生物圈计划"保护区和《拉姆萨尔公约(2020)》国际重要湿地名录。⑤ 2019 年 7 月,第 43 届世界遗产大会确定中国黄(渤)海候鸟栖息地成功申遗⑥,成为我国首个滨海湿地类自然遗产、全球第二块潮间

---

① 江苏省地方志编辑委员会:《江苏省志·地理志》,南京:江苏古籍出版社,1999 年,第 137 页。
② Zuo J. C., Yang Y. Q., Zhang J. L., et al., Prediction of China's submerged coastal areas by sea level rise due to climate change, *Journal of Ocean University of China*, 2013,12(03): 327－334.
③ 《江苏省气候变化评估报告》编写委员会编:《江苏省气候变化评估报告》,北京:气象出版社,2017 年,第 295 页。
④ 江苏省统计局:《江苏统计年鉴(2016)》,第 641—647 页;《江苏省气候变化评估报告》编写委员会编:《江苏省气候变化评估报告》,第 282—284 页。
⑤ Ramsar Convention. The list of wetlands of international importance. 2020. https://www.ramsar.org/sites/default/files/documents/library/sitelist.pdf.
⑥ 参见 http://whc.unesco.org/en/list/。

带湿地遗产。

12 世纪以来江苏海岸经历了长期扩张，塑造了巨大的开敞性滨海平原，沿海低地的自然—社会系统经历了长期的系统性转变过程，海岸扩张、海涂生态环境演替变化、传统开发与筑堤活动也随之演变。唐宋时期开始这里便长期是全国古代海盐生产中心（图 1-4），到清代，全国盐税约 49% 就来自江苏沿海的两淮盐场。① 清末民初以后经过废灶兴垦，该地从全国海盐生产中心转为重要农业区。总之，江苏沿海具有长期开发历史、复杂的环境变化以及丰富的文献积累，成为开展气候变化背景下的历史适应实践研究、观察分析沿海低地历史适应过程与机制的理想区域。

2. 研究内容、目标及关键科学问题

本书以分析 10 世纪以来气候变化背景下江苏海岸历史适应格局的发展过程及其驱动机制为主要内容。围绕历史堤工、历史潮灾及海涂开发的关系，重点揭示风暴潮、沿海土地利用、海岸管理对海堤系统演变的影响过程、途径及差异，尝试系统地总结江苏海岸历史适应格局的演变过程及发展机制。

本书以揭示 10 世纪以来江苏海岸百年尺度上历史适应的演变过程及机制为研究目标，包括揭示不同岸段的潮灾风险及其脆弱性的差异，梳理历史海堤系统演变过程及其时空特征，揭示海涂历史土地利用变迁过程，明确传统海岸管理方式变化过程及其影响，揭示不同气候阶段海岸适应格局转变的机理，梳理江苏海岸历史适应格局的发展模式。

基于现有的研究，本书将历史时期江苏海岸适应划分为两个主要阶段，包括 11—15 世纪中世纪暖期背景下形成的早期适应

---

① 陈锋：《清代盐政与盐税》，郑州：中州古籍出版社，1998 年，第 171 页。

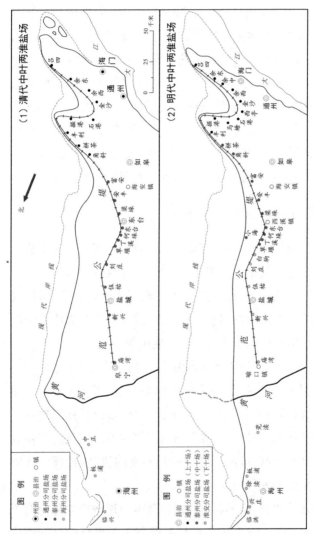

图 1-4 历史时期江苏海岸两淮盐场示意图

说明：底图根据谭其骧主编《中国历史地图集》第七册（元明时期）第 47—48 页）、第八册（清时期，第 16—17 页）、江苏华宁测绘实业公司编制《江苏省地图》《江苏省自然资源厅监制，2020 年版》。历史岸线参考张忍顺《苏北黄河三角洲及滨海平原的成陆过程》（《地理学报》1984 年第 2 期）。

阶段,以及 16—19 世纪小冰期背景下形成的适应阶段,这需要揭示 11—15 世纪海岸适应的具体表现,形成了何种适应格局,第一阶段形成的适应格局如何向第二阶段转变并形成新的适应格局,以及有哪些具体机制或表现。

因此,通过研究,本书旨在回答两个方面的问题:(1)中世纪暖期与小冰期阶段江苏海岸历史适应格局的形成过程及联系。(2)历史潮灾、土地利用、管理制度变化对历史堤工的影响及其差异。

3. 章节结构

除首章外,各章节主要内容如下:

第二章介绍全新世以来江苏海岸环境演变基本过程与地理环境概貌,突出全新世中国东部历史海面变化对江苏海岸地貌演变的影响。

第三章介绍过去一千年气候变化背景下江苏海涂地貌的响应过程,揭示海岸环境变化的主要特征,包括海涂、沙洲地貌变化及潮滩生态的演替变化。

第四章分析江苏海岸历史潮灾、海岸风险及其脆弱性,揭示江苏沿海历史上潮灾分布特征及驱动因素的影响、灾害应对方式。

第五章分析江苏沿海历史海堤系统形成与演变的基本过程,分别梳理淮北与淮南岸段历史海堤建设、发展阶段,以及各岸段筑堤方式的变化。

第六章分析明清淮扬水利对淮南堤工格局的影响,揭示淮南堤工的变化过程、下河水患对泰州与通州段堤工的影响差异。

第七章揭示潮墩的演变与扩张过程,分析在不同岸段的发展差异、时空分布变化及环境响应特征。

第八章分析历史堤工演变的时空特征、演变模式及关键驱动因素的影响,结合前文讨论百年尺度上历史堤工格局在过去一千年若干冷暖期内的分布变化,讨论气候—海面变化的影响程度、途径及其机制。

第九章揭示海涂历史开发与土地利用变化过程,分析海涂开发从盐业区向农业区转变对历史堤工演变的影响,揭示盐业区传统海盐生产活动的环境适应特征,讨论土地利用变化对堤工演变的影响程度、途径及机制。

第十章揭示海岸带历史土地利用政策及资源管理制度的变迁过程,讨论海涂资源管理制度对盐业区向农业区转变以及历史堤工活动变迁的影响。

第四节　方法、资料及创新之处

1. 基本方法

(1)历史文献分析与田野调查相结合。基于长时段视角,综合运用历史文献分析与田野调查是本书基本的研究方法。通过历史文献分析获取定量与定性数据,建立基本数据库,形成若干数据序列,包括海涂环境、潮灾、堤工以及传统生产活动等;通过田野调查收集历史堤工活动遗迹、了解沿海生态环境、盐沼地貌、潮沟水文及环境。

(2)区域比较与多要素集成方法。根据海陆相对位置的差异、地质地貌与自然资源特征的一致性,本书将江苏沿海划为三个分区(或岸段),即北部(赣榆到阜宁)、中部(阜宁到海安)与南部(海安到启东),整体上分别对应历史时期的海州、泰州与通州地区;海州属淮北,后二者属淮南。通过分区有助于对关键的自然与人文要素的数据序列进行分区比较与集成研究,以考察气候变化背景下不同岸段历史适应实践的差异化过程、时空特征及相互关系。

(3)关键要素选择。为系统地揭示江苏海岸历史时期适应格局演变过程,基于江苏海岸带地理变迁的特殊性、历史开发的特点,并结合全球变化与人类适应研究框架以及现有研究基础,本书选择历史堤工、潮灾、土地利用及管理制度四个方面作为论证诸要素互动关系、揭示历史适应变迁的关键要素。

(4)理论与实证分析相结合。运用人地关系理论,通过多尺度多因子综合研究,对历史时期江苏沿海关键的自然与人文要素进行分解、组合,对其变化特征进行比较、归纳,结合"过程—格局—机制"分析,明确不同因子的驱动差异,并综合分析,把握其规律性;同时,基于多源数据,定量与定性分析相结合,以同时序比较各要素变化特征;识别关键现象,分析内在机理,以明确关键因子的影响机制。

2. 研究步骤

基于全球变化与人类适应研究框架,结合气候变化适应研究中有关影响(Impacts)、脆弱性(Vulnerability)、适应(Adaptation)的基本概念与分析线索,首先,重建历史气候变化影响下各岸段生态环境变化、历史风暴潮灾害与各岸段海岸风险差异;其次,重建历史堤工格局的演变过程,分析历史潮灾、土地利用、海岸管理对历史堤工演变的影响差异;最后,分析并总结海岸历史适应格局及其模式的变迁。

具体步骤包括:(1)收集和整理相关文献资料,利用历史文献、已有研究及田野调查,通过文本分析、资料比较,考订沿海历史堤工记录,编制堤工年表、潮灾年表;(2)提取历史文献、调查报告、数据集或研究成果中的相关数据,分类建立基本数据库,形成关键要素的数据序列;关键自然要素包括历史风暴潮灾害、海涂地貌与水文环境;关键人文要素包括历史堤工、土地利用、资源管理政策;(3)通过历史气候变化的集成分析并与历史潮灾、堤工变化数据序列进行同时序比较,以揭示演变特征与相关性;(4)梳理历史堤工、土地利用与管理政策及其关键历史事件的发展过程,讨论其影响的途径与差异;(5)分析历史适应格局演变过程及其驱动机制。

3. 资料来源

江苏沿海历史文献资料丰富,是获取历史堤工、潮灾、海涂开发以及环境变化等历史信息的重要资料。本书研究涉及的核心资料包括两淮盐业相关的历代官私盐法志文献、江苏沿海各府县方志文献、相关的水利专志、今人相关辑录资料(详见书末参考文献)。

(1)盐法志。江苏沿海盐业史文献主要收集在 2009—2012 年国家图书馆出版社影印出版的《稀见明清经济史料丛刊》(第1—2辑),共计 20 余种。例如明清官府前后续修的各类《两淮盐法志》,包括弘治《两淮运司志》、嘉靖《两淮盐法志》、康熙《淮南中十场志》,康熙、雍正、乾隆、嘉庆以及光绪年间官修的《两淮盐法志》。其他相关盐法文献共 50 余种,例如清末民初周庆云编纂的《盐法通志》、盐务署的《清盐法志》、民国年间的《中国盐政实录》,以及朱廷立的《盐政志》、丁日昌的《淮鹾摘要》等盐务官员私著。

(2)地方志。明清与民国时期江苏沿海相关的府县方志文献共计 70 余种,主要收集在《江苏历代方志全书》《中国地方志集成·江苏府县志辑》以及《中国地方志集成·上海府县志辑》,包括明清时期总志、府志、县志,如万历《淮安府志》,万历、嘉庆、同治《扬州府志》,嘉靖《惟扬志》,隆庆《海州志》,万历《通州志》,嘉庆《东台县志》等。

（3）水利专志、古地图以及其他相关历史文献。历史水利专志、海堤图、沿海古地图等资料是获取历史堤工与潮灾等历史信息的重要资料,共 10 余种。如《淮南水利考》《南河全考》《江苏水利全书》《淮系年表》《行水金鉴》《续行水金鉴》《皇朝经世文编续编》(各省水利—海塘)《淮扬水利图说》《续纂江苏水利全案》《江苏全省地图》等。另外也收集了与江苏沿海地区相关的私人文集、各县文史资料与地名录等。

（4）现代文献。主要包括今人辑录资料、公开出版物、在线数据集等。收集相关的今人辑录资料约 20 种,包括历史潮灾资料、现代沿海调查资料,如《江苏省近两千年洪涝旱潮灾害年表》(江苏省革命委员会水利局,1976 年)《中国历代灾害性海潮史料》(海洋出版社,1984 年)《长江三角洲自然灾害录》(同济大学出版社,2015 年)《中国气象灾害大典(江苏卷)》(气象出版社,2008 年)《清代淮河流域洪涝档案史料》(中华书局,1988 年)、《华东地区近五百年气候历史资料》(上海等省市气象局、中央气象局研究所,1978 年)《中国风暴潮灾害史料集(1949—2009 年)》(海洋出版社,2015 年)等。其他相关资料还包括公开出版物、部分现代海岸调查资料,如《江苏省海岸带和海涂资源综合调查报告》(海洋出版社,1986 年)《江苏省海岸带自然资源地图集》(科学出版社,1988 年),以及《江苏省近海综合调查与评估报告》("908"专项,科学出版社,2012 年)。

4. 研究创新及主要特色

（1）科学问题:历史适应研究是国际上气候变化研究领域的

新兴热点之一,但国内相关研究较弱,有关沿海地区的历史适应研究几为空白。结合海岸带历史地理研究、国际上气候变化适应研究、沿海发展的现实需求凝聚科学问题,揭示这一关键区域的历史适应的发展机制,探索历史时期的沿海低地生存策略及资源利用模式,总结历史适应格局具有重要的理论与现实意义。

(2)关键区域:江苏沿海具有复杂的环境变化、长期开发历史,以及丰富的文献积累,是开展气候变化背景下历史适应研究、观察分析中国沿海低地历史适应过程与机制的关键区域。

(3)研究方法:在全球变化与人类适应研究基本框架下结合史料分析、田野调查、海岸地貌学理论,采用长时段视角、多尺度多因子综合分析及学科交叉方法,并基于"过程—格局—机制"分析,系统地揭示江苏海岸百年尺度的历史适应实践的演进过程及机理。

第二章

全新世江苏海岸环境

第一节　江苏海岸地理环境概貌

江苏海岸在地质构造上大致以灌河口为界,可以分为南北两大区域:灌河口以北中朝准地台的南黄海坳陷带,灌河口以南至长江口之间是扬子准地台的下扬子古生代坳陷带。[①] 在地貌上,江苏海岸分为北部海州湾海积平原、废黄河三角洲平原、中部沿海海积平原及南部长江三角洲平原。[②] 整体上地势低平,以东台至如东岸段海拔最高,平均 4 米;滨海县到盐城市区之间海拔最低,1 米左右。

江苏海岸属于典型淤泥质平原潮滩,各岸段冲淤状态存在差异。淤长岸滩集中在盐城市射阳到东台(射阳河口—北凌河口)、南通市大部分地区(北凌河口—长江口北支),滩面最宽约 40 千米,面积共 2 790.1 平方千米;侵蚀岸滩集中在响水、滨海与射阳一带(灌河口—射阳河口),面积 35.7 平方千米;稳定岸滩集中在连云港市一带(兴庄河口北侧、西墅—垘子口),面积 289.8 平方

---

① 江苏省地方志编辑委员会:《江苏省志·地理志》,南京:江苏古籍出版社,1999年,第 212 页。

② 江苏省 908 专项办公室编:《江苏近海海洋综合调查与评价总报告》,北京:科学出版社,2012 年,第 122—125 页。

千米。① 整体上在连云港烧香河口至射阳河口之间的淤泥质海岸140余千米,射阳河口至海门淤泥质海岸500余千米,此外,东灶港至连兴港之间、绣针河口至兴庄河口为砂质海岸,共197千米。②

江苏沿海位于中国南北方交界地区,是中国南方热带、亚热带向北方暖温带、温带气候的过渡地带,南北气候差异显著,季风特征明显。③ 整体上苏北灌溉总渠以南属北亚热带,灌溉总渠以北属暖温带季风气候区;在光热资源分布上总渠以北岸段明显多于总渠以南岸段,滨海又多于内陆。④ 整体上总渠以南的降水、日照少于北部,光热资源明显弱于总渠以北岸段。江苏沿海全年日照时数为 2 101.6—2 642.1 小时,总渠以北岸段为全省之冠,达 2 400—2 650 小时,日照百分率在 55% 以上。年平均气温自北向南递增,总渠北约 13—14℃,总渠南约 14—15℃。日平均气温大于等于 0℃ 积温在总渠北约为 4 900—5 200℃,总渠南约 5 300℃。累积年平均降水量自北向南逐渐增加,自陆向海明显减少,渠北为 850—1 000 毫米,渠南为 1 000—1 080 毫米。⑤ 沿海雨量也表现出季节分配的不均匀,台风在 7—9 月较多,导致夏季降水集中,冬季降水少。总之,在自然蒸发潜力方面,总渠以北明显大于渠南岸段,湿度小,干燥,台风袭击少。

江苏海岸潮间带沉积物自陆向海分布具有垂直岸线分带特征,即总体上呈现从上部到下部由粗到细的特征,在平行岸线分布特征上又表现为北粗南细、中部最细的特征。⑥ 同时,江

---

① 江苏省 908 专项办公室编:《江苏近海海洋综合调查与评价总报告》,第 135 页。
② 江苏省地方志编辑委员会:《江苏省志·地理志》,第 213—216 页。
③ 江苏省 908 专项办公室编:《江苏近海海洋综合调查与评价总报告》,第 36 页。
④ 江苏省地方志编辑委员会:《江苏省志·地理志》,第 155—157 页。
⑤ 全国海岸带办公室:《中国海岸带气候》,北京:气象出版社,1991 年,第 107、110 页。
⑥ 江苏省 908 专项办公室编:《江苏近海海洋综合调查与评价总报告》,第 144 页。

苏沿海地区土壤类型具有显著空间差异,以滨海盐土为主,其次为潮土。整体上,江苏沿海地区平原海岸的土壤类型单一,海堤外主要是滨海盐土,堤内为潮土。[1] 江苏滨海盐土亚类一般包括潮滩盐土、沼泽潮滩盐土、潮化盐土及草甸滨海盐土。草甸滨海盐土主要分布在堤外潮上带,土壤已开始脱盐,长有多年生草本植物;沼泽滨海盐土集中在各入海河口两侧水质较淡的地段,如射阳河口、新洋河口。另外江苏海岸潮土均为灰潮土,主要由滨海盐土脱盐垦殖形成,多分布于堤内或潮化盐土的内侧。[2]

江苏近海的水动力主要受南黄海旋转潮波与东海前进潮波的控制,这两大潮波系统在弶港与洋口镇外海域发生辐聚和辐散,形成了平原海岸两碰水强潮奇观,潮差大,潮流强[3],因此形成了弶港与洋口镇外的大规模辐射沙脊群。在潮流流速分布上,以辐射沙脊群为最强,废黄河口外次之,海州湾最弱,无潮点位于废黄河口以东约 80 千米处。[4] 在弶港与洋口镇岸段之外的辐射沙脊群中心,历史最大潮差可达 9.62 米,并向南、北递减。[5] 江苏沿岸以正规的半日潮型为主,潮位日变化为一日两高两低的形式。[6] 沿岸潮位年内变化夏高冬低,月变化呈天文潮汐特征,即

---

[1] 陈邦本、方明等:《江苏海岸带土壤》,南京:河海大学出版社,1988 年,第 27 页。

[2] 宋达泉主编:《中国海岸带和海涂资源综合调查专业报告集·中国海岸带土壤》,北京:海洋出版社,1996 年,第 214—215 页。

[3] 江苏省 908 专项办公室编:《江苏近海海洋综合调查与评价总报告》,第 23—24 页。

[4] 江苏省 908 专项办公室编:《江苏近海海洋综合调查与评价总报告》,第 23—24 页。

[5] 丁贤荣、康彦彦、茅志兵、孙玉龙、李森、高旋、赵晓旭:《南黄海辐射沙脊群特大潮差分析》,《海洋学报(中文版)》2014 年第 11 期。

[6] 任美锷主编:《江苏省海岸带与海涂资源综合调查报告》,北京:海洋出版社,1986 年,第 25—27 页。

农历每月初一、十五大潮汛,潮位最高,初八、二十三小潮汛,潮位最低。

江苏沿海水体含沙量受潮波系统影响,空间分布上呈现近岸高,形成高值区,同时向外海含沙量渐低的整体特征。[①] 北部岸段外受南黄海左旋的旋转潮波控制,受地形影响,外海潮波在向岸运动过程中潮流椭圆旋转率不断减小,从而出现一个自北向南的近岸余流和向南的沿岸泥沙流,向沿岸输送大量泥沙,实测平均含沙量达 1.0—3.0 克/升;南部海域则受东海前进潮波影响,前进潮波进入浅水区后,出现一个北西向余流,受地形影响,并未形成近岸连续的泥沙流,供沙量也明显小于北部海域,平均含沙量为 0.2—1.2 克/升。这种南北潮流的差异,在北宽南窄的潮滩形态差异上也得到反映。[②] 此外涨落潮流之间也有明显的不对称性,对水体含沙量及其沉积输运也产生了影响。沿海涨潮历时明显短于落潮,而平均涨潮流速大于落潮,导致落潮平均含沙量明显小于涨潮,有利于泥沙向岸运动和沉积。[③]

水沙运动、潮差与潮流影响了近岸地貌形态,在江苏海岸线中部海面,尚有 10 条形态完整的大型海底沙脊,向东北、东、东南方向呈辐射状延伸。这些沙脊群是由于东海前进波系统和黄海旋转潮波系统长期在琼港附近海区辐聚辐散,带来废黄河口和古长江口水下三角洲的泥沙及沉积物质,逐渐沉积冲刷形成。[④] 沙

---

① 江苏省 908 专项办公室编:《江苏近海海洋综合调查与评价总报告》,第 32—34 页。
② 任美锷主编:《江苏省海岸带与海涂资源综合调查报告》,第 27—36 页。
③ 任美锷主编:《江苏省海岸带与海涂资源综合调查报告》,第 34—36、54—55 页。
④ 陈吉余主编:《中国海岸带和海涂资源综合调查专业报告集·中国海岸带地貌》,北京:海洋出版社,1996 年,第 194—195 页;江苏地方志编辑委员会:《江苏省志·地理志》,第 210 页。

脊群范围南北长约 200 千米,东西宽 90 千米左右,共有沙洲 70
多个,零米以上的沙洲总面积达 2 125.45 平方千米。其中以东沙
最大,达 693.73 平方千米。

　　江苏沿海的海水温度分布受气温影响较大,季节性变化明
显,表层水温夏季一般在 24—30℃,呈现北低南高的分布特征,
南北差异不大;冬季为 8—10℃,北高南低,且近岸低,外海高,废
黄河北侧与弶港岸外终年存在低温中心。[1] 另外,江苏沿海盐度
分布随季节性变化的幅度较温度而言更为稳定,无论冬夏均呈现
由岸向海增加的规律。[2] 近岸地区受径流量冬夏差异影响,夏季
盐度明显低于冬季,离岸地区则不明显;沿海近岸表层平均盐度
在夏季为 24‰—31‰。各月平均盐度在 29.53‰—32.24‰之
间,枯水期盐度稍高,约 31.3‰—32.2‰,汛期稍低,约
29.53‰—31.06‰。[3] 整体上冬季盐度相对较高,并以连云港外
海域与辐射沙脊群外缘的盐度较高,但弶港海域则形成了低盐
中心。[4]

　　从历史上看,受气候变化、海面变化影响,江苏海岸在历史
上经历了复杂多样的变化,形成一个典型的潮控海岸。历史上
海水在苏北平原多次来回往复扫荡、大规模的海陆变迁世界罕
见。因此,大规模海进海退是江苏海岸地理环境变化最突出的
表现,海岸线直到全新世晚期后才相对稳定,人类开始迁入
开发。

---

① 江苏省 908 专项办公室编:《江苏近海海洋综合调查与评价总报告》,第 34—
　 35 页。
② 江苏省 908 专项办公室编:《江苏近海海洋综合调查与评价总报告》,第 36 页。
③ 薛鸿超、谢金赞等:《中国海岸带和海涂资源综合调查专业报告集·中国海岸带水
　 文》,北京:海洋出版社,1996 年,第 89—94 页。
④ 江苏省 908 专项办公室编:《江苏近海海洋综合调查与评价总报告》,第 36 页。

第二节　中国东部海面变化及海岸响应

自末次盛冰期以后进入全新世大暖期,全球海平面持续快速上升。距今 25 000 年开始的晚玉木冰期海面急剧下降,大约在 23 700 年前出现间歇停顿,造成东海外陆架退却的四条埋藏贝壳堤棚状岸线,其水深显示大致为 112、136、141 和 155 米。[①] 埋藏贝壳堤与现代贝壳堤的生物相完全一致,均含有大量强烈磨损的长牡蛎、藤壶等褐色污染贝壳及有孔虫和介形虫褐黄色壳体,并发现有丰富的植物碎屑,陆相的有壳变形虫、刺盒虫和盾形化石等,反映出古滨岸的高能沉积环境。[②] 从贝壳堤的埋藏深度与 ^{14}C 年代推断,大致在 23 700 年前,海面下降到 - 115 米;在 20 550 年前下降到 - 137 米,在 17 600 年前下降到 - 143 米;到 16 000—15 000 年前的晚玉木极盛时期,海面下降到最低深度,即 - 150 到 - 160 米(图 2 - 1)。[③] 代表水深 150—160 米最低海面的古海岸线与大陆架外缘坡折线重合,在现代海底地形上,由济州岛东南侧呈弧形外凸绕过我国钓鱼岛外侧,最后弯向我国台湾东北角。

距今 2 万—1.5 万年前是海面处于最低位置的时期,海面的最低值可能出现在距今 1.8 万年(图 2 - 1)。距今 1.8 万—1.5 万年间海面平均上升速度约为 3.3 毫米/年。距今 1.5 万—1.05

---

① 赵希涛、耿秀山、张景文:《中国东部 20 000 年来的海平面变化》,《海洋学报(中文版)》1979 年第 2 期。

② 赵希涛、耿秀山、张景文:《中国东部 20 000 年来的海平面变化》,《海洋学报(中文版)》1979 年第 2 期;耿秀山:《中国东部晚更新世以来的海水进退》,《海洋学报(中文版)》1981 年第 1 期。

③ 赵希涛、耿秀山、张景文:《中国东部 20 000 年来的海平面变化》,《海洋学报(中文版)》1979 年第 2 期。

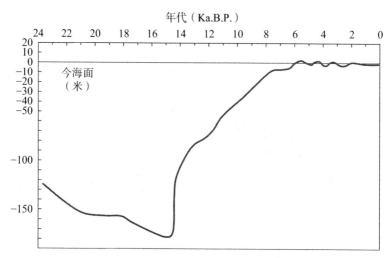

图 2-1　中国东部 2 万年以来的海平面变化曲线

说明：选自赵希涛、耿秀山、张景文：《中国东部 20 000 年来的海平面变化》，《海洋学报》1979 年第 2 期。

万年前则是海面急剧升降与迅猛上升的时期，这一时期海面的平均上升速度是 18.2 毫米/年，被称之为"晚冰期海面高速上升期"。进入全新世后至距今 6 000 年前，海面又以平均 4.6 毫米/年的速度在波动中继续上升。[①] 距今 6 000 年以来波动幅度明显减小，海面渐趋稳定；距今 6 000—2 500 年海面上升的平均速度为 1.6 毫米/年，此后进一步减小到 0.8 毫米/年（图 2-2）。因此，进入全新世以后，中国东部海平面表现为持续快速上升过程，至距今 8 000—6 000 年间达到高点，之后基本保持稳定，存在一定波动变化。特别是最近 2 000 年，海面稳定，波动幅度约在 1 米以内（图 2-3）。整体上，在海面变化的驱动下，全新世以来中国东部大浅滩的古海岸线始终表现为大面积进退的特征（图 2-4）。

[①] 杨怀仁、谢志仁：《中国东部近 20 000 年来的气候波动与海面升降运动》，《海洋与湖沼》1984 年第 1 期。

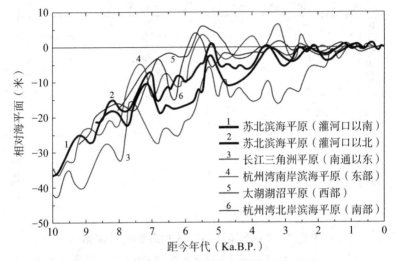

图2-2 全新世中国东部海平面相对变化曲线

说明：根据杨怀仁、谢志仁《中国东部近20000年来的气候波动与海面升降运动》（《海洋与湖沼》1984年第1期）改绘。

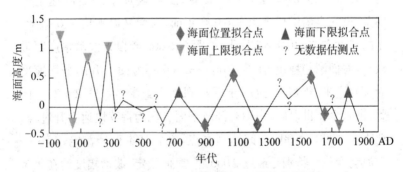

图2-3 中国东部两千年来海平面变化曲线拟合

说明：选自谢志仁、袁林旺、闾国年等《海面-地面系统变化：重建·监测·预估》，北京：科学出版社，2012年，第172页。

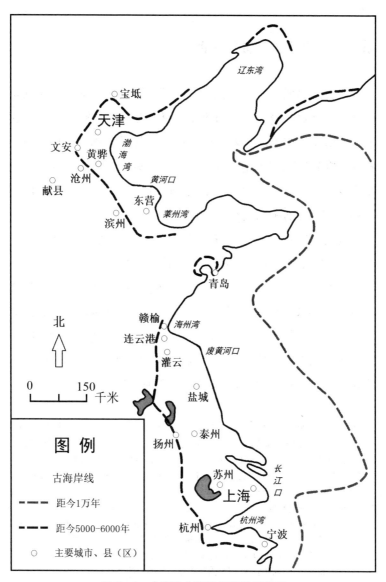

图 2‑4　全新世古海岸线变迁示意图

说明：根据耿秀山《中国东部晚更新世以来的海水进退》（《海洋学报（中文版）》1981 年第 1 期）改绘，底图根据自然资源部监制《中国地图》（2016 年）。

第三节　全新世江苏海岸演变

江苏海岸低平、淤泥质地貌对海平面变化十分敏感。全新世以来,江苏海岸表现为反复的海侵海退,在千年尺度上,海面变化对江苏海岸有突出的影响。全新世以来气候变化引发相对海面频繁升降运动[①],沿海地区发生多次海侵海退以及海岸线多次往复变化。[②] 距今 7 000 年左右的全新世最大海侵以来,江苏海岸线向内陆后退的距离大约为 160 千米。[③]

晚更新世后期,发生世界性玉木(大理)冰期,气候干寒。受此影响,本区也发生大面积海退。至距今 17 000—18 000 年,末冰期最盛时,海面已下降到最低点。其时,东海、黄海大陆架成为陆地,并向东延伸达数百千米。据钻孔资料,渤海、黄海的海底、东海北部海底及长江口在全新世海相沉积层下,普遍分布有陆相淡水泥炭沉积;又根据对东海大陆架上的滨海生物贝壳的 ^{14}C 测定,距今 15 000 年前最低海面为 - 150 到 - 160 米。[④] 据此可知,

---

① 赵希涛、耿秀山、张景文:《中国东部 20 000 年来的海平面变化》,《海洋学报(中文版)》1979 年第 2 期;耿秀山:《中国东部晚更新世以来的海水进退》,《海洋学报(中文版)》1981 年第 1 期;杨怀仁、谢志仁:《气候变化与海面升降的过程和趋向》,《地理学报》1984 年第 1 期;杨怀仁、谢志仁:《中国东部近 20 000 年来的气候波动与海面升降运动》,《海洋与湖沼》1984 年第 1 期。

② 潘凤英:《试论全新世以来江苏平原地貌的变迁》,《南京师大学报(自然科学版)》1979 年第 1 期;耿秀山、万延森、李善为、张者年、徐孝诗:《苏北海岸带的演变过程及苏北浅滩动态模式的初步探讨》,《海洋学报(中文版)》1983 年第 1 期;张景文、李桂英、赵希涛:《苏北地区全新世海陆变迁的年代学研究》,《海洋科学》1983 年第 6 期;耿秀山、傅命佐:《江苏中南部平原淤泥滩岸的地貌特征》,《海洋地质与第四纪地质》1988 年第 2 期。

③ 潘凤英:《试论全新世以来江苏平原地貌的变迁》,《南京师大学报(自然科学版)》1979 年第 1 期。

④ 凌申:《盐城市境内全新世以来的海陆变迁》,《东海海洋》1989 年第 3 期。

本区其时为陆地,海岸线远退至东部黄海大陆架的边缘。在晚更新世后期,本区与黄、东海平原连为一体,因处冰缘环境之中,气候寒冷,一些喜冷动物如猛犸象、原始牛、披毛犀都群居于这片大平原上,现已发现有猛犸象、原始牛及披毛犀的骨骼化石。[①]

根据野外地质调查与[14]C 年代测定结果[②]、地层沉积物与史前遗址分析及与海岸线变化的关系[③],可将江苏海岸全新世海陆变迁概括为如下几个阶段。

1. 早全新世(距今 10 000—7 500 年)

早全新世气候变暖,晚冰期冰川消退,海面迅速上升,但早全新世前期海侵尚未到达本区,因此,从更新世末至早全新世有利于湖沼相泥炭层发育。如盐城孔深 13.5 米第一海相层之下的泥炭层,其年代为距今 10 800±140 年;阜宁西园泥炭层下部为距今 10 500±130 年;赣榆马站大王坊腐木层为距今 9 065±120 年等。而在渤海湾西岸,类似的层位也有泥炭、淤泥层发育。如天津陈塘庄、四新纱厂、黄骅南排河、静海四党口等钻孔,[14]C 测年结果为距今 10 400—7 900 年间,可与本区对比。[④]

早全新世时期距今 10 000—7 500 年,大理晚冰期渐告结束,冰川后退,海面回升,本区以东黄海大陆架平原渐为海水侵漫,但境内仍以陆地为主。据钻孔资料,本区沿海全新统下段仍属潟湖

① 凌申:《盐城市境内全新世以来的海陆变迁》,《东海海洋》1989 年第 3 期。
② 张景文、李桂英、赵希涛:《苏北地区全新世海陆变迁的年代学研究》,《海洋科学》1983 年第 6 期。
③ 郑洪波、周友胜、杨青、胡竹君、凌光久、张居中、顾纯光、王颖颖、曹叶婷、黄宪荣、成玥、张笑宇、吴文祥:《中国东部滨海平原新石器遗址的时空分布格局——海平面变化控制下的地貌演化与人地关系》,《中国科学:地球科学》2018 年第 2 期;吴建民:《苏北史前遗址的分布与海岸线变迁》,《东南文化》1990 年第 5 期。
④ 张景文、李桂英、赵希涛:《苏北地区全新世海陆变迁的年代学研究》,《海洋科学》1983 年第 6 期。

河口沉积相。岩性为灰黑色淤泥质亚黏土、粉砂及亚砂土,内含奈良小上口虫、宽卵中华美花介等有孔虫、介形虫及禾本科藜、柳、松、杉、柏科等植物孢粉化石,反映其时气温虽有回升,但仍较温凉偏干。[①] 全新世初期,海面上升速度较快,受气候波动的影响,海面上升也时有起伏及短暂的停顿。东海在早全新世海面回升过程中,曾在-155、-5、-30米处有三次短暂停顿。[②] 根据长江口外大陆架内侧-50米的水下台地及苏北岸外-20米古长江及黄河复合三角洲可以推测,此带海面在上升过程中至少存在两次暂时稳定期,但海侵是总趋势。[③] 此外,东黄海大陆架在全新世早期海侵过程中最终形成浅海,同时古代长江三角洲已演变成为水下古三角洲。至早全新世晚期,伴随气温的逐步增高,距今8000—7000年间海面上升速度进一步加快,本区东部陆地先后被海水侵淹,使全新世早期形成的陆地环境开始向浅海环境转变。

2. 中全新世(距今7500—2500年)

在中全新世前期(距今7500—5000年,图2-5、2-6),随着气候进一步变暖,并于距今6000~5000年间达到“高温期”,本区海侵亦达最大范围。[④] 这在中部沿岸最为明显,在西冈以东地区完全沦为海域,而在西冈以西的广大里下河流域,亦有广阔的海湾、潟湖,并有部分淡水湖并存,因而留下一系列海陆过渡相地

① 赵希涛、鲁刚毅、王绍鸿、吴学忠、张景文:《江苏建湖庆丰剖面全新世地层及其对环境变迁与海面变化的反映》,《中国科学(B辑)》1991年第9期。
② 潘凤英、石尚群、邱淑彰、孙世英:《全新世以来苏南地区的古地理演变》,《地理研究》1984年第3期。
③ 凌申:《盐城市境内全新世以来的海陆变迁》,《东海海洋》1989年第3期。
④ 张景文、李桂英、赵希涛:《苏北地区全新世海陆变迁的年代学研究》,《海洋科学》1983年第6期。

层,其中往往含有丰富的海相与海陆过渡相的软体与微体化石,在本区北部地区,情况也是这样。该时期的海、陆过渡相的贝壳层与牡蛎壳层主要有:赣榆郑园海相贝壳(距今 5 060 ± 90 年)、涟水陈家沟公兴河牡蛎壳(距今 6 965 ± 105 年)、阜宁陈良牡蛎壳(距今 6 265 ± 100 年);而西冈本身,其基础部分属于水下沙堤,主体部分属于滨外沙堤,两合附近地下 3.5 米处的牡蛎壳距今 6 538 ± 79 年,大冈地下 1.6 米贝壳碎屑距今 5 677 ± 75 年。[①]

在中全新世后期(距今 5 000—2 500 年,图 2-6、2-7),由于气候趋于稳定,海面上升停止或只有微小波动和泥沙量的增加,海岸线间歇性地向海推进,形成了中冈与东冈两道贝壳沙堤。[②] 中冈的形成时代目前仍缺乏年代数据,但从其位于具有测年数据的西冈与东冈之间,可推测其形成于距今 4 000 年以前,相当于渤海湾西岸的同居—苗庄贝壳堤。东冈形成年代据上冈两个贝壳碎屑样品的测年数据分别为距今 3 882 ± 69 年(2.5 米)和 3 310 ± 80 年(1.5 米),该贝壳堤的形成年代约为距今 3 800—3 000 年间,与渤海湾西岸的张贵庄—常庄贝壳堤相当。由于这一时期海岸线长期稳定在东冈附近,因而在东冈以西的里下河流域,除少数地区仍受海水局部影响外,基本上变为发育众多淡水湖沼的滨海低洼平原,发育了大量的泥炭、淤泥层,如阜宁西园泥炭层上部(距今 4 386 ± 85 年)、海安市青墩遗址的河蚬层(分别为距今 3 255 ± 95 年、3 790 ± 105 年)。类似的情况也见于本区北段西部,如陈家沟泥炭样品为距今 3 585 ± 85 年。[③]

---

① 顾家裕、严钦尚、虞志英:《苏北中部滨海平原贝壳砂堤》,《沉积学报》1983 年第 2 期。
② 同上。
③ 张景文、李桂英、赵希涛:《苏北地区全新世海陆变迁的年代学研究》,《海洋科学》1983 年第 6 期。

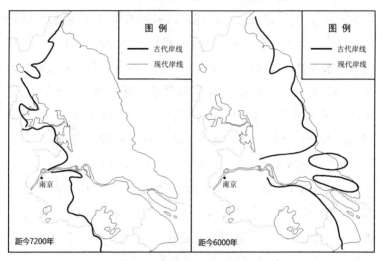

图2-5 中全新世江苏海岸线变化示意图(1)

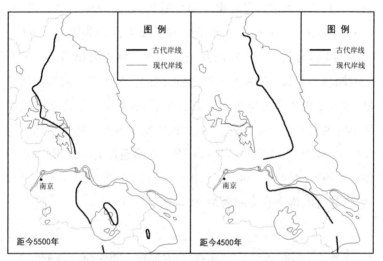

图2-6 中全新世江苏海岸线变化示意图(2)

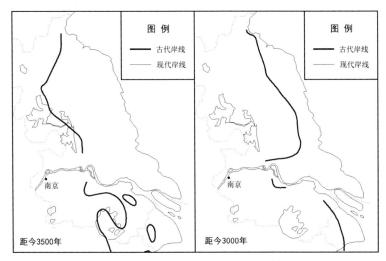

图 2‑7　中全新世江苏海岸线变化示意图(3)

说明：图 2‑5 至图 2‑7 均根据杨怀仁、谢志仁《中国东部近 20 000 年来的气候波动与海面升降运动》(《海洋与湖沼》1984 年第 1 期)改绘；底图根据江苏华宁测绘实业公司编制：《江苏省地图》，江苏省自然资源厅监制，2020 年。

3. 晚全新世(距今 2 500 年以来)

在晚全新世，由于气候与海面变化、黄河夺淮的影响，本区海岸扩张也十分明显(图 2‑8、2‑9)。一方面，北宋时期修建捍海堰表明 900 年前的海岸线还稳定在东冈一线；另一方面，1128 年黄河夺淮后，海岸向海推进加快；只有 14～15 世纪中的一段时期相对稳定，发育了新冈。1494 年北支断流，大量泥沙全部经淮入海，致使河口三角洲迅速向海延伸，在沿岸流的作用下，泥沙使河口两侧的海岸也随之迅速淤涨。[①] 至 1855 年黄河夺小清河流入渤海之前，海岸已推至现废黄河口以东数十千米。黄河北迁后，废黄河口附近地区海岸受到冲刷，大部分海岸仍在淤涨之中，但

---

① 张忍顺：《苏北黄河三角洲及滨海平原的成陆过程》，《地理学报》1984 年第 2 期。

速率远远不及黄河北迁之前。

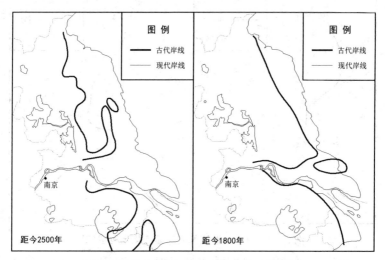

图 2-8 晚全新世江苏海岸线变化示意图(1)

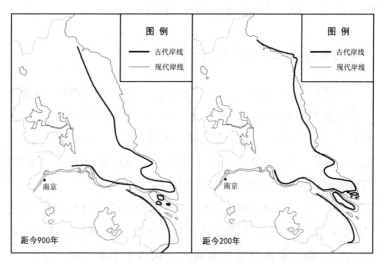

图 2-9 晚全新世江苏海岸线变化示意图(2)

说明:图 2-8 至图 2-9 均根据杨怀仁、谢志仁《中国东部近 20000 年来的气候波动与海面升降运动》(《海洋与湖沼》1984 年第 1 期)改绘;底图根据江苏华宁测绘实业公司编制《江苏省地图》,江苏省自然资源厅监制,2020 年。

第四节 江苏中部沿岸的演变

全新世以来的江苏海岸动态演变,以中部海积平原的形成最为突出。[①] 北至射阳河与废黄河三角洲相连,南到新北凌河与长江三角洲平原接壤,西部为里下河古潟湖平原,东临黄海;东西宽约 60 千米,南北长约 120 千米,地势平坦,高程一般在 5 米以下。相较废黄河与长江三角洲,中部海积平原演变模式相对稳定,自西向东地貌分带性明显。

江苏中部海岸在大地构造单元上属扬子准地台区,在前震旦纪结晶基底的基础上,从震旦纪晚期至中、下三叠世发育了一套以海相碳酸盐岩和碎屑岩为主的地层。此后,在印支—燕山褶皱基础上发育了大型的晚白垩—新生代陆相沉积盆地,即苏北—南黄海南部盆地,本区主要处在这个盆地内。新构造运动以来中部海岸处于沉降堆积过程,广泛分布第三系和第四系沉积物。其中下第三系主要为泥岩与砂岩互层,属滨海湖相、河流三角洲相及河流湖沼相沉积,上第三系主要为砂砾岩及砂砾与黏土互层,为陆相河湖沉积。江苏中部沿岸地质构造条件对其全新世以来的海陆演变具有一定的影响。全新世以来这里处于持续沉降状态,为全新世海侵提供了有利的构造条件,全新世海侵地层发育、分布广泛,厚达 10—40 米。新构造运动中在西升东降掀斜运动影响下,第四纪沉积厚度东西差异大,西部约为 175 米,东部可达

---

① 凌申:《盐城市境内全新世以来的海陆变迁》,《东海海洋》1989 年第 3 期;凌申:
《全新世以来江苏中部地区海岸的淤进》,《台湾海峡》2006 年第 3 期;凌申:《全新世海面变化与盐阜平原地理空间结构的演变》,《海洋湖沼通报》2009 年第 1 期;康彦彦、丁贤荣、程立刚、张晶:《基于匀光遥感的 6 000 年来盐城海岸演变研究》,《地理学报》2010 年第 9 期。

250米以上;全新世沉积东部沿海厚达30米以上,而西部一般厚20米。这表明全新世早期江苏中部沿岸地面呈自西向东向海倾斜状。[①]

全新世中期江苏中部海岸主要表现为浅海潟湖环境。如前所述,这一阶段海侵规模很大,距今6 000—7 000年间达到极盛,中部海岸全部被淹没。据盐城大冈和阜宁施庄等沙堤下部海相砂质淤泥和牡蛎的[14]C年代显示,6 500年前此带已为海水淹没。在江苏中部海岸的东部地区,全新统中段沉积层岩性为灰、灰黑色亚黏土,并以粉砂为主,夹杂淤泥或细砂,含毕克卷转虫等大量有孔虫化石和宽卵中华美花介等介形虫化石,以及松、栎、锥栗、水龙骨、蕨类孢粉化石组合,指示了这里浅海为滨海相沉积和暖热湿润的古地理环境。[②] 因此,整体上在中全新世(距今7 500—2 500年)江苏中部海面变化大致可分为两个阶段:距今6 000年前海面上升较快,幅度较大,为浅水海湾环境;距今6 000年后海面趋稳定,长江、淮河等带来的泥沙产生堆积,造陆作用突出,海岸线渐向东移。

距今6 000年以来,江苏中部海岸总体上一直向东、向海推进,沙冈不断形成。沙冈之间又发育淤泥质洼地,如此反复,逐渐形成了沙冈(沙质)与冈间低地(淤泥质)交替分布的海积平原(图2-10)。沙冈(沙堤)的交替分布反映了江苏中部海岸演变的关键特征。万历《盐城县志》载:"(盐城)境内无山,惟沙冈一带,南八大冈由冈门镇东北接庙湾迤起迤伏,迤百三十里。"[③]

长江、淮河入海泥沙在苏北沿岸海流及波浪的搬运作用下,在江苏中部沿海形成了呈NW-SE走向的岸外沙堤群,包括西冈

① 凌申:《盐城市境内全新世以来的海陆变迁》,《东海海洋》1989年第3期。
② 同上。
③ 万历《盐城县志》卷一《地理志》。

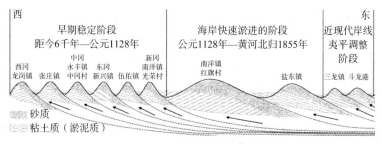

图 2 - 10　盐城海岸演变示意图

说明：图片选自康彦彦、丁贤荣、程立刚、张晶《基于匀光遥感的6 000 年来盐城海岸演变研究》，《地理学报》2010 年第 9 期。

（约距今 7 000—5 000 年）、中冈（距今 4 610±100 年）和东冈（距今 3 900—3 300 年）三条沙堤（图 2 - 11），以西冈与东冈规模最大。沙堤中富含贝壳碎屑物，在大冈、龙冈、新兴、上冈等古沙堤沉积物中可见灰黑透明状贝壳碎屑胶结物。[1] 当地俗称岸外沙堤为"沙冈"或"龙冈"，西冈从阜宁县废黄河边，向南经羊寨、喻口、沙冈、沙缺口、冈西、龙冈、大冈，再由兴化市东、东台市西到海安市青墩止，这条沙堤宽 300—400 米，盐城龙冈果林场就建在其上，另外阜宁喻口附近古沙堤高程可达 5 米（当地作为砂矿开采后形成金沙湖），这些沙冈在长轴方向上基本一致，表现为 NW-SE 走向（图 2 - 12）。东冈亦由废黄河南侧经北沙、丰墩、上冈、新兴、盐城城区，南入东台、海安市境内。西冈与东冈分别形成于 5 500 年及 3 500 年前，反映距今 6 000 年以后的 2 000 余年中本区海面略有下降，处于海退过程之中，从两冈间距离可推算出海水东退速度在每年 2—8 米之间。[2] 实际上，这也是中国东部沿海地带古沙堤（贝壳堤）的重要组成部分。这些贝壳堤发育是历史时期海岸演

---

[1] 凌申：《盐城市境内全新世以来的海陆变迁》，《东海海洋》1989 年第 3 期。

[2] 康彦彦、丁贤荣、程立刚、张晶：《基于匀光遥感的6 000 年来盐城海岸演变研究》，《地理学报》2010 年第 9 期。

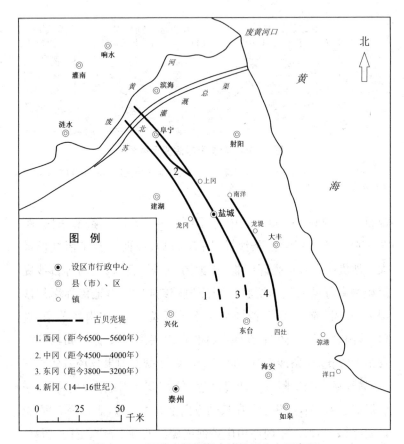

图 2-11　江苏中部岸段古沙堤群分布示意图

说明：根据朱诚、程鹏、卢春成、王文《长江三角洲及苏北沿海地区 7000 年以来海岸线演变规律分析》(《地理科学》1996 年第 3 期)、凌申《全新世海侵与盐城市西冈古砂堤研究》(《海洋湖沼通报》2006 年第 4 期)改绘；底图根据江苏省测绘地理信息局制《盐城市地图》(2019 年)。

化的重要标志，也是江苏海涂近五百年快速淤涨的起点。

全新世最大海侵以后出现的由岸外沙堤群构成的波伏状平原，为早期人类提供了新的开发空间。例如阜宁沙冈的南部即施庄镇东园村发现了面积约 300 平方米的新石器时代遗址，从出土

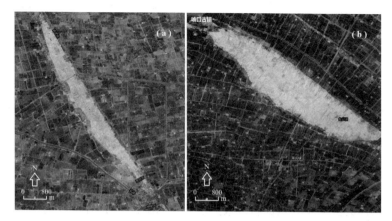

图 2-12　盐城、阜宁沙冈遥感图(1966 年)

说明：盐城龙冈沙冈(a)、阜宁喻口沙冈(b)，选自江苏省地理信息公共服务平台（天地图·江苏)1966 年遥感图像。

石器看，与淮安青莲冈文化相同，证明该地五六千年前已成陆，并有先民在此活动。此外，沙堤群西侧古潟湖形成以后，长江与淮河等部分泥沙堆积于潟湖区海积层之上，潟湖区淤积作用增强。广阔的水面被淤填为大大小小的湖荡沼泽，为晚全新世成陆创造了条件。加上岸外沙堤形成以后引发泥沙外泄受阻，进而加速了潟湖区沼泽湖泊的消亡与平原扩张速度。[1]

　　全新世晚期（距今 2500 年以来），气候转凉偏干，海面逐渐降低，江苏中部沿岸随之逐渐形成平原环境。在这一时期，近两千年来中国东部气候及海面都有小的波动变化，该区域总的趋势是海面下降，海岸东迁，滨海平原不断增长，里下河区湖泊沼泽也逐渐淤平，人类活动也从沙堤高冈逐渐向东及向西两侧的平原地带迁移。整体上滨海平原成陆过程包括距今 2500 年至公元 1128 年、1128 年到 1855 年，以及 1855 年黄河北归以后三个基本阶

---

[1] 凌申：《盐城市境内全新世以来的海陆变迁》，《东海海洋》1989 年第 3 期。

段。其中,距今2500年至公元1128年,海岸线大致维持在东冈一带,成陆速度缓慢。秦汉时先民居住沙堤高冈上即煮盐为业,汉元狩四年(前119年)盐城建县(盐渎县),也发现了一定规模的秦汉墓葬及少数战国时代文化遗址。不过唐以前沙堤并未全部与陆相连,隋唐间阮昇之《南兖州记》载:"(盐城)沙洲长百六十里,海中洲上有盐亭百二十三。"[1]盐城的"海中洲"即为该区域唐宋以前的海岸线。[2] 直到唐大历年间(766—779年),"淮南黜陟使李承奏置常丰堰于楚州以捍海潮"[3],使常丰堰成为本区唐代海岸线的重要人工标志。宋天圣五年(1027年)范仲淹监西溪盐仓,又建成泰州捍海堰,经过宋元时期续修,形成范公堤。从常丰堰到范公堤,也是江苏沿海唐宋至元代较为稳定的海岸线。

小结

全新世以来江苏海岸经历了"陆地—海洋—陆地"的海陆演变的回旋过程。在千年尺度上,气候—海面变化作为关键控制因素,影响了江苏沿海低平开阔滨海浅滩地貌的更替变迁过程。全新世早期以陆地环境为主,全新世中期海侵达到高峰,以浅海潟湖环境为主,此后海面趋于稳定,全新世晚期江苏中部海岸开始由海转陆。多次海陆变迁过程形成岸外沙堤群,西侧形成潟湖浅湾,东侧为滨海浅滩。沙堤群为早期人类开发提供了重要空间,也是江苏沿海岸线最近一千年淤涨演变的起点。

---

① 〔宋〕王象之:《舆地纪胜》卷三九。
② 邹逸麟、张修桂主编:《中国历史自然地理》,北京:科学出版社,2013年,第555—556页。
③ 民国《续修盐城县志》卷二《水利志》。

第三章

10世纪以来江苏海涂演变

第一节 中国东部气温与海平面

1. 中世纪暖期与小冰期

在历史气候变化研究领域,过去两千年气温变化研究对全球气温演变的整体格局及区域差异有了更清晰的认识。[①] 现有研究显示,尽管采用不同方法重建过去两千年全球平均温度变幅存在差异,但整体上均表明第一个千年较其后的第二个千年(除20世纪外)更为温暖(图3-1)。[②] 特别是过去一千年,尽管全球气候变化具有强烈的区域性表现,但在几乎所有的区域温度重建中,整体上都存在一个长期冷却的趋势,并在19世纪后期结束,这是最为一致的特征(图3-2)。[③]

[①] 葛全胜、刘健、方修琦、杨保、郝志新、邵雪梅、郑景云:《过去2000年冷暖变化的基本特征与主要暖期》,《地理学报》2013年第5期;易慧郁、刘健、孙炜毅、戴张奇、严蜜、宁亮:《过去2000年典型暖期北半球温度变化特征及成因分析》,《第四纪研究》2021年第2期;郑景云、刘洋、郝志新、葛全胜:《过去2000年气候变化的全球集成研究进展与展望》,《第四纪研究》2021年第2期。

[②] 郑景云、刘洋、郝志新、葛全胜:《过去2000年气候变化的全球集成研究进展与展望》,《第四纪研究》2021年第2期。

[③] Ahmed, M., Anchukaitis, K., Asrat, A. et al., Continental-scale temperature variability during the past two millennia, *Nature Geoscience*, 2013, 6, 339-346.

　　具体而言,在过去的一千年里,前 900 年北半球温度表现为缓慢下降,在最后的 20 世纪表现为快速上升;换言之,20 世纪是过去一千年,甚至两千年内最暖的世纪[①](图 3 - 1、3 - 2),这是过去一千年里气温变化的基本格局与重要特征。但值得注意的是,尽管没有同步的几十年暖期或冷期来定义全球范围的中世纪暖期或小冰期,但所有重建工作都显示了在公元 1580 年到 1880 年之间表现出普遍的寒冷;即使在某些地区 18 世纪暖期又中断了几十年,整体上北极、欧洲和亚洲地区也要比北美与南半球地区更早地向寒冷环境转变。不过,最近数十年来的变暖也快速逆转了小冰期以来的长期变冷过程。现有研究表明,基于面积加权平

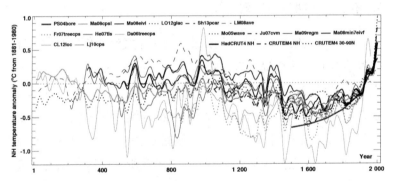

图 3 - 1　过去 2000 年北半球温度变化(距 1881～1980 年平均)(℃)

说明:图片来自 IPCC2013 年报告。[②]

① Mann, M. E., Bradley, R. S., Hughes, M. K., Northern hemisphere temperatures during the past millennium: Inferences, uncertainties, and limitations, *Geophysical Research Letters*, 1999, 26: 759 - 762.

② Masson-Delmotte, V., Schulz, M., Abe-Ouchi, A., et al., Information from Paleoclimate Archives, In: Stocker, T. F., et al. (eds.), *Climate Change 2013: The Physical Science Basis. Contribution of Working Group I to the Fifth Assessment Report of the Intergovernmental Panel on Climate Change*, Cambridge University Press, Cambridge, United Kingdom and New York, N. Y., USA, 2013, p. 409.

均(the area-weighted average)重建的1971—2000年温度明显要比过去1400年里任何时期都要高。[①] 因此,过去一千年全球气温格局又可以区分为中世纪温暖期、小冰期以及20世纪以来的温暖期三个主要阶段(图3-3)。

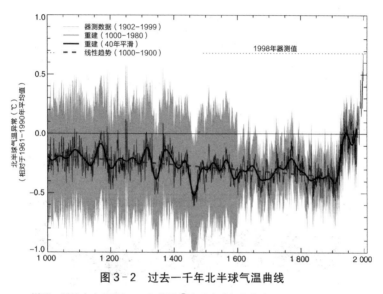

图3-2　过去一千年北半球气温曲线

说明:图片来自IPCC2001年报告[②]中过去千年北半球(Northern Hemisphere,NH)温度重建和器测数据。

根据《全球环境变化大百科》的定义,中世纪暖期(Medieval Warm Period,MWP)是指公元900—1300年出现在欧洲及邻近

① Ahmed, M., Anchukaitis, K., Asrat, A. et al., Continental-scale temperature variability during the past two millennia, *Nature Geoscience*, 2013,6: 339-346.

② Folland, C. K., Karl, T. R., Christy, J. R., et al., Observed Climate Variability and Change, In: Houghton, J. T., et al. (eds.), *Climate Change 2001: The Scientific Basis. Contribution of Working Group I to the Third Assessment Report of the Intergovernmental Panel on Climate Change*, Cambridge University Press, Cambridge, United Kingdom and New York, N. Y., USA, p.134.

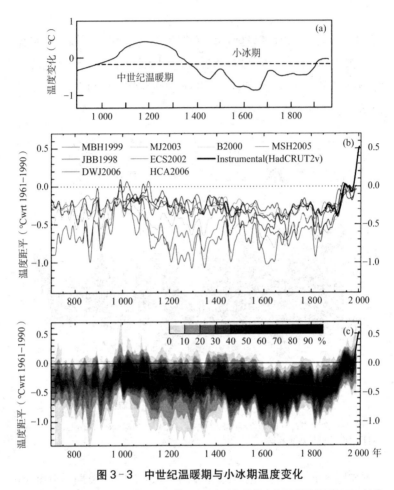

图 3-3 中世纪温暖期与小冰期温度变化

说明：图片来自葛全胜等（2013）。① （a）过去千年温度变化示意图（IPCC 1990 年报告）②；（b）2007 年之前不同作者重建的过去 1300 年北半球温度变化序列图③；（c）北

① 葛全胜、刘健、方修琦、杨保、郝志新、邵雪梅、郑景云：《过去 2000 年冷暖变化的基本特征与主要暖期》，《地理学报》2013 年第 5 期。

② Folland，C. K.，Karl，T. R.，Vinnikov，K. Y. A.，Observed Climate Variations and Change，In：Houghton，J. T.，Jenkins，G. J.，Ephraums，J. J.，（eds.），*Climate Change：The IPCC Scientific Assessment*，Cambridge，United Kingdom and New York，N. Y.，USA，Cambridge University Press，1990，pp. 201 - 205.

③ 不同作者重建的各序列介绍参见：《过去 2000 年冷暖变化的基本特征与主要暖期》，《地理学报》2013 年第 5 期。

半球过去 1300 年温度变化重建结果的不确定性范围及各序列的多年代温度变化信号重叠量①。

地区的相对温暖(即较现代暖)气候阶段;小冰期(Little Ice Age, LIA)的起讫时间为 15—19 世纪,北半球相对平均最大温度降幅约 0.6℃。② 相关研究基于各类代用证据,包括历史文献、树木年轮、冰芯、冰川记录、钻孔沉积记录、古生态数据和同位素记录等,对中世纪温暖期与小冰期进行了广泛研究。③ 中世纪温暖期与小冰期已成为过去两千年全球气候波动最重要的两个典型气候时段,被广泛认为是过去一千年地球气候的主要特征④,也常被认为是对人类适应未来气候变化最具参考意义的历史相似型及阶段。⑤

　　在中国东部,中世纪温暖期存在不少历史证据⑥,但也存在明显的本土特殊性。特别是在中世纪暖期持续时间与温暖程度

① Jansen, E., Overpeck, J., Briffa, K. R., et al., Palaeoclimate, In: Solomon, S., Qin, D., Manning, M., et al. (eds.), *Climate Change 2007: The Physical Science Basis. Contribution of Working Group I to the Fourth Assessment Report of the Intergovernmental Panel on Climate Change*, Cambridge University Press, Cambridge, United Kingdom and New York, N. Y., USA, 2007, pp. 466 - 482.

② Munn, T., *Encyclopedia of Global Environmental Change*, Chichester, UK, Wiley, 2002.

③ Malcolm, K. H., Henry, F. D., *The Medieval Warm Period*, Springer, Dordrecht, 1994.

④ Ahmed, M., Anchukaitis, K., Asrat, A. et al., Continental-scale temperature variability during the past two millennia, *Nature Geoscience*, 2013, (06): 339 - 346.

⑤ 郑景云、王绍武:《中国过去 2000 年气候变化的评估》,《地理学报》2005 年第 1 期。

⑥ 满志敏、张修桂:《中国东部中世温暖期的历史证据和基本特征的初步研究》,载张兰生主编:《中国生存环境历史演变规律研究(一)》,北京:海洋出版社,1993年,第 95—103 页;Zhang, D., Evidence for the existence of the medieval warm period in China, *Climatic Change*, 1994,26: 289 - 297;满志敏:《典型温暖期东太湖地区水环境演变》,《历史地理》第三十辑,上海:上海人民出版社,2015 年,第1—10 页;满志敏、杨煜达:《中世纪温暖期升温影响中国东部地区自然环境的文献证据》,《第四纪研究》2014 年第 6 期。

的表现上,中国与北半球二者存在明显的不同。其中,中国中世纪暖期(由 2 个暖峰和 1 个冷谷组成)持续了近 400 年,且较 20世纪略暖;而北半球中世纪暖期持续时间则不足 200 年,且温暖程度低于整个 20 世纪。[①]

2. 过去一千年中国东部气温与相对海平面

海平面对于气候变化的反应十分灵敏,过去一千年气温波动对海平面产生了重要影响。以往古气候研究和海面变化研究在深度和广度上都取得丰富的进展,通过各种方法获得的世界各地的古气候和古海面记录日趋完整和精细,其结果证实了气候变化与海面升降的相关性不仅在 10000 年的冰期旋回上存在,而且在千年级、百年级,甚至十年级的变化中也同样存在。[②] 但无论长期或短期气候变化都会通过海平面变化反映出来,其中,与人类关系最密切的往往是叠加在大尺度变化上的各种小尺度变化。[③] 因而一方面要研究幅度达几十米甚至百米以上的由冰期旋回或全球构造变动引起的海面变化;另一方面,对小尺度气候波动引致的几十厘米到几米的海面升降过程的研究实际上更具有现实意义。[④]

一般情况下,高海平面往往对应高温期,低海平面则对应低温期[⑤];特别是在过去一千年里,气温与海平面这两个变量的变

① 郑景云、王绍武:《中国过去 2000 年气候变化的评估》,《地理学报》2005 年第 1 期;满志敏:《中国历史时期气候变化研究》,济南:山东教育出版社,2009 年,第188—255 页;葛全胜等:《中国历朝气候变化》,北京:科学出版社,2010 年,第74—75 页。

② 杨怀仁、谢志仁:《气候变化与海面升降的过程和趋向》,《地理学报》1984 年第 1 期。

③ 岳军、Dong YUE、吴桑云、耿秀山、赵长荣:《气候变暖与海平面上升》,《海洋学报(英文版)》2012 年第 1 期。

④ 杨怀仁、谢志仁:《气候变化与海面升降的过程和趋向》,《地理学报》1984 年第 1 期。

⑤ 谢志仁、袁林旺、闾国年等:《海面—地面系统变化——重建、监测、预估》,北京:科学出版社,2012 年,第 122—130 页。

化往往处于同一阶段。[①] 尽管从千年尺度来看,过去两千年全球范围内气温与海平面变化幅度相对较小[②],但在局部尺度上,这种变化幅度对人类响应沿海环境变化有重要影响。整体上,在中国东部沿海地区,历史气候—海面变化可以划分为 10—14 世纪的高海平面期和 15—19 世纪的低海平面期,分别与中世纪暖期与小冰期对应。[③]

中世纪暖期(10—14 世纪)全球平均气温较高[④](图 3-4a),中国东部沿海局部相对海平面百年累积上升约为 0.5 米[⑤],在最

① Vermeer, M., Rahmstorf, S., Global Sea level linked to global temperature, *Proceedings of the National Academy of Science of the United States of America*, 2009,106, pp. 21527-21532; Kemp, A. C., Horton, B. P., Donnelly, J. P., Mann, M. E., Vermeer, M., Rahmstorf, S., Climate related sea-level variations over the past two millennia, *Proceedings of the National Academy of Science of the United States of America*, 2011,108: 11017-11022.

② Ahmed, M., Anchukaitis, K., Asrat, A. et al., Continental-scale temperature variability during the past two millennia, *Nature Geoscience*, 2013,(06): 339-346.

③ 竺可桢:《中国近五千年来气候变迁的初步研究》,《考古学报》1972 年第 1 期;杨怀仁、谢志仁:《气候变化与海面升降的过程和趋向》,《地理学报》1984 年第 1 期;杨怀仁、谢志仁:《中国东部近 20 000 年来的气候波动与海面升降运动》,《海洋与湖沼》1984 年第 1 期;谢志仁、袁林旺、闾国年等:《海面—地面系统变化——重建、监测、预估》,第 172—175 页;王文、谢志仁:《从史料记载看中国历史时期海面波动》,《地球科学进展》2001 年第 2 期;Ge Q., Hao Z., Zheng J., Shao X., Temperature changes over the past 2000 yr in China and comparison with the Northern Hemisphere, *Climate of the Past*, 2013,9(03): 1153-1160;葛全胜、郑景云、方修琦、杨保、刘健:《过去 2000 年全球典型暖期的形成机制及其影响研究》,《中国基础科学》2015 年第 2 期。

④ Ahmed, M., Anchukaitis, K., Asrat, A. et al., Continental-scale temperature variability during the past two millennia, *Nature Geoscience*, 2013,(06): 339-346; Kopp, R. E., Kemp, A. C., Bittermann, K., Horton, B. P., Donnelly, J. P., Gehrels, W. R., Hay, C. C., Mitrovica, J. X., Morrow, E. D., Rahmstorf, S., *Temperature-driven global* sea-level variability in the common era., *Proceedings of the National Academy of Science of the United States of America*, 2016,113: E1434-E1441.

⑤ 谢志仁、袁林旺、闾国年等:《海面—地面系统变化——重建、监测、预估》,第 172 页。

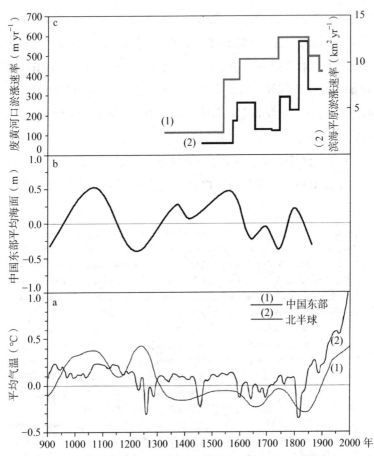

图 3 - 4 10 世纪以来中国东部气温、海平面变化及海岸扩张

说明：图片根据鲍俊林等（2020）①改绘。（a）北半球与中国东部温度变化据
Church et al.（2013）、Ahmed et al.（2013）、葛全胜等（2013）整理②；（b）中国东部平均海

---

① Bao, J. L., Gao, S., Ge, J. X., Coastal engineering evolution in low-lying areas and adaptation practice since the eleventh century, Jiangsu Province, China, *Climatic Change*, 2020, 162: 799 - 817.

② Jansen, E., Overpeck, J., Briffa, K. R., et al., 2007: Palaeoclimate. In: Solomon, S., D. et al.（eds.）, *Climate Change 2007: The PhysicalScience Basis*, *Contribution of Working Group I to the Fourth Assessment Report of the Intergovernmental Panel on Climate Change*, Cambridge University Press, Cambridge, United Kingdom （转下页）

平面变化拟合(m year^{-1})据谢志仁等(2012)整理①;(c)废黄河口淤涨速度根据张忍顺(1984)整理。②

高海面与最低海面之差大致有 1 米以内的波动幅度(图 3 - 4b)。小冰期内气温持续下降,中国东部同样如此(图 3 - 4a),年平均气温比 20 世纪末低 2—4℃,海平面随之显著下降(图 3 - 4b),江苏海岸的快速扩张正处于该阶段内。③ 1128 年黄河在苏北海域入海,河流携沙输入,促进泥沙堆积。自 1494 年黄河全流夺淮入海,江苏沿海开始加速扩张,形成约 1.5 万平方千米的淤积平原。特别是废黄河口的海岸线发展速度非常快,在 1494 年以前为 54 米/年,1855 年为约 563 米/年(图 3 - 4c)。

　　值得注意的是,中国东部海平面主要受本地的局部洋流系统影响,反而与全球海面变化无直接关联。据研究,在该地区海平面变化的长期趋势中,由于黑潮的阻挡作用,1993—2010 年海平面上升约 45 毫米,上升速率为每年 2.5±0.4 毫米,低于全球平均水平;这说明中国东海自身主要受东亚边缘海洋流系统的局部影响,其海平面上升对全球变化的直接响应较弱。④

（接上页）and New York, N. Y. , USA. p. 477; Ahmed, M. , Anchukaitis, K. , Asrat, A. et al. , Continental-scale temperature variability during the past two millennia, *Nature Geoscience*, 2013, (06): 339 - 346; Ge, Q. S. , Hao, Z. X. , Zheng, J. Y. , Shao, X. M. , Temperature changes over the past 2000 yr in China and comparison with the Northern Hemisphere, *Climate of the Past*, 2013, 9 (03): 1153 - 1160.

① 谢志仁、袁林旺、闾国年等:《海面—地面系统变化——重建、监测、预估》,第 172 页。

② 张忍顺:《苏北黄河三角洲及滨海平原的成陆过程》,《地理学报》1984 年第 2 期。

③ 杨怀仁、谢志仁:《中国东部近 20 000 年来的气候波动与海面升降运动》,《海洋与湖沼》1984 年第 1 期。

④ Xu, Y. , Lin, M. S. , Zheng, Q. A. , Ye, X. M. , Li, J. Y. , Zhu, B. L. , A study of long-term sea level variability in the East China Sea, *Acta Oceanologica Sinica*, 2015, 34: 109 - 117.

第二节 黄河夺淮、海岸与沙洲扩张

1. 海岸扩张及区域差异

小冰期背景下江苏海涂的持续扩张,是过去一千年江苏海岸环境变迁最突出的表现。尽管海平面的长周期变化影响了江苏海岸线的进退,但从全新世早期到 10 世纪前后,江苏海岸的泥沙供给并没有太大变化,苏北古沙堤群的存在反映了在海平面变化所形成的海岸停顿和缓慢淤涨。但从 10—11 世纪开始,特别是黄河夺淮以来,海岸快速扩张。[1]

南宋建炎二年(1128 年)至清咸丰五年(1855 年)的 700 多年内,黄河带来大量泥沙,逐渐沉积在古淮河口及南北沿岸,使江苏海岸发生质变,塑造了广袤的废黄河三角洲与海岸平原(图 3 - 5)。不过,需要注意的是,"海势东迁"具有阶段性,并非匀速的。自 1128 年黄河夺淮以来,江苏海岸线变迁经历了三个阶段:12—16 世纪中叶淤涨较慢,16 世纪中叶至 19 世纪中叶快速淤涨,以及 1855 年黄河北归后南淤北蚀。[2] 此外,在空间分布上,又以 1550—1855 年间废黄河三角洲及其河口淤涨最为快速,其次为中部海岸、三余湾岸段。

北部岸段(赣榆至阜宁)淤涨最为明显,其扩张成陆方式表现为废黄河口三角洲快速向海推进的过程。黄河夺淮以后,该岸段在 700 多年里都是黄河入海口,从阜宁喻口至云梯关之间的古淮

---

[1] 邹逸麟、张修桂、王守春:《中国历史自然地理》,第 539 页。

[2] 凌申:《黄河南徙与苏北海岸线的变迁》,《海洋科学》1988 年第 5 期;孟尔君:《历史时期黄河泛淮对江苏海岸线变迁的影响》,《中国历史地理论丛》2000 年第 4 辑。

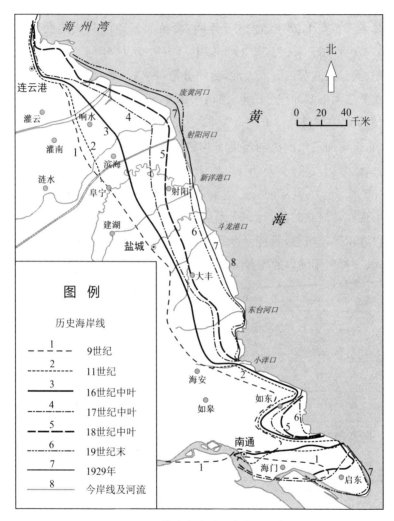

图3-5 江苏海岸线的历史变化示意图

说明：据江苏省908专项办公室编《江苏近海海洋综合调查与评价图集》（海洋出版社，2013年，第17页）、张忍顺《苏北黄河三角洲及滨海平原的成陆过程》（《地理学报》1984年第2期）改绘。

河口向海淤涨延伸,受此影响,废黄河三角洲与淮北岸段经历大幅淤涨。在1128年至1855年间,废黄河三角洲共成陆面积约0.7万平方千米(表3-1)。其中,1194—1494年间,黄河由颍、泗、涡、濉、泗等河分流入淮,流路分散,决口频繁,泥沙主要沉积在黄淮河下游冲积平原上,河口淤积少,延伸速度也比较缓慢;至16世纪中期仅延伸15千米,速率为33米/年。[1] 同时,1500年以前,废黄河三角洲成陆速度平均约为每年3.2平方千米(表3-1),但万历六年(1578年)以后淤积速度加快,1591年前后达到182米/年,1660年前后更达到258米/年,河口淤涨速度最高值出现在黄河北归前,约563米/年(表3-2)。[2] 废黄河三角洲河口海岸迅速东移,延伸至今河口外20多千米,最终形成北达灌河、南抵射阳河口的废黄河三角洲(图3-5)。

表3-1　废黄河三角洲成陆速度

年代	成陆面积 (km²)	成陆速度 (km²/a)	岸线平均 推进速度(m/a)
1128—1500	1 670	3.2	24
1500—1660	1 770	11.1	80
1660—1747	1 360	15.6	100
1747—1855	2 360	21.8	150

说明:选自张忍顺《苏北黄河三角洲及滨海平原的成陆过程》,《地理学报》1984年第2期。

---

[1] 邹逸麟:《黄河下游河道变迁及其影响概述》,《复旦学报(社会科学版)》1980年第S1期;李元芳:《废黄河三角洲的演变》,《地理研究》1991年第4期;叶青超:《试论苏北废黄河三角洲的发育》,《地理学报》1986年第2期。

[2] 张忍顺:《苏北黄河三角洲及滨海平原的成陆过程》,《地理学报》1984年第2期。

表3-2 历史时期废黄河口的延伸

年份	河口位置	时间间隔 （a）	沿河直线 距离(km)	延伸速率 （m/a）
1128	云梯关	—	—	—
1500	六套	450	20	54
1591	十一套（张家圩）	13	16.5	182
1660	二木楼	69	18.5	258
1729	下王滩	69	8	116
1747	七巨港	18	2	111
1776	四洪子、尖头洋	29	8.5	293
1810	六洪子	34	7.5	221
1826	望海墩东十千米	14	9	563
1855		(29)	(9.0)	(314)

说明：选自张忍顺《苏北黄河三角洲及滨海平原的成陆过程》,《地理学报》1984年第2期。

    黄河北归后,废黄河口三角洲的蚀退过程是从水下三角洲前缘斜坡开始,由海向岸、由北而南,以－10米水深线为代表的水下三角洲前缘斜坡内移为标志的侧向侵蚀过程为主,水下三角洲顶部平原面的刷低则起到加速斜坡内移的作用。[1] 1898—1957年岸线平均后退速度为169米/年,1957—1970年后退速度为85

---

[1] 陈可锋:《黄河北归后江苏海岸带陆海相互作用过程研究》,南京水利科学研究院博士学位论文,2008年;陈可锋、王艳红、陆培东、俞亮亮:《苏北废黄河三角洲侵蚀后退过程及其对潮流动力的影响研究》,《海洋学报(中文版)》2013年第3期。

米/年。[①] 一百多年来,废黄河三角洲海岸后退约 20 千米。同时每年以数千万方泥沙分运淮南海岸和淮北的海州湾沿岸,促使这些岸段继续外涨。[②]

中部岸段(阜宁至海安)淤涨成陆方式主要表现为岸外沙洲并陆的过程,并以沙洲并陆后岸滩继续向海均匀淤涨为辅。[③] 1128 年至 1855 年,范堤以东江苏中部滨海平原成陆面积共约 0.5 万平方千米。[④] 其中,1494 年以前,该区域淤进速度缓慢,因为大量泥沙主要沉积在废黄河水下三角洲,搬运至中部岸段的过程尚不明显。这一阶段范堤以东的滨海平原成陆速度约为 2.7 平方千米/年,16 世纪中叶之后淤涨速度明显加快,达到 8.3 平方千米/年;此后速度进一步加快成陆,并在黄河北归前的一段时间内达到最高值,约为 12.4 平方千米/年(表 3-3)。同时,中部岸段的淤涨并非持续推进,特别是在 14—15 世纪相当稳定,并发育了新冈(图 2-11)。[⑤] 1855 年黄河北归后,河流来沙切断了以往供给盐城至大丰一带海岸外涨的物质来源,但由于波浪对废黄河三角洲的侵蚀作用,这些沉积物被沿海潮流携带搬运、堆积,使得中部海岸继续淤涨,只是速度呈逐渐下降趋势,到 1855—1895 年其成陆速度降至 10.3 平方千米/年(表 3-3)。

① 张忍顺:《苏北黄河三角洲及滨海平原的成陆过程》,《地理学报》1984 年第 2 期。
② 陈吉余主编:《中国海岸带和海涂资源综合调查专业报告集·中国海岸带地貌》,第 131—132 页。
③ 张忍顺:《苏北黄河三角洲及滨海平原的成陆过程》,《地理学报》1984 年第 2 期。
④ 同上。
⑤ 朱诚、程鹏、卢春成、王文:《长江三角洲及苏北沿海地区 7000 年以来海岸线演变规律分析》,《地理科学》1996 年第 3 期。

表 3-3　江苏滨海平原成陆面积与速度

年代	1027—1554	1554—1660	1660—1746	1746—1855	1855—1895	1895—1981
成陆面积（km²）	1 400	880	870	1 350	410	740
成陆速度（km²/yr）	2.7	8.3	10.1	12.4	10.3	8.6

说明：摘自张忍顺《苏北黄河三角洲及滨海平原的成陆过程》，《地理学报》1984年第 2 期。

　　南部岸段（海安至启东）淤涨成陆实际上属于长江三角洲北翼的扩张过程，主要表现为三余湾与启海平原的成陆。14—15世纪，海门段江岸大坍塌，宋代海门县境几乎全部沉没，现在启海平原是近二百年江沙重涨的产物，它和三余湾海积平原因人工围垦加速成陆一样，是南部岸段最年轻的土地。① 此外，北宋时除三余湾滨海平原及启东部分地区尚未成陆外，海门河口沙坝已并岸，使江北长江三角洲的陆地面积迅速扩张。至明代中期因陆地受海潮侵袭，不断有坍塌，海门县治不得不屡次西移，清康熙十一年（1672 年）裁县入通州。后陆地淤涨，清乾隆三十三年（1768年）又置海门厅，治所在茅家镇。后又陆续涨出若干个外沙，至光绪二十二年（1896 年），外沙与海门连成一片；至此，启海平原大体形成，民国元年（1912 年）复称海门县。②

　　1855 年黄河北归后，江苏海岸线变化及淤蚀动态迎来重大转折，沿岸水沙运动的平衡关系发生了根本变化。整体上，江苏海岸由以往淤涨态势转变为北蚀退、南淤涨，即废黄河三角洲沿岸快速蚀退，但中部、南部岸段仍然外涨。③

---

① 陈金渊：《南通地区成陆过程的探索》，《历史地理》第三辑，第 36 页。
② 江苏省地方志编辑委员会：《江苏省志·地理志》，第 212—214 页。
③ 王志明、李秉柏、严海兵、黄晓军：《近 20 年江苏省海岸线和滩涂面积变化的遥感监测》，《江苏农业科学》2011 年第 6 期。

2. 江苏海岸沙洲群的演变

（1）岸外沙洲

伴随江苏海岸演变，在岸外浅滩始终分布有一系列的沙洲群，这不仅是历史时期江苏海岸特别是中部沿岸演化成陆过程的重要组成部分，也是江苏沿海现代辐射沙洲的前身。黄河夺淮以后，江苏海岸积累的大量泥沙为众多沙洲形成提供了条件。特别是15世纪末黄河全流夺淮以来，岸外沙洲发育加快，逐渐形成一个相对独立的、具有复杂动态过程的岸外沙洲系统；它的演变反映了江苏海岸水沙潮流相互作用及其格局变化的复杂过程。[①] 由于岸外沙洲正好位于中国古代南北海运交通要道的必经之处，因此各类沙洲得名繁杂，古代海运相关的历史文献中对此也多有记载。

南宋黄裳的《地理图》可能是最早画出江苏岸外沙洲的地图，此图约制作于1189—1190年。[②] 图中今江苏中部海岸外绘有六七条沙洲，均呈长条形，南北向，与海岸平行双重排列，无地名。之后元代首开漕粮海运，最初这条海运航线就离江苏沿岸不远，浅沙甚多。据《肇域志》载：

> 自刘家港开船出扬子江盘转黄连沙嘴，望西北沿沙
> 行驶，潮涨行船，潮落抛泊，约半月或一月余，始至
> 淮口。[③]

漕粮深关朝廷根本，岸外沙洲正当其道，因此官府对其高度重视。

---

① 邹逸麟、张修桂主编：《中国历史自然地理》，第555—566页。
② 贺晓昶：《江苏海岸外沙洲地名的历史变迁》，《中国历史地理论丛》1991年第4辑。
③ 〔清〕顾炎武：《肇域志》卷一八，清抄本。

> 自扬州崇明州二沙、黄连沙投西，过地名料角等处一带，沙浅连属千里，潮长则海水弥漫，浅深莫测；潮落则仅存一沟，寸步万险，若船料稍大，必致靠损，难记里路。[①]

后由于沿海浅沙甚多，航程遥远，故于至元二十九年（1292年）开辟新道。新航路起自"万里长滩"，不再沿岸行驶，而是利用西南风，由陆家沙（长江口外较远的沙洲）及盐城岸外的赵铁沙嘴及半洋沙、响沙等诸沙洲，进入黑水大洋，利用东南风赴成山。因此，在13世纪末，料角嘴到盐城近岸水域已有大片水下浅滩和沙洲。

明永乐年间的《海道经》记录了明代海运航路，对江苏岸外沙洲的记载较为详细："自转瞭角嘴，未过长滩，依针正北行驶，早靠桃花班水边，北有长滩沙、响沙、半洋沙、阴沙、冥沙，切可避之。"[②]可见，明代前期长江口往北直抵黄河口附近，均有大片沙洲分布；拦头沙是出江口向北航行所遇的第一个浅沙，即长江口北岸的河口沙嘴；长滩沙即万里长滩的近岸部分，响沙即位于黄沙洋口的醋沙，半洋沙指元明由刘家港出发、向东北到黑水大洋（深水区）半途上的大片沙洲，相当于如东县北部与东台县岸外海域。

另据嘉靖年间编纂的《筹海图编》《万里海防图》描述，在江苏海岸中段有几个大沙洲或沙岛；在射阳河口与安丰之间有乱沙，向南至黄沙洋外有过沙，在过沙、乱沙与海岸之间是虎斑水。同书《南直隶总图》显示从海门到安东岸外，南北向排列着4到5片较大沙洲群。而在《海防一览图》中，除乱沙、过沙和海门岛外，在

---

① 〔元〕赵世延、揭傒斯纂修：《大元海运记》卷下，清抄本。
② 《海道经》，清借月山房汇抄本。

向岸侧还标有几个沙洲,分布在从长沙到射阳河口之间。到明代中期,盐城以北有近岸的北沙,乱沙在外侧,以南为布洲洋。据郑若曾记载:

> 直北至海门县界吕四场,转东过瞭角嘴,是横上,再北过胡椒沙,是大横(即今大洪),多阴沙,宜勤点水,所谓长滩也……自大河营经胡椒沙、黄沙洋、酣沙,奔(拼)茶场、吕家堡(今李堡)、斗龙江(今斗龙港)、淮河口至莺游山(连云港东西连岛),约程六百余里,中有黄沙洋,一路阴沙;斗龙江险潮宜避。[①]

胡椒沙是长滩近岸部分,长滩即万里长滩,今如东县东北向海伸延很远的暗沙群。

较早有沙洲具体命名记载的文献是陈伦炯的《沿海全图》。例如在射阳河口至安丰一带海岸外有陈马沙、子沙、腰沙、白沙、阴沙,大致对应于明中期的乱沙;黄沙洋附近有棍子沙和火焰沙,对应于明中期的过沙;三余湾岸外有阴沙、大阴沙和小阴沙[②]。在盐城海外"有长沙一条,又东有陈马沙、腰沙,又东有蛮子沙、阴沙"[③]。在野潮洋口(今黄沙港口)到斗龙港之间有沿岸分布的长带状无名沙洲,并注上"此沙潮长则没,潮退则出",以区别以上那些在低潮时仍未出露的阴沙。三余湾外的三座阴沙和盐城外一座阴沙从其他各沙中分开,说明其他各沙已经变成了明沙。可以看出,自明代中期黄河全流夺淮入海以来,经过二百多年,江苏沿

---

① 〔明〕郑若曾:《江南经略》卷三(下),《明初太仓至北京海运故道》,文渊阁四库全书本。
② 〔清〕陈伦炯:《海国见闻录》,台北:学生书局,1984年。
③ 光绪《盐城县志》卷三《河渠志》。

岸中部岸外沙洲发育很快，沙洲多已淤成明沙。在三余湾外，明中期的游沙在此时已完成了并滩阶段，但新形成的外侧沙洲仍多为暗沙。

晚至19世纪前期，江苏中部的岸外沙洲的辐射形状已比较明显（图3-6）。明代的北沙已完成了并陆阶段，成为滨海平原北部的一部分。嘉庆《东台县志》记载：

> 摇钱沙、酒幌沙、犁头沙、日头沙，俱在县治（东台县）东南。栟茶场黄沙洋海口外，与丰利、掘港场相接，海中平浅处潮涨则没，潮落则出，俗呼竏，名目甚多，为鱼船插竹布网之所。[①]

这些名目甚多的小沙洲可与现代黄沙洋中沙洲密布的状况相印证。可见，19世纪前期东台近岸的沙洲规模已相当可观。

咸丰年间的《海道图说》及1894年英国伦敦海图局所辑的《中国江海险要图说》对江苏岸外沙洲有了更为确切的描述。长江口与废黄河口间为一带低岸，有广大浅滩。佘山北面有六条长沙带，沙带西面与海岸间又多广阔浅滩，此六条沙带排列自南而北，其东界为北偏西与南偏东之间。自北向南为平沙、淤南沙、莲家沙、金家沙、湾子沙等。该沙带西北与废黄河口之间有九沙滩、庄家沙、得自羔沙、毕沙、长沙、五条沙等，且沙带与陆岸间有数条较浅水道。这些沙洲平面形态均为东西向长带状，排列相当规整，沙带东界的连线大致与岸线平行（图3-6、3-7）。到20世纪初，南部岸段的岸外沙洲已呈稳定的辐射形状，而中部岸段的沙洲尚处在调正阶段，沙洲群分布在-20米等深线以内。

---

① 嘉庆《东台县志》卷一〇《考五·水利》。

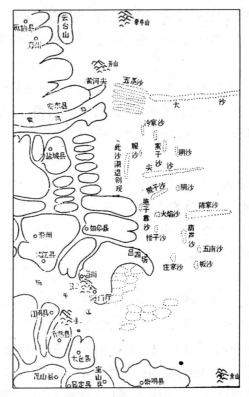

图3-6 清中期江苏沿岸沙洲

说明：图片选自贺晓昶《江苏海岸外沙洲地名的
历史变迁》，《中国历史地理论丛》1991年第4辑。

（2）口外沙洲

除岸外沙洲之外，废黄河口外也曾分布一些显著的堆积沙洲带，即河口拦门沙，是江苏海岸沙洲群的重要组成部分。黄河南徙初期南北分流，由江苏沿海入海的泥沙较少，且沿途沉积，故河口淤积缓慢。明初河口离云梯关尚不远，河口拦门沙发育不明显。但自弘治七年（1494年）黄河全流夺淮入海以后，加之废黄河口水下三角洲已淤高淤平，因此入海泥沙在河口淤积并向海推

移，延伸明显加快，河口沙体迅速扩大，拦门沙显著发育。在口门
两侧有青沙和红沙，口外海域中又形成了著名的"五条沙"。[1] 随
着明清两朝数次修筑黄河口南北两岸大堤，又加速了河口的淤进
和沙体形成。特别是在清代表现出持续的扩张，广泛分布在废黄
河口外。如雍正年间陈伦炯所记：

> 海州而下，庙湾而上，则黄河出海之口，河浊海清，
> 沙泥入海则沉实。支条缕结，东向纤长，潮满则没，潮汐
> 或浅或沉，名曰五条沙。中间深处呼曰沙行。江南之沙
> 船往山东者，恃沙行以寄泊。船因底平，少搁无碍。闽
> 船到此，则魄散魂飞……是以登莱、淮海稍宽海防者，职
> 由五条沙为之保障也。[2]

据陈伦炯《沿海全图》，五条沙中心位置正对着黄河口，分布在灌
河口与双洋口之间，分五条狭长沙带且每条沙堤又分为三到五
段，比岸外沙洲的外界向海伸展得更远。[3] 清代《户部漕运全书》
也有类似记载：

> 云梯关外迤东有大沙一道，自西而东，接涨甚远，暗
> 伏海中，恐东风过旺，船行落西，是以针头必须偏东一个
> 字，避过暗沙，再换正针。此沙径东北，积为沙埂，舟人
> 呼为沙头山。[4]

---

① 邹逸麟、张修桂主编：《中国历史自然地理》，第 558 页。
② 〔清〕陈伦炯：《海国见闻录》卷上《天下沿海形势录》，台北：学生书局，1984 年。
③ 〔清〕陈伦炯：《海国见闻录》卷上《天下沿海形势录》。
④ 《钦定户部漕运全书》卷九〇《海运事宜·海洋道道》，清光绪刻本。

到 19 世纪中叶,废黄河口外沙洲群继续向海延伸,大致成东西向,沙体狭长,局部已淤出水面。其中,五条沙中正对黄河口的一条延展得最远,外面又接有大沙一道(图 3-7)。

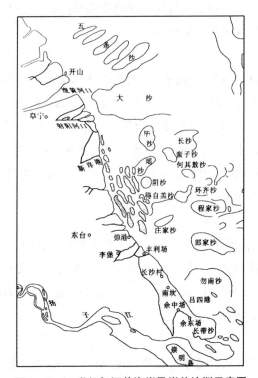

图 3-7　20 世纪初江苏海岸及岸外沙洲示意图

说明:图片选自邹逸麟、张修桂主编《中国历史自然地理》,北京:科学出版社,2013 年,第 561 页。

1855 年黄河北归,这一突变事件对口外沙洲群的演变影响甚大。伴随江苏海岸进入新的冲淤、调正阶段,废黄河口急剧侵蚀后退,口外沙洲群也随之表现为快速侵蚀消亡。根据 1904 年朱正元的《江苏沿海图说》记载:"外有大沙并五条沙,广袤数百里,轮帆往来南北皆遥为引避"①,此时五条沙与黄河口附近海岸侵蚀的泥沙不断向南搬运,因而在口外南侧附近形成了较大的浅水沙区(图3－7)。《海道图说》载:"淤黄河口外,有浅沙滩向南平铺,约长八十里至九十里,阔约三十里,名曰大沙。"

到20世纪初,伴随五条沙的夷平,大沙也逐渐被侵蚀,沿岸泥沙继续向南迁移搬运、沉积。1933年前后,大沙区水域已有12—14米深,成为水下岸坡,大沙消亡。如今废黄河口外的沙洲早已侵蚀,废黄河口三角洲岸线也侵蚀后退、重新调整。但江苏沿海现代辐射沙脊群仍在淤涨演变扩张,规模庞大。②

总之,岸外沙洲与口外沙洲是江苏海岸沙洲群演变的重要组成部分,是沿岸复杂水沙运动的结果。黄河夺淮至黄河北归之间的数百年,是岸外沙洲群发育、演变最为复杂的阶段;黄河北归后,该区域的河口海岸水沙格局出现系统性逆转,从快速淤涨转向北部蚀退、中部继续淤涨的趋势,同时,伴随来沙锐减、沿岸蚀退,废黄河口外沙洲也快速侵蚀、迁移、消亡,在沿岸流与潮波作用下,继续为中部岸段淤涨、向陆并岸以及塑造辐射沙洲提供物质来源,重新塑造了岸外沙洲分布格局。

3. 海岸扩张的环境响应

江苏海岸扩张——"海势东迁"的形成既有大尺度的全球性背景,又有中尺度的动力泥沙因素巨变,也有小尺度的环境演化。③ 其物质与动力来源成因复杂,涉及泥沙、潮流、气候变化以

---

① 〔清〕朱正元辑:《江苏沿海图说》,中国华东文献丛书编委会、甘肃省古籍文献整理编译中心编:《华东史地文献》第14卷,北京:学苑出版社,2010年,第653页。
② 江苏省908专项办公室编:《江苏近海海洋综合调查与评价总报告》,第372—377页。
③ 张忍顺、陆丽云、王艳红:《江苏海岸侵蚀过程及其趋势》,《地理研究》2002年第4期。

及人类活动的影响。[①] 此外,除了泥沙等因素外,小冰期气候波动引发的海平面波动也是同期江苏海岸加速淤涨的重要原因。

首先,泥沙变化是影响海涂淤涨程度的重要因素,是导致1550—1855 年间海岸淤涨加快的重要物质来源。据估计,1550—1854 年黄河年输沙量约为 6.0×10^8 吨,总量为 $1\,824 \times 10^8$ 吨,约有 10 亿吨泥沙造陆。[②] 实际上,仅靠黄河输沙量或者河口区地面升降速度是无法在数十年的周期内让海岸淤涨出现 8 到 10 倍的骤增或骤减,全球气候变冷及相应的海面降低显著促进了废黄河口与海岸的加速淤涨。[③]

其次,潮差变化也是影响海岸淤涨程度的重要因素。如前所述,江苏近海在潮流流速分布上表现为,以辐射沙脊群最强,废黄河口外次之,海州湾最弱,无潮点位于废黄河口以东约 80 千米处。[④] 靠近无潮点的海岸潮差小,潮水对河流的顶托作用也较小,故对其河口发育有引导作用,即无潮点附近的海岸向海淤涨较明显,也对应着相对较低的陆地高程。[⑤] 同时,在弶港与洋口镇岸段之外的辐射沙脊群中心,历史最大潮差可达 9.62 米,并向南、北递减。[⑥] 弶港沿岸正位于两大潮波系统的交汇地区,潮差

---

① 任美锷:《人类活动对中国北部海岸带地貌和沉积作用的影响》,《地理科学》1989 年第 1 期;张晓祥、王伟玮、严长清、晏王波、戴煜暄、徐盼、朱晨曦:《南宋以来江苏海岸带历史海岸线时空演变研究》,《地理科学》2014 年第 3 期;许炯心:《人类活动对公元 1194 年以来黄河河口延伸速率的影响》,《地理科学进展》2001 年第 1 期。

② 任美锷:《黄河的输沙量:过去、现在和将来——距今 15 万年以来的黄河泥沙收支表》,《地球科学进展》2006 年第 6 期。

③ 杨怀仁、谢志仁:《中国东部近 20 000 年来的气候波动与海面升降运动》,《海洋与湖沼》1984 年第 1 期。

④ 江苏省 908 专项办公室编:《江苏近海海洋综合调查与评价总报告》,第 23—24 页。

⑤ 王艳红:《海洋动力对黄河尾闾变迁的影响》,《第十四届中国海洋(岸)工程学术讨论会论文集》,2009 年。

⑥ 丁贤荣、康彦彦、茅志兵、孙玉龙、李森、高旋、赵晓旭:《南黄海辐射沙脊群特大潮差分析》,《海洋学报(中文版)》2014 年第 11 期。

最大、泥沙搬运也是最远点,故该岸段海涂淤涨程度最弱。

最后,海平面升降与海岸带的侵蚀与淤积变化是引起海岸变化的重要原因。[1] 对于明清时期江苏海岸而言,泥沙增加与海平面下降哪一个主要推动了海岸快速淤涨,前人看法并不一致。李元芳对此的总结与论述比较全面,从海平面下降、黄河中游人类活动以及黄河尾闾河堤兴筑三个方面,讨论了河口淤进变化的过程,认为 1578—1855 年全球变冷,气温下降了 2—2.5℃,影响了黄河中游植被生长,中游人类活动加剧促使黄土高原土壤侵蚀和入黄泥沙加大,而在河口地区,海面下降,河流纵比降增大,水流流速加大,挟沙能力增强,加上明代潘季驯、清代靳辅治河,下游及河口段堤防更加完善,导致更多泥沙下排河口,故河口延伸速率快速增加。1194—1578 年的 380 年内,河口仅向海延伸了15 千米,而 1578—1855 年的 270 年内,淤涨 74 千米,为前者5 倍。[2]

小冰期内我国海面下降到低点,在我国东部沿海平原造成同步性的较大规模海退及区域性低水位现象。[3] 历史文献中也记载了不少因水位降低而使古代遗址露出湖面、海面的事例。例如在乍浦附近海中,在特大低潮面下曾四次(1647 年、1683 年、1697年、1730 年)出露古代遗址。[4] 同时,小冰期内也有阶段性海面上升,主要是明初至 16 世纪上半叶的相对高海面,在江苏海岸抵消

① 邹逸麟、张修桂主编:《中国历史自然地理》,第 539 页。
② 李元芳:《历史时期海面升降对黄河河口及其三角洲发育的影响》,中国地理学会地貌与第四纪专业委员会编:《地貌环境发展》,北京:中国环境科学出版社,1999年,第 175—178 页。
③ 杨怀仁、谢志仁:《中国东部近 20 000 年来的气候波动与海面升降运动》,《海洋与湖沼》1984 年第 1 期。
④ 张修桂:《金山卫及其附近一带海岸线的变迁》,《历史地理》第三辑,上海:上海人民出版社,1983 年,第 38—50 页。

了黄河入淮对海岸淤涨的加速作用,又在长江口和钱塘江口造成严重的"陆沉"、坍岸现象,也导致14—15世纪江苏海岸线较为稳定,并发育了新冈。[①] 另外,通过对比1550—1855年间中国气候、北欧气候与江苏海岸带淤涨过程(图3-8),也可以看出在小冰期内,淤涨起伏与冷暖变化很吻合,反映出小冰期内的气候波动与江苏海岸的淤涨加速具有同步性。

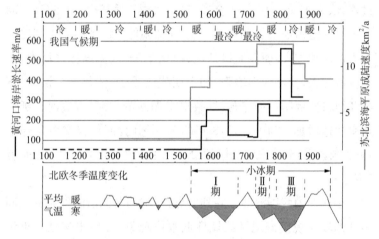

图3-8 小冰期气候变化与废黄河口淤涨

说明:图片选自鲍俊林(2016)[②]。废黄河口、苏北滨海平原淤涨速度根据(1984)以及凌申(1988)整理[③];北欧与中国同期气候变化根据杨怀仁、谢志仁(1984)整理。[④]

[①] 朱诚、程鹏、卢春成、王文:《长江三角洲及苏北沿海地区7000年以来海岸线演变规律分析》,《地理科学》1996年第3期。

[②] 鲍俊林:《15—20世纪江苏海岸盐作地理与人地关系变迁》,上海:复旦大学出版社,2016年,第52页。

[③] 张忍顺:《苏北黄河三角洲及滨海平原的成陆过程》,《地理学报》1984年第2期;凌申:《黄河南徙与苏北海岸线的变迁》,《海洋科学》1988年第5期。

[④] 杨怀仁、谢志仁:《中国东部近20000年来的气候波动与海面升降运动》,《海洋与湖沼》1984年第1期。

第三节　海岸扩张与潮滩环境

江苏海涂持续扩张对潮滩环境产生了深刻影响,集中表现在潮滩生态要素的演替变化,包括土壤性状、植被群落等都呈现垂直海岸线的地带性分布与迭代演替。[①] 在江苏沿海部分历史文献中,对此现象也有记载,如康熙《两淮盐法志》的梁垛场图中,将海涂自陆向海区分为草荡、淤荡以及光沙(图 3 - 9)。这与现代潮滩上的区分一致,自陆向海一般包括草滩带、盐蒿滩带、光滩、浮泥滩、板沙滩。[②]

根据现代调查,在江苏海岸淤涨岸段,自陆向海在地貌上主要分为草滩带、盐蒿滩带以及光滩带三个生态类型。随着滩面日益淤高、淤宽,潮浸频率减低,各生态要素也随之演替,呈现有规律的序列(图 3 - 10,表 3 - 4),即板沙滩逐渐向浮泥滩、光滩、盐蒿滩、草滩迭次演替。在自然状态下,承前启后,循序渐进,不可超越或逆转。[③]

草滩带位于大潮高潮位以上,组成物质最细,一般为黏土和极细粉砂,滩面平坦,植被生长茂密(图 3 - 10);白茅、獐毛、大穗结缕草等草甸植物分布在年潮淹没带,一年中仅为风暴潮淹没 1—2 次,主要为陆生环境,白茅、獐毛草一般较高,可达1—2 米,群落覆盖度达 70—80%,呈连片状分布,混杂有其他植被。

盐蒿滩带位于平均高潮位和大潮高潮位之间,只有先锋植物

---

① 鲍俊林:《15—20 世纪江苏海岸盐作地理与人地关系变迁》,第 53—57 页。

② 陈邦本、方明等:《江苏海岸带土壤》,第 16 页。

③ 同上。

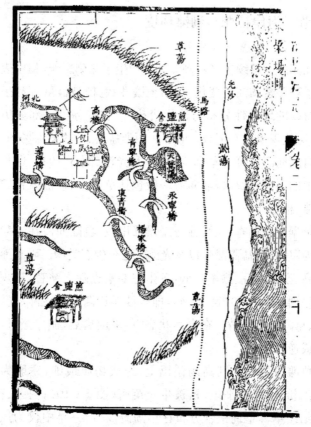

图 3-9　康熙《两淮盐法志》梁垛场图

说明: 图片选自康熙《两淮盐法志》卷二《疆域》,吴相湘主编
《中国史学丛书》,台北: 学生书局,1966 年。

盐蒿草能够适应生长[①];土壤盐分含量高的月潮淹没带只能生长一年生的盐蒿,盐蒿草植被较矮,一般为 0.3—0.5 米,且较为稀疏,群落覆盖度为 30—50%,呈簇、丛、斑状分布(图 3-10)。

---

① 陈吉余主编:《中国海岸带和海涂资源综合调查专业报告集·中国海岸带地貌》,第 36—37 页。

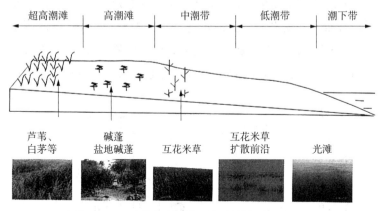

图 3 - 10 江苏海涂植被现状(盐城新洋港断面)

说明:图片选自江苏省 908 专项办公室《江苏近海海洋综合调查与评价总报告》,北京:科学出版社,2012 年,第 558 页。历史时期江苏海涂不包括互花米草带。

表 3 - 4 淤进型海涂生态特征

生态特征	年潮带	月潮带		日潮上带	日潮下带
生态类型	草滩	盐蒿滩	光滩	浮泥滩	板沙滩
植被	白茅、獐毛	盐蒿	苔藓、藻类	藻类	藻类
表土有机质(%)	>1.0	0.5—1.0	0.3—0.5	0.3—0.5	<0.3
土壤全盐(%)	0.1—0.6	0.6—0.8	>1.0	0.8—1.0	0.8±
潜水矿化度(g/L)	<12	12—25	25—35	25—35	28±
土壤类型	草甸滨海盐土	潮滩盐土	潮滩盐土	潮滩盐土	潮滩盐土

说明:选自陈邦本、方明等《江苏海岸带土壤》,南京:河海大学出版社,1988 年,第 15 页。

　　光滩位于中潮位至大潮低潮位,无植被分布,低潮时地面出露。滩面生物较多,有泥螺、锥螺、青蛤、文蛤、四角蛤以及蟹类等。[①] 月潮淹没带下缘是海涂土壤的积盐地带,平均土壤盐分高达 10‰以上,连盐蒿也难以生长,形成光滩(图 3-11)。

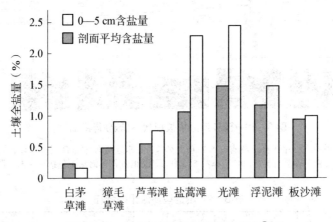

图 3-11　表土与剖面土壤含盐量分布[②]

说明:选自陈邦本、方明等《江苏海岸带土壤》,南京:河海大学出版社,1988 年,第 77 页。

　　其他还有浮泥滩、板沙滩。浮泥滩位于日潮淹没上带,呈悬浮的泥浆状,大量的泥螺与浮泥状的滩面是其生态环境的标志特征;板沙滩位于日潮淹没下带,土壤质地变粗,为紧砂土、松砂土,滩面板实。[③]

　　1855 年黄河北归后,废黄河三角洲由淤进转为蚀退。蚀退型海涂也存在演替规律,在生态特征上与淤进型并无显著差异

① 沈永明:《江苏沿海淤泥质滩涂景观生态特征及其演替》,《南京晓庄学院学报》2005 年第 5 期。
② 陈邦本、方明等:《江苏海岸带土壤》,第 77 页。
③ 陈邦本、方明等:《江苏海岸带土壤》,第 16 页;沈永明:《江苏沿海淤泥质滩涂景观生态特征及其演替》,《南京晓庄学院学报》2005 年第 5 期。

（表3-5），只是整体上表现为逆序演替。伴随滩地侵蚀，潮浸频率增加，潮间带类型由年潮带转为月潮、日潮带，植被群落也同步逆向演替；随着岸滩蚀退，土壤盐分上升，草滩带退化，盐蒿群落增加（表3-5）。

表3-5 蚀退型海涂生态特征

生态特征	年潮水淹没带	月潮淹没带	日潮淹没上带
表土有机质（%）	1.0—0.5	<0.5	<0.3
土壤全盐（%）	0.2—0.6	0.8—1.0	0.8—1.0
潜水矿化度（g/L）	10—20	20—35	25—30
植被	獐毛、盐蒿	盐蒿、藻类	藻类
生态类型	草滩、盐蒿滩	光滩、贝壳滩	板沙滩
土壤类型	草甸滨海盐土	潮滩盐土	潮滩盐土

说明：选自陈邦本、方明等《江苏海岸带土壤》，南京：河海大学出版社，1988年，第17页。

此外，淤进型海涂不同滩地类型的演替存在一定时间的间隔，这种演替特点对海岸开发变迁具有重要影响，是海岸生态环境变迁的重要内容之一。受淤进型海涂生态要素演替规律制约，明清时期江苏海岸的光滩演替为盐蒿滩大致为15—20年，从盐蒿滩演替为白茅草滩至少需10年以上。[①]

小结

黄河夺淮入海以后江苏海岸经历持续扩张，塑造大面积开敞

① 鲍俊林：《15—20世纪江苏海岸盐作地理与人地关系变迁》，第64—65页。

低平的滨海平原,是历史时期江苏海岸地貌及生态环境变化最为突出的特征。基于历史气候变化的集成分析,在过去千年的11—15世纪(中世纪暖期)与16—19世纪(小冰期)两个主要阶段内,江苏海岸演变的自然过程表现出对气候—海平面变化的响应,整体上在中世纪暖期岸线相对稳定,淤涨程度不明显,至公元11世纪泰州捍海堰修筑,江苏沿海仍为浅海地貌;但在小冰期内经历长期淤涨扩张,特别是同期黄河入海与泥沙堆积的影响,显著加快了海岸扩张速率。

小冰期内各岸段表现出淤涨差异:北部的废黄河三角洲淤涨速率与面积最为显著,其次为中部岸段的滨海平原,南部岸段淤涨程度最小。快速的滩涂淤涨持续重构潮滩沉积环境并引发潮滩生态环境的演替变化,岸外沙洲群演变也是海岸扩张、环境变迁的重要组成部分。此外,受潮差、泥沙及沿岸流的综合作用,也塑造了不同岸段平均高程差异,南部岸段最高,中部岸段次之,废黄河三角洲最低。

第四章

历史潮灾、海岸风险及脆弱性

第一节　西北太平洋热带气旋及风暴潮

沿海地区的风险主要来自海洋,包括风暴潮、海浪、海冰、海啸等引发的海洋灾害;从损害程度看,风暴潮灾害最为显著。[1] 例如2019年中国各类海洋灾害中,风暴潮造成直接的经济损失最严重,占总直接经济损失的99%[2],且中国沿海风暴潮灾的发生频率与危害程度均居世界前列。[3] 因此,风暴潮是海岸风险主要驱动因素,也是海岸带脆弱性的关键表现。

风暴潮主要指由热带气旋、温带气旋、海上飑线等风暴过境所伴随的强风和气压骤变而引起的叠加在天文潮位之上的海面震荡或非周期性异常升高(降低)现象,又可称"风暴增

---

[1] 诱发潮灾因素有很多,例如热带气旋、温带气旋、地震、火山爆发等。无特别说明,本书所指均为气象潮灾。气象潮是由水文气象因素(如风、气压、降水和蒸发等)所引起的天然水域中水位升降现象。除因短期气象要素突变,如风暴所产生的水位暴涨暴落(风暴潮)外,气象潮一般比天文潮小。天文潮是海洋受月球和太阳引潮力作用所产生的潮汐现象,高潮和低潮潮位及出现时间具有规律性。一般情况下天文潮不会引发灾害,但在汛期江河上游来水较多时遇到天文大潮顶托,则容易造成沿海地区洪水难以退却,导致灾害。

[2] 自然资源部海洋预警监测司:《2019年中国海洋灾害公报》,2020年,http://gi.mnr.gov.cn/202004/t20200430_2510979.html。

[3] 王晓利、侯西勇:《中国沿海极端气候时空特征》,第32—34页。

水""风暴海啸""气象海啸"或"风潮"。[①] 根据风暴的性质,风暴潮通常分为由温带气旋引起的温带风暴潮和由热带气旋引起的台风风暴潮两大类。温带风暴潮多发生于春秋季节,夏季也时有发生;其增水过程比较平缓,增水高度低于台风风暴潮,主要发生在中纬度沿海地区,以欧洲北海沿岸、美国东海岸以及我国渤海沿岸为多。台风风暴潮多见于夏秋季节,来势猛、速度快、破坏力强,常见于西太平洋沿岸、美国东南部沿岸。我国是世界上两类风暴潮灾害都非常严重的少数国家之一,风暴潮灾害一年四季均可发生,从南到北所有沿岸均无幸免。

风暴潮破坏作用特别强烈,对沿海人民的生产生活常常带来巨大灾难与威胁。历史文献中多称为"海溢""海侵""海啸"及"大海潮"等。一般把风暴潮灾害划分为四个等级,即特大潮灾、严重潮灾、较大潮灾和轻度潮灾;空间范围一般由几十千米至上千千米,时间尺度或周期约为 1 至 100 小时。但风暴潮能否成灾,一方面很大程度上取决于最大风暴潮位是否与天文潮高潮相叠加;另一方面也决定于受灾地区的地理位置、海岸形状、岸上及海底地形,尤其是滨海地区的社会经济情况。如果最大风暴潮位恰好与天文大潮的高潮相叠,往往会导致特大潮灾。一般而言,形成比较严重的风暴潮应具备三个条件:一是强烈、持久的向岸大风的天气形势,二是有利的岸上形状,例如喇叭状港湾或平缓海滩,三是天文大潮的配合。[②] 当然,如果风暴潮位非常高,虽然未遇天文大潮或高潮,也会造成

---

① 自然资源部海洋预警监测司:《2019 年中国海洋灾害公报》,2020 年,http://gi. mnr. gov. cn/202004/t20200430_2510979. html。

② 阎俊岳、陈乾金等:《中国近海气候》,北京:科学出版社,1993 年,第 160 页。

严重潮灾。

中国东部沿海风暴潮主要源自热带气旋的影响。热带气旋(Tropical Cyclone)是一种强大的热带天气系统,是发生在热带、副热带洋面上的具有强对流和暖中心结构的非锋面气旋性涡旋。[①] 在太平洋赤道洋流由东向西运动过程中,洋面表层暖海水吹向西太平洋,使西太平洋海区形成暖池,并成为全球热带气旋及其各类风暴高发地区。来自这里的热带气旋正是诱发中国东部海岸风险与灾害的主要来源,主要在北纬 5—25 度之间,以北纬 10—20 度最多,即赤道以北、菲律宾以东的西太平洋海区。其中,最大平均风速 12 级或以上的热带气旋(台风或飓风)引发的风暴潮最为剧烈。全球平均每年发生台风 82 个,但西北太平洋海区最多,平均每年有 28 个左右,占全球总数的三分之一;西北太平洋地区全年都可能出现热带气旋,最多月份在 7—10 月,占全年总数的 68%,并且 8 月最盛,2 月最少。[②]

江苏省位于中国东部沿海,影响这里的风暴潮主要源自西太平洋的热带气旋。其中,89% 在菲律宾以东的西太平洋洋面上,6% 源自南海海面上,其余的 5% 源地纬度较高,大致在琉球群岛附近。[③] 因此,江苏省气象灾害主要是台风风暴潮,每年都会受到影响,沿海首当其冲。同时,影响江苏省的热带气旋平均每年为 3 个,最多年份可达到 7 个;每年从 5 月到 11 月都会受到影响,集中在 7—9 月,其中 8 月份最多。[④] 影响江苏

[①] 傅刚编著:《海洋气象学》,青岛:中国海洋大学出版社,2018 年,第 95 页。

[②] 阎俊岳、陈乾金等:《中国近海气候》,第 78—99 页。

[③] 温克刚、卞光辉主编:《中国气象灾害大典·江苏卷》,北京:气象出版社,2008 年,第 2、93 页。

[④] 同上。

沿海的台风路径多集中在长江口附近，包括登陆与不登陆的台风。

第二节　江苏海岸历史潮灾记录与灾情

1. 潮灾记录

　　江苏沿海地势低平、岸线绵长、滩涂开敞宽阔，历史上又长期是全国盐业生产中心，因此极易遭受潮侵影响，往往损失巨大。例如万历十年（1582年）"七月十三、四日，大风雨，海州……各（盐）场海啸，淹田禾，淌人畜，坏屋舍无算"[①]。康熙《两淮盐法志》又载：两淮场地"洪潮时泛，淹没草荡田庐灶户，时时惊徙，靡有定栖"[②]。民国《阜宁县新志》对江苏沿海历史潮灾也做了概述："海潮之患，淮扬为甚，自唐以来迭见记载。每大风骤起，波涛汹涌，瞬息数十里。煮盐之民溺死动至万数千人，获救者十无一二，亭场田舍之损失更不可以数计。"[③]并引用《庙湾镇志》所录崔桐《哀飓潮》诗："今岁东隅厄，伤心北海翻。万民葬鱼腹，百里化龙门。洒血悲亲友，无家问子孙。寄言当路者，早为叩宸阊。尽日蛟龙门，俄时天地昏。大波从北涨，万姓总南奔。赤子随鱼鳖，红流失市村。有生知亦死，何计觅饔飧。其惨酷之状，盖已数见不鲜。"[④]足见风潮引发的巨大损失。

　　江苏沿海历史风暴潮研究受到很多研究者的关注，主要分析

---

① 光绪《盐城县志》卷一七《杂类志·祥异》，光绪二十一年刻本。
② 康熙《两淮盐法志》卷一《祥异》，台北：学生书局，第58页。
③ 民国《阜宁县新志》卷九《水工志·海堰》。
④ 民国《阜宁县新志》卷九《水工志》。

相关历史潮灾序列重建、频次①、时空特征及影响②，以及历史时期海面变化、潮灾与海岸工程的关系③，并且以分析近 500 年历史记录为主，这一阶段的资料较为翔实、可靠，受到的关注也最多。值得注意的是，就全国海域而言，从现有历史文献记录来看，江苏沿海的潮灾损失可能是全国最严重的。据前人整理，在 1522—1665 年的 140 余年间，伤亡人数超过万人的就有 6 次，平均不到 24 年就有一次特大潮灾。④ 其中，自黄河夺淮至清末江苏沿海典型潮灾灾情举例如下（据附录一）：

> 南宋乾道七年（1171 年），通、泰、楚三州海潮，冲击（范堤）二千余丈……泰之损者独多。

---

① 张向萍、叶瑜、方修琦：《公元 1644~1949 年长江三角洲地区历史台风频次序列重建》，《古地理学报》2013 年第 2 期；王洪波：《明清苏浙沿海台风风暴潮灾害序列重建与特征分析》，《长江流域资源与环境》2016 年第 2 期；潘威、满志敏、刘大伟等：《1644~1911 年中国华东与华南沿海台风入境频率》，《地理研究》2014 年第 11 期；潘威、王美苏、满志敏等：《1644~1911 年影响华东沿海的台风发生频率重建》，《长江流域资源与环境》2012 年第 2 期。

② 刘安国：《我国东海和南海沿岸的历史风暴潮探讨》，《青岛海洋大学学报》1990 年第 3 期；陈才俊：《江苏沿海特大风暴潮灾研究》，《海洋通报》1991 年第 6 期；孙寿成：《黄河夺淮与江苏沿海潮灾》，《灾害学》1991 年第 4 期；潘凤英：《历史时期江浙沿海特大风暴潮研究》，《南京师范大学学报》1995 年第 1 期；王骊萌、张福青、鹿化煜：《最近 2000 年江苏沿海风暴潮灾害的特征》，《灾害学》1997 年第 4 期；杨桂山：《中国沿海风暴潮灾害的历史变化及未来趋向》，《自然灾害学报》2000 年第 3 期；赵赟：《清代苏北沿海的潮灾与风险防范》，《中国农史》2009 年第 4 期；邓辉、王洪波：《1368—1911 年苏沪浙地区风暴潮分布的时空特征》，《地理研究》2015 年第 12 期；张旸、陈沈良、谷国传：《历史时期苏北平原潮灾的时空分布格局》，《海洋通报》2016 年第 1 期；张崇旺：《明清时期两淮盐区的潮灾及其防治》，《安徽大学学报（哲学社会科学版）》2019 年第 3 期；冯贤亮：《清代江南沿海的潮灾与乡村社会》，《史林》2005 年第 1 期。

③ 王文、谢志仁：《中国历史时期海面变化（Ⅰ）——塘工兴废与海面波动》，《河海大学学报》1999 年第 4 期；王文、谢志仁：《中国历史时期海面变化（Ⅱ）——潮灾强弱与海面波动》，《河海大学学报》1999 年第 5 期。

④ 于运全：《海洋天灾：中国历史时期的海洋灾害与沿海社会经济》，第 80 页。

元至正元年（1341年），扬州路通、泰等州海潮涌溢，溺死千六百余人。

明洪武二十二年（1389年）七月，海潮，坏通州、吕四场捍海堰，漂没各场盐丁三万余口。

明永乐九年（1411年）六月，扬州府通州、海门等县风雨暴作，海溢，坏捍海堰。

明成化三年（1467年）七月，通、泰等处海溢，坏捍海堰六十余处，溺死盐丁二百余人。

明正德九年（1514年），盐城县海溢，居民漂溺十之七。

明嘉靖十八年（1539年）闰七月，淮南、北海大溢，溺死万人。

明隆庆三年（1569年）夏、秋，江海大溢，漂溺无算。

明万历十年（1582年）七月，淮南北各盐场海啸，死二千六百余人。

清顺治十一年（1654年）六月，通、泰等处海啸，溺死万人。

清康熙三十年（1691年）六月，通州海潮暴溢，溺死人无算。

清康熙六十一年（1722年）六月，通州海啸，田为潮溢，多成斥卤。

清雍正二年（1724年）七月，飓风大作，盐城、兴化、泰州、如皋、通州等处海啸，溺死盐场五万人，毁范公堤，淹没良田八百余顷。

清雍正八年（1730年），沿海风潮，通州分司所属西亭、丰利、掘港、金沙、余西、余东六场，泰州分司栟茶、角斜、小海、草堰、丁溪五场，淮安分司白驹、刘庄、伍祐、新

兴、庙湾、板浦、徐渎、莞渎、临洪、兴庄十场被灾,内庙
湾、莞渎、临洪三场尤重,受灾人口约 5 万。

清乾隆十二年(1747 年)七月,通州、如皋、阜宁潮
溢,同月通、泰、盐城各盐场大潮暴涨,多遭淹没。

清嘉庆四年(1799 年)七月,海溢,阜宁、盐城、兴
化、东台、泰州等处范公堤决,淹没田庐。

清道光二十八年(1848 年),大潮暴涨,漂没亭灶
庐田。

清光绪七年(1881 年)六月、八月,盐城、阜宁等县
海啸,西溢百余里,漂没无算。

根据现有资料的统计,江苏沿海历史潮灾基本都发生在天文
大潮期间,以农历六至七月发生次数居多,为潮灾高发期,共占总
数的 85%;其中,六、七月集中了几乎所有较大潮灾,反映了气象
潮与天文大潮叠合的破坏性,其他月份潮灾很少发生。农历七月
份达到全年各月的最高值,占全年总数的 52%。

根据历史文献各类潮灾记录,江苏沿海潮灾损失主要类型是
人口死亡、盐业生产设施损失。主要原因是,淮盐在明清时期进
入快速发展阶段,生产活动伴随海涂扩张持续向海迁移。因此,
作为灾害承载体,淮盐生产在向海迁移过程中,必然遭遇更大的
损失频率与可能性。例如,嘉靖十八年(1539 年)两淮盐区潮灾主
要损失中,灶民伤亡、灶舍与卤池损坏都比较明显(见表 4 - 1)。

表 4 - 1　嘉靖十八年(1539 年)七月两淮盐区潮灾主要损失表

损失	分司			两淮合计
	淮安	泰州	通州	
灶房(座)	870	908	417	2 195

损失	分司			两淮合计
	淮安	泰州	通州	
灶舍(间)	9 909	12 690	10 774	33 373
卤池(面)	2 392	5 753	3 575	11 720
盐车(辆)		727	664	1 391
盐具(副)			2 585	2 585
盘铁(角块)		156	80	236
锅鐅(口)	663	1 385	3 378	5 426
便仓(处)	1		5	6
盐司(座)	2	1	8	11
官盐(引)	131 782	53 179	187 053	372 014
灶民(口)	3 976	3 999	7 486	15 461

说明：数据来自〔明〕吴梯《吴疎山先生遗集》卷一《地方异常灾变乞赐赈恤以全国课疏》，沈乃文《明别集丛刊》第 2 辑，合肥：黄山书社，2016 年，第 322—325 页。

通过统计百年尺度和十年尺度江苏沿海风暴潮灾记录频次的变化，可以一定程度上揭示江苏海岸潮灾过程，分析不同岸段脆弱性的差异，并与同期气候变化、海面变化的背景进行比较，以分析不同气候变化背景下本区风暴潮灾害的过程与发展机制。本书主要利用今人辑录资料及相关历史文献整理潮灾年表与数据库。今人辑录资料主要包括《江苏省近两千年洪涝旱潮灾害年表》（江苏省革命委员会水利局编，1976 年）、《中国历代灾害性海潮史料》（陆人骥著，海洋出版社，1984 年）、《清代淮河流域洪涝档案史料》（水利电力部水管司、水利水电科学研究院编，中华书局，1998 年）、《南通盐业志》所载《盐区历代自然灾害》（凤凰出版社，2012 年，第 774—779 页）。在此基础上，根据明清各部《两淮

盐法志》、江苏沿海地方志等文献补充整理,并对明清时期的主要
潮灾史料记录进行考订。另外,涉及 20 世纪的资料主要根据《江
苏省近两千年洪涝旱潮灾害年表》、《中国气象灾害大典》(江苏卷
1950—2000)、《中国风暴潮灾害史料集》(1949—2009)、《长江三
角洲自然灾害录》(刘昌森等编著,同济大学出版社,2015 年)
整理。

　　同时,历史潮灾的识别需要严谨的标准,以往有关中国东部
沿海历史潮灾的研究中,多数并未公布历史潮灾识别标准,这不
利于对历史潮灾作进一步比较分析。这里主要参考阎俊岳等[①]、
高建国[②]对历史潮灾的判定标准。针对江苏沿海的情况,主要包
括:(1)影响范围必须涉及启东至赣榆的沿海地带;(2)要求灾情
记录中必须同时有风、潮(或海溢、海啸)等文字;(3)只有潮、海
溢、海啸等类似文字,且受灾地点属于沿海地区,作为潮灾;(4)只
有风、雨、洪、涝、大水、旱等文字,不作为潮灾;(5)干旱时期沿海
地区有卤潮倒灌的记录,也作为潮灾。

　　此外,江苏沿海相关的台风、寒潮、潮位、增水、高程等现代水
文气象资料,主要采用任美锷主编的《江苏省海岸带和海涂资源
综合调查报告》(海洋出版社,1986 年)、江苏省 908 专项办公室
主编的《江苏近海海洋综合调查与评价总报告》(科学出版社,
2012 年),以及其他相关的前人研究。

　　经过整理,获得过去一千年江苏沿海风暴潮灾害年表(见附
录一),共有 79 个年份出现较为重要的潮灾记录。需要说明的
是,由于不同时期的文献资料对各岸段潮灾情形的记录存在很大
差异,特别是受灾范围,越到晚近记载越具体。同时,文献资料对

---

① 阎俊岳、陈乾金等:《中国近海气候》,第 573 页。
② 高建国:《中国潮灾近五百年来活动图象的研究》,《海洋通报》1984 年第 2 期。

潮灾记录多以灾情描述为主,相关的水文气象、海涂地貌等信息并不完整,需要根据多种资料综合判断。

为进一步揭示不同岸段的潮灾影响差异,这里通过划分多个岸段分别统计潮灾记录,将江苏沿海地区划分为三个区:北部(赣榆至阜宁)、中部(阜宁至海安)、南部(海安至启东),对不同岸段进行分别统计。在潮灾频次统计过程中,往往难以直接反映单次潮灾的影响范围与灾情损失程度,通过划分岸段分别进行统计,能够更好地反映潮灾影响程度。一般而言,大潮灾涉及多个岸段,影响多个盐场,只影响个别盐场或岸段的潮灾规模肯定要小得多。具体统计中,对同一时间或同一次潮灾记录中涉及多个分区岸段的情况,各分区均统计一次;每个分区内部,单次潮灾涉及多个盐场,均记录为一次潮灾。

经过整理,分岸段看,10 世纪以来江苏沿海各岸段潮灾频次分布(10a 累积),南部出现 65 次记录,占总数 31%;中部 107 次,占 52%;北部 35 次,占 17%(表 4 - 2)。此外,作为关键承受体,明清时期两淮盐业进入快速发展阶段,各岸段对潮灾更加敏感,因此整体上在 16 世纪中叶之后明显增加,1550—1900 年间共有 115 条记录,占各岸段总数的 56.1%(表 4 - 2)。

表 4 - 2　10 世纪以来江苏沿海各岸段潮灾频次分布(10a 累积)

年代(公元)	南部 (海安—启东)	中部 (阜宁—海安)	北部 (赣榆—阜宁)	合计
900				
910				
920				
930				
940				

续　表

年代(公元)	南部 (海安—启东)	中部 (阜宁—海安)	北部 (赣榆—阜宁)	合计
950				
960				
970		3		3
980				
990				
1000				
1010				
1020				
1030				
1040				
1050				
1060				
1070				
1080	1			1
1090				
1100				
1110				
1120				
1130		1		1
1140		1		1
1150				
1160				
1170				

续　表

年代（公元）	南部 （海安—启东）	中部 （阜宁—海安）	北部 （赣榆—阜宁）	合计
1180		2		2
1190				
1200				
1210				
1220				
1230		1		1
1240				
1250				
1260				
1270				
1280	2			2
1290				
1300				
1310				
1320	1			1
1330	2			2
1340		1		1
1350	1	1	1	3
1360				
1370				
1380		1		1
1390	1	1		2
1400		1		1

年代(公元)	南部 (海安—启东)	中部 (阜宁—海安)	北部 (赣榆—阜宁)	合计
1410				
1420		1		1
1430		1		1
1440				
1450				
1460				
1470			1	1
1480	2	2		4
1490				
1500				
1510				
1520	2	3		5
1530	1	1		2
1540	2	2		4
1550				
1560		1		1
1570	1	2	3	6
1580	2	3	2	7
1590	1	3	2	6
1600	1	1	3	5
1610		1		1
1620			3	3
1630			2	2

年代（公元）	南部（海安—启东）	中部（阜宁—海安）	北部（赣榆—阜宁）	合计
1640		3	1	4
1650	1	2	1	4
1660	2	2		4
1670	2	3	1	6
1680				
1690				
1700	1	1		2
1710				
1720				
1730	1	2	4	7
1740	3	5		8
1750	1	4		5
1760	3	3	1	7
1770		1		1
1780		2		2
1790				
1800	2	3		5
1810		2		2
1820				
1830				
1840		1		1
1850	1	1		2
1860	5	1		6

续　表

年代(公元)	南部 (海安—启东)	中部 (阜宁—海安)	北部 (赣榆—阜宁)	合计
1870	1	1		2
1880		6		6
1890		4	1	5
1900		5		5
1910				
1920		2		2
1930		4		4
1940	1	1		2
1950		2		2
1960	6	2	1	9
1970	3	3	3	9
1980	3	1	1	5
1990	6	4	3	13
2000	3	2	1	6
合计	65	107	35	207

说明：1949年前的数据根据附录一《江苏沿海历史潮灾年表》整理，1949—2000年根据《江苏省近两千年洪涝旱潮灾害年表》、《中国风暴潮灾害史料集》(1949—2009)补充整理。

2. 灾情分级

由于史料中记载的潮灾信息往往会存在很多不确定性，或误记，或传讹，或夸大灾情、编造数字等，难以进行比较深入的量化分析，因此，参照前人研究，本书主要考察百年尺度上的灾情年际变化，采取较为简化的等级分类办法，并结合灾害频次反映

受灾的空间差异、潮灾的时空特征以及不同岸段的脆弱性
差异。

历史风暴潮灾情一般根据受灾损失描述的程度进行一定的
轻重分级,以此进一步反映潮灾影响的差异。根据张旸等人的研
究,自南宋建炎二年(1128年)黄河夺淮至清末(1909年),依据海
水入侵状况和生命财产危害程度,将江苏沿海的潮灾分为大中小
3个等级。大潮灾的划分标准为,海水入侵范围大,约为数十至
数百平方里,造成生命财产损失无算,或海水倒灌伤禾,农作收成
剧减;小潮灾的划分标准为,海水入侵范围小,仅数十平方里,无
人畜死亡,只遭财产损失,或海水倒灌轻度伤禾;危害程度界于
大、小潮灾之间的划分为中潮灾。在92个出现潮灾的年份中,大
潮灾28个,占30.43%;中、小潮灾各32个,均占34.78%(表4-
3)。各次潮灾死亡人数的数值范围从百至千人变化到万人以上;
无数据记录的多为"溺死无算""漂溺无算"等记载,即绝大多数灾
情对伤亡人数缺乏准确数字;根据现有史料,最多死亡记录可能
为5万人(1724年潮灾)。大潮灾的发生时间间隔,从70年(如
1271—1341年)到连年发生(如1539—1540年)不等;其中,主要
的时间间隔包括50年(如1341—1389年)、40年(如1593—1632
年)、30年(如1691—1722年)、20年(如1389—1411年)、10年
(如1582—1593年)和5年(如1462—1467年)左右。

表4-3　1128—1909年江苏沿海潮灾分级

灾情等级	潮灾年份	总计(年数)
大潮灾	1271、1341、1389、1411、1444、1462、1467、1472、1514、1539、1540、1569、1577、1582、1593、1632、1654、1665、1691、1722、1724、1747、1799、1823、1848、1854、1872、1881	28

灾情等级	潮灾年份	总计(年数)
中潮灾	1134、1171、1180、1234、1342、1400、1471、1503、1521、1551、1568、1585、1596、1612、1615、1622、1650、1659、1661、1664、1696、1730、1732、1734、1741、1745、1755、1778、1835、1851、1857、1861	32
小潮灾	1313、1325、1328、1330、1378、1436、1465、1502、1519、1575、1607、1630、1658、1740、1749、1752、1754、1761、1793、1804、1805、1831、1833、1838、1858、1867、1870、1876、1889、1891、1892、1893	32

说明:选自张旸等《历史时期苏北平原潮灾的时空分布格局》,《海洋通报》2016年第1期。

　　唐宋以来,江苏沿海长期是全国海盐生产中心——两淮盐场的分布范围,大量煎盐亭场濒临岸线,散布于广阔滩涂,对潮灾影响十分敏感。明清时期两淮盐场是全国盐课的主要来源,官府对两淮盐场高度关注,因此在文献中有很多灾害记录,整体上清代盐业文献中对各场潮灾记载更为详细、可靠。特别是1722年到1811年间,有比较完整、连续的记录,这里根据光绪《重修两淮盐法志》及地方志潮灾记录整理这一阶段的潮灾序列,可以反映这一阶段江苏沿海潮灾的10年累积频次变化情形。其中,1742—1761年间潮灾多发、连发,且影响15—30个盐场的1级潮灾比例占到40%到50%,但1762—1771年间记录最低;1772—1801年间又存在一个较明显的潮灾期(图4-1)。

　　值得注意的是,这里依据文献记载灾情所划分的潮灾分级,并不等于现代潮灾等级。现代潮灾分类主要是以风暴潮本身的物理参数为准。但如前所述,历史潮灾研究中一般是对文献记载的损害程度做一定的等级划分,实际上历史潮灾损失程度取决于当地的社会经济发展程度、人口密度、防御能力与基础设施建设

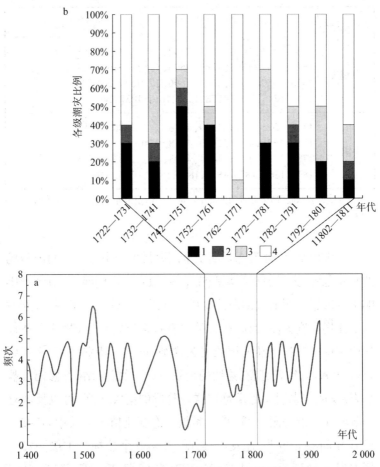

图 4‑1 15—20 世纪江苏沿海潮灾频次与 18—19 世纪潮灾分级（10a 累积）

说明：图 a 为 15—20 世纪江苏沿海风暴潮 10a 累积频次[①]；图 b 为 18—19 世纪江苏沿海潮灾等级（10a 累积频次）及比例。据光绪《重修两淮盐法志》卷一四二《优恤门》及附录一整理。根据潮灾影响盐场的数量进行分级：影响 15—30 个盐场为 1 级，影响 5—15 个盐场为 2 级，影响 5 个盐场以下的为 3 级，无潮灾记录的定为 4 级。

[①] 王骊萌、张福青、鹿化煜：《最近 2000 年江苏沿海风暴潮灾害的特征》，《灾害学》1997 年第 4 期。

等,即承载体的发展程度。就江苏沿海而言,在宋至明清时期,堤防设施以低标准的土堤为主,尽管多次修建维护,但所修海堤使用寿命较短,往往是灾后重修,到下次潮灾时仍难以抵御。简易的土堤与潮墩,是广阔滩涂上唯一的抵御潮灾的依靠。一旦潮侵,特别是特大潮灾,基本形同虚设。往往潮灾本身按照现代标准可能不是"特大",但灾害损失却十分严重,远超其他海域。

就江苏沿海而言,还有一种简易指标可以识别潮灾程度,即依据是否翻越范堤为准。但 16 世纪中叶以前,江苏海岸淤涨还不够明显,即使不严重的潮侵,也可能淹没捍海堰。而在 16 世纪中叶到 19 世纪末,这一阶段范堤离海岸线越来越远,特别是中部岸段,距离在 20—50 千米不等。因此,单次历史潮灾能漫过中部岸段范堤,应当非常接近现代特大风暴潮的标准。

第三节　历史潮灾时空特征与潮侵范围

历史潮灾时空特征与周期变化是反映潮灾影响差异的重要指标,能够揭示不同岸段的脆弱性及其差异。在年际变化上,江苏沿海历史上有六次特大潮灾,依次发生在 1539 年、1724 年、1732 年、1849 年、1881 年和 1939 年,分别相隔 185 年、8 年、117 年、32 年和 58 年,大多为 60 年左右或它的二倍、三倍。[①] 另据邓辉等人的研究,1368—1911 年苏沪浙地区风暴潮的年际发生数量呈周期性变化,显示苏沪浙地区的历史风暴潮存在 54 年、30 年和 17 年周期,且 54 年左右的周期最强。[②]

江苏沿海历史潮灾时空分布上具有差异性。在 16 世纪末、

---

① 高建国:《海洋灾害、大气环流和地球自转的关系》,《海洋通报》1982 年第 5 期。
② 邓辉、王洪波:《1368—1911 年苏沪浙地区风暴潮分布的时空特征》,《地理研究》2015 年第 12 期。

17 世纪中叶、18 世纪中叶、19 世纪中叶以及 20 世纪中叶是五次潮灾连发与高发阶段,这些阶段内全岸段都受到风暴潮的影响。与此相应,在 17 世纪初、18 世纪初、19 世纪初以及 20 世纪初,表现为四次基本连续的全岸段的低发潮灾阶段(图 4 - 2)。结合表 4 - 2 与图 4 - 2,需要说明的是,各岸段潮灾记录尽管在统计上呈现了逐渐上升的趋势,但并非是在同等规模的受灾土地面积或者人口数量基础上进行的统计。因此,总结历史潮灾时空分布特征时,需要注意伴随海岸开发的深化,潮灾记录存在会被推高的影响。

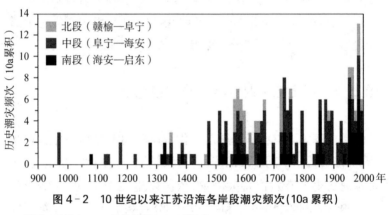

图 4 - 2　10 世纪以来江苏沿海各岸段潮灾频次(10a 累积)

说明:根据表 4 - 2、鲍俊林等(2020)①改绘。

　　整体上,14 世纪以后废黄河口以南岸段灾害次数显著上升,远高于 14 世纪以前。② 这主要是由于海岸开发活动的增多,人类活动逐渐向海迁移集中,海岸风险随之上升,脆弱性显著增加,

① Bao, J. L., Gao, S., Ge, J. X., Coastal engineering evolution in low-lying areas and adaptation practice since the eleventh century, Jiangsu Province, China. *Climatic Change*, 2020, 162: 799 - 817.

② 孙寿成:《黄河夺淮与江苏沿海潮灾》,《灾害学》1991 年第 4 期。

但不同时期、不同岸段也存在差异。特别是史料记录比较充分的明清时期。在该阶段内,各岸段潮灾记录的分布的总体格局并没有发生变化,即中部岸段最高,占半数左右;南部岸段次之;北部岸段最少(表 4-4)。不过,明代与清代相比,南部岸段略有增加,从 14 次增加为 22 次,占比也从 23% 增加到 28.9%;中部岸段显著增加,从明代 29 次快速增加到清代的 47 次,占比从 47.5% 增加到 61.8%;相反,北部岸段明显减少,从明代的 18 次减少到清代的 7 次,占比也从 29.5% 减少为 9.2%(表 4-4)。

表4-4　明清时期各岸段潮灾记录比较(次)

年代	南部岸段	中部岸段	北部岸段	合计
明代	14 (23%)	29 (47.5%)	18 (29.5%)	61 (100%)
清代	22 (28.9%)	47 (61.8%)	7 (9.2%)	76 (100%)

说明:潮灾记录根据表 4-2 整理,明代选取 1370—1650 年、清代选取 1660—1910 年数据。

同时,张晹等人根据各岸地理特征,将江苏沿海地区划分为六个区,并基于史料记录(表 4-3)计算得到 1128—1909 年间潮灾在各区的发生概率(即该区历史潮灾年数占整个江苏沿海历史潮灾年数的百分比)。根据发生概率的特点将六个区划分为高发区、多发区、易发区、偶发区、零发区和低发区。高发区为长江三角洲北部平原,由于临江濒海,海潮与江水交汇,易抬高海面,因此成为苏北平原潮灾发生概率最高的区域(35%)。多发区为南起弶港北至新洋港的沿海地带,包括今盐城市的东台、大丰等地及泰州市的兴化地区,发生概率为 32%。易发区为盐城市的北部地区,主要是位处新洋港和废黄河间的射阳、阜宁及滨海县,发生概率为19%。偶发区为废黄河和新沂河之间的滨海地带,包括盐城市的响水县和连云港市的灌南县;该区北部近邻山丘,地势增高,发生概率为4%。零发区为云台山至灌云伊山间的山丘地带,地势高亢,两山并陆后未发生过潮灾。低发区为南起云台山北麓,北至绣针河口间的沿海地带,包括濒海州湾的连云区和赣榆县,发生概率较低(10%)。

需要注意的是,张旸等人的论证中并未说明确定潮灾具体影响范围的方法。根据史料记载的特点,越是早期,潮灾影响范围越难以确定,甚至存在重复记录现象。不过作为整体的分布特征应该是可靠的。同时,在前文对各岸段潮灾频次的统计中,由于中部岸段的空间范围最大,实际上包括多发区与易发区,北部岸段包括低发区、偶发区,因此,也反映出中部岸段潮灾频次占比最高(51%),北部岸段最低(14%)。

江苏沿海极为低平,潮侵时海水也极容易淹没内侵并深入内地。根据邓辉等人的研究,整体上以废黄河口为界,以北岸段(赣榆到阜宁之间北部岸段)潮侵记录较少,绝大部分记录在废黄河口以南。在1368—1911年间江苏沿海北部岸段(废黄河口以北)历史风暴潮记录仅38条,占江苏沿海440条记录总数(各场受灾记录单独统计)的8.6%。[1] 这与前文分析的清代北部岸段潮灾频次占比9.2%相近(表4-4)。明清废黄河以北盐场主要有兴庄团、临洪、徐渎浦、板浦、莞渎等,风暴潮海侵淹没范围一般不超出此范围;5个盐场中,临洪场距海较远,高程约5米,其余4个盐场的高程均低于4米。[2]

---

[1] 邓辉、王洪波:《1368—1911年苏沪浙地区风暴潮分布的时空特征》,《地理研究》2015年第12期。

[2] 同上。

同时,绝大多数风暴潮记录分布在废黄河以南(392 条,占
91.4%)①,这也与前文所述清代江苏沿海南部岸段与中部岸段
合计的潮灾频次占比(90.7%)相近(表 4 - 4)。范堤以东的沿海
盐场经常受到风暴潮海侵的破坏,例如,康熙四年(1665 年)的一
次风暴潮,海水漂没"灶丁男女数万人","凡三昼夜始息,草木咸
枯死"②。有关盐场被风暴潮海侵淹没的历史文献记录有 74
条,涉及的盐场有庙湾、新兴、伍祐、刘庄、白驹、小海、草堰、
安丰、富安、角斜、栟茶、丰利、掘港、石港、余西、余东、吕四
等。需要注意的是,范堤为明清时期苏北平原大多数潮侵的
西界,一般潮侵影响均限于此线以东。但少数潮侵例如特大
潮灾往往能越过范堤一线。历史文献中明确记载潮侵"决范
公堤""坏范公堤"的记录共有 42 条。③ 兴化地区由于地势低
洼,风暴潮海侵突破中部范堤以后可以继续向西深入,到达安
丰镇,淹没兴化、高邮一带地势低洼地带;历史潮侵在突破南线
范堤以后则可到达如皋白蒲镇一带。④ 此外,明清时期虽然苏
北海岸线总体上处于淤涨状态,然而潮侵的淹没界线并未随之
东移。以东台一带的范堤为例,明清时期该段范堤被冲决的最
早记录出现于 1389 年,但一直到 19 世纪中后期(1851 年、1856
年)仍有被风暴潮海侵冲决的记录⑤,这与堤东海涂低平开阔的
地貌特征有关。

历史风暴潮引起的海侵影响范围和达到的最大高程主要集

① 邓辉、王洪波:《1368—1911 年苏沪浙地区风暴潮分布的时空特征》,《地理研究》
2015 年第 12 期。
② 嘉庆《东台县志》卷七《祥异》。
③ 邓辉、王洪波:《1368—1911 年苏沪浙地区风暴潮分布的时空特征》,《地理研究》
2015 年第 12 期。
④ 同上。
⑤ 同上。

中在范堤一线（高程 4 米左右）以东区域，在江苏海岸北部可沿废黄河故道抵达安东城，在中部可影响到山阳、高邮、宝应一带。[①] 值得注意的是，16 世纪中叶以后能够冲过范堤的潮灾，特别是中部岸段（阜宁到海安）一带，基本都是造成重大损失的严重灾害事件，因为中部岸段范堤以东还有平均 20—30 千米的海涂可以抵消潮水能量。但南部岸段范堤迫近海岸线，更容易受到潮侵，漫过海堤，但不一定是严重潮灾。

比较而言，尽管邓辉等人的研究只区分了废黄河以北与以南两大区域，但重点在于讨论潮侵范围的西界；张旸等人的研究区分了六个区域，重点在于说明不同岸段的潮灾发生概率，但并未具体说明如何确定潮灾的影响范围。

第四节　驱动因素与应灾方式

1. 驱动因素的影响

首先，地面高程整体上南高北低。江苏沿海在纵深 1—4 千米的沿海地带，地面高程多在 2—4 米之间（85 基面，下同，图 4 - 3），平坦开阔。除兴庄河口以北地面高程超过 5 米外，弶港地面最高（4.6 米），最低在翻身河口南侧（1.3 米）。同时，在江苏近岸海域，北受南黄海 M2 旋转潮波系统控制，南受东海 M2 前进潮波系统制约，二者正好在弶港外辐合、潮能集聚，导致潮波振幅增大，平均海面和高潮面抬高，并塑造了相对较高的沿海平原。[②] 因此，

---

① 邓辉、王洪波：《1368—1911 年苏沪浙地区风暴潮分布的时空特征》，《地理研究》2015 年第 12 期。
② 任美锷主编：《江苏海岸带与海涂资源综合调查报告》，北京：海洋出版社，1986 年，第 25—26、35 页。

这一岸段地势较高是高潮面(潮位)环境塑造的,换言之,凡是地面高程较高的地带,潮面相应也较高。另外,江苏沿海各岸段历年最高潮面均高于其陆面高程(图4-3),这也是开敞低平的滩涂地貌更易酿成潮灾的重要原因;总体上年最高潮平均潮位与沿海陆面的高差呈现了由南向北递减的特征(图4-3),这是导致潮灾概率呈现由南向北趋于降低的空间格局的主要原因。[①]

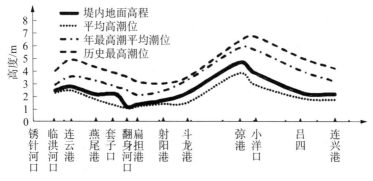

图4-3 江苏沿海地面高程与特征潮位(85基面)

说明:选自张旸、陈沈良、谷国传《历史时期苏北平原潮灾的时空分布格局》,《海洋通报》2016年第1期。

其次,风暴潮期间台风增水南多北少。根据1951—1981年江苏沿海相关的水文气象资料统计,30年间对江苏沿海有影响的台风共79次,多出现在6—8月。其中台风增水与天文大潮叠合共33次,约占42%。根据连云港、燕尾港、射阳河口和吕四等站的资料统计,在1971—1981年间,淮北沿海的台风增水达1米以上的有35站次,其中达2米以上的有2次;淮南沿海达1米以上的有28站次,其中达2米以上的有4次,3米以上

---

① 张旸、陈沈良、谷国传:《历史时期苏北平原潮灾的时空分布格局》,《海洋通报》
　2016年第1期。

的有 1 次。① 因此江苏沿海总体上台风增水增幅以南部为大。这与江苏沿海风暴潮路径的分布规律相关。根据现代台风风暴潮研究以及历史资料分析,造成江苏沿海潮灾的台风风暴潮的运动路径具有一定的规律性。整体上影响江苏沿海的台风主要在长江口附近登陆,并自南向北渐次影响江苏沿海各县,例如根据嘉靖十八年(1539 年)与乾隆十二年(1747 年)的台风记载,可以看出历史时期江苏海岸台风风暴潮(登陆台风)典型路径(图 4-4,4-5)。这导致通州分司首当其冲,潮患往往十分突出,"通界江海间,故堤日圮于坍啮,每飓涛溢作,其漂屋溺民之患,独惨于他分司"②,也导致潮灾在空间上的发生概率由南向北总体上呈递减趋势。

再次,人口密度与开发程度南强北弱。历史时期人口密度在江苏沿海三个岸段分布有差异。清代前期(17 世纪),沿海中部岸段人口密度大约在 45—65 人/平方千米,北部岸段(废黄河三角洲)约为 20—30 人/平方千米,南部岸段约为 60—80 人/平方千米。③ 清代后期(19 世纪)沿海中部岸段人口密度基本在 150—304 人/平方千米之间,废黄河口地区大约为 50—150 人/平方千米,南部岸段大约在 404—450 人/平方千米。④ 人口密度大、社会经济相对发达的岸段确实更容易遭受人口与财产损失,也更容易被文献记录下来。

最后是历史气候与海面变化的影响。海面变化往往会加剧海洋灾害的发生。不过,根据历史文献分析,江苏沿海在区域相

---

① 张旸、陈沈良、谷国传:《历史时期苏北平原潮灾的时空分布格局》,《海洋通报》 2016 年第 1 期。

② 嘉靖《两淮盐法志》卷三《地理志四》。

③ 吴必虎:《苏北平原区域发展的历史地理研究》,《历史地理》第八辑,上海:上海人民出版社,1990 年,第 184—197 页。

④ 同上。

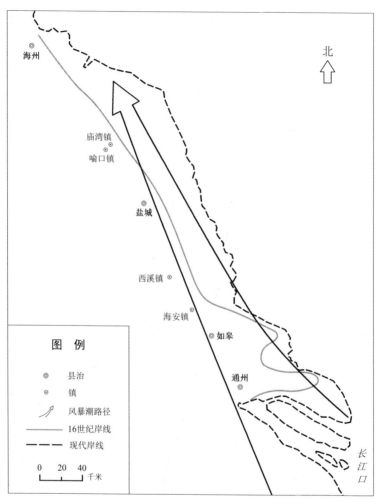

图 4-4　1539 年苏沪沿海风暴潮大致路径示意图

说明：根据刘昌森、于海英、王锋、火恩杰《长江三角洲自然灾害录》（上海：同济大学出版社，2015 年，第 8 页）改绘；底图根据谭其骧主编《中国历史地图集》第七册（元·明时期，第 47—48 页）、江苏华宁测绘实业公司编制《江苏省地图》（江苏省自然资源厅监制，2020 年版），历史岸线参考张忍顺《苏北黄河三角洲及滨海平原的成陆过程》（《地理学报》1984 年第 2 期）。

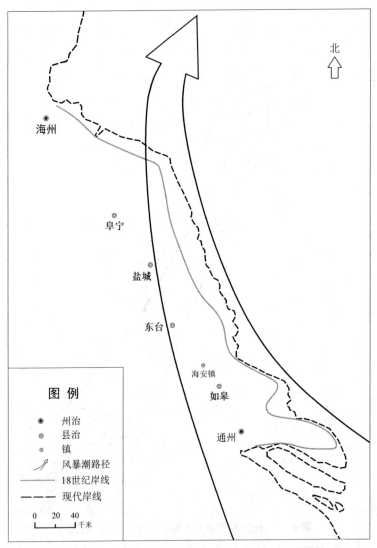

图4-5 1747年苏沪沿海风暴潮大致路径示意图

说明：根据刘昌森、于海英、王锋、火恩杰《长江三角洲自然灾害录》（上海：同济大学出版社，2015年，第15页）改绘；底图根据谭其骧主编《中国历史地图集》第八册（清时期，第16—17页）、江苏华宁测绘实业公司编制《江苏省地图》（江苏省自然资源厅监制，2020年版），历史岸线参考张忍顺《苏北黄河三角洲及滨海平原的成陆过程》（《地理学报》1984年第2期）。

对高海面(中世纪暖期)阶段,潮灾记录相对较少。相反,在低海面(小冰期)时期潮灾记录迅速增加(图 4-6)。由于相对高海面的潮滩环境在很大程度上并不利于大规模的沿海开发和人类活动,因此当时江苏海岸开发程度尚不高,绝大部分还是寥无人烟的荒涂;有关潮灾损失的记录也就不多见,共有 12 次风暴潮,主要集中在中部岸段,占江苏海岸总数的 57.1%(图 4-6)。但小冰期内相对较低的海平面促进了滩涂扩张和土地资源增长,加速了沿海开发活动向海迁移,即伴随海岸线快速东迁,大量煎盐亭场不得不随之向海迁移,以维持海盐生产活动;这导致盐民与亭场始终直接暴露于潮侵的风险之中。加上官府对两淮盐场的重视,一般比较重要的潮灾损失都会被记录下来,因此,这导致了这一阶段潮灾记录的显著增加。小冰期内影响中部岸段的共有 69 个风暴潮灾害记录,占江苏沿海总量的 53.5%(图 4-6)。换言之,尽管小冰期内相对海面处于低位,但随着海涂开发的推进,风暴潮灾害发生频率或强度与沿海堤工记录反而不断增加。[1]

　　总之,江苏沿海历史潮灾发生的概率由南向北呈递减趋势,在空间格局上,海安至启东之间为高发区,弶港至新洋港之间为多发区,新洋港和废黄河之间为易发区,废黄河以北岸段最低。同时,年最高潮平均潮位与沿海陆面的高差由南向北呈递减趋势,台风增水的总体增幅南大北小[2],以及历史人口分布南多北少等都是重要影响因素,共同影响了历史潮灾的时空分布。

---

[1] 王文、谢志仁:《中国历史时期海面变化(Ⅰ)——塘工兴废与海面波动》,《河海大学学报(自然科学版)》1999 年第 4 期;王文、谢志仁:《中国历史时期海面变化(Ⅱ)——潮灾强弱与海面波动》,《河海大学学报(自然科学版)》1999 年第 5 期。
[2] 张旸、陈沈良、谷国传:《历史时期苏北平原潮灾的时空分布格局》,《海洋通报》2016 年第 1 期。

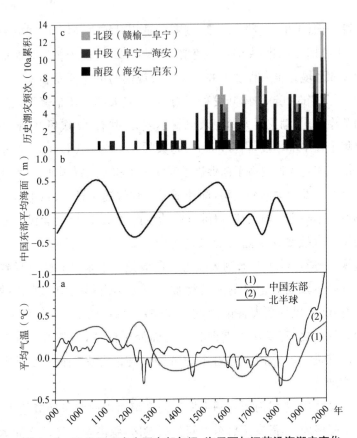

图 4 - 6　10 世纪以来中国东部气温、海平面与江苏沿海潮灾变化

说明：根据鲍俊林等（2020）①改绘。图 a 为北半球气温模拟曲线②与

---

① Bao, J. L., Gao, S., Ge, J. X., Coastal engineering evolution in low-lying areas and adaptation practice since the eleventh century, Jiangsu Province, China, *Climatic Change*, 2020, 162: 799 - 817.

② Jansen, E., Overpeck, J., Briffa, K. R., et al., 2007: Palaeoclimate, In: Solomon, S. D. et al. (eds.), *Climate Change 2007: The PhysicalScience Basis. Contribution of Working Group I to the Fourth Assessment Report of the Intergovernmental Panel on Climate Change*, Cambridge University Press, Cambridge, United Kingdom and New York, N. Y., USA. p. 477; Ahmed, M., Anchukaitis, K., Asrat, A. et al., Continental-scale temperature variability during the past two millennia, *Nature Geoscience*, 2013, (06): 339 - 346.

中国东部气温曲线①；图 b 为中国东部平均海面变化②；图 c 为历史潮灾 10a 累积频次（据表 4 - 2 整理）。

2. 灾害应对方式

沿海低地具有高脆弱性，面对海岸风险需要综合措施防御。潮灾应对也是明清时期官府在沿海地区的重要社会功能。③ 特别是在两淮盐场，潮灾应对受到官府的高度重视④，历史上也有很多救济措施，如短期应急措施包括官府发放实物救济与生产资金借贷等，长期措施集中在堤工设施的大量投入上。历史潮灾最常见的损失是溺人、毁房、坏堤堰或海塘、淹盐场与农田等，以及疫情等次生灾害。官府往往采取一些补救措施来减轻灾害的损失，包括补充生产资料，减少税收，以及提供一些捐赠救济。整体上，史料中记载的国家应对措施主要有赈济、抚恤，蠲免，修筑海塘、堤堰，祭祀神灵和迁徙灾民等。⑤ 赈济就是粮食与衣物等的实物救济，此外还有平粜，即荒年官府按照平价出卖粮食接济灾民。

赈济灾区、抚恤灾民是灾害发生后，政府免费为灾区提供粮食衣物、生产工具等，让灾民不至于饿死、冻死，促进恢复生产活

① Ge, Q. S., Hao, Z. X., Zheng, J. Y., Shao, X. M., Temperature changes over the past 2000 yr in China and comparison with the Northern Hemisphere, *Climate of the Past*, 2013,9(03)：1153 - 1160.
② 谢志仁、袁林旺、闾国年等：《海面-地面系统变化——重建·监测·预估》，第 172 页。
③ 冯贤亮：《清代江南沿海的潮灾与乡村社会》，《史林》2005 年第 1 期；赵赟：《清代苏北沿海的潮灾与风险防范》，《中国农史》2009 年第 4 期；张崇旺：《明清时期两淮盐区的潮灾及其防治》，《安徽大学学报(哲学社会科学版)》2019 年第 3 期。
④ 赵赟：《清代苏北沿海的潮灾与风险防范》，《中国农史》2009 年第 4 期；鞠明库：《论明代海盐产区的荒政建设》，《中国史研究》2020 年第 4 期。
⑤ 谢行焱、谢宏维：《明代沿海地区的风暴潮灾与国家应对机制》，《鄱阳湖学刊》2012 年第 2 期。

动。这是效果最直接、最明显的应对措施,因而也是官府最常用的措施。在一些地区遭遇特大风暴潮灾,死亡人数极多时,朝廷除了派人发放赈灾粮食外,还会提供埋葬死者的银两。明清时期在两淮盐区设立了赈济仓、盐义仓(表4-5、4-6),对快速救济灾民具有重要意义,发挥了关键作用。例如乾隆元年(1736年)六、七月"应赈户口每大口月给谷三斗,小口月给谷一斗五升,赈济两个月,共用盐义仓谷七千六百三十七石一斗"[①]。

表4-5 雍正、乾隆年间两淮盐义仓

盐义仓	建设年代	初储谷数(石)	至乾隆十一年总储谷数(石)
扬州仓	雍正四年(1726年)	120 000	240 000
通州仓	雍正五年(1727年)	26 000	34 400
如皋仓	雍正五年(1727年)	14 400	14 400
泰州仓	雍正五年(1727年)	50 000	90 000
盐城仓	雍正五年(1727年)	58 000	62 000
板浦仓	雍正五年(1727年)	21 600	21 600
海州仓	雍正五年(1727年)	12 600	12 600
石港仓	雍正十三年(1735年)	10 000	10 000
东台仓	雍正十三年(1735年)	10 000	10 000
阜宁仓	雍正十三年(1735年)	5 000	5 000
总计			500 000

说明:根据光绪《重修两淮盐法志》卷一四一《优恤门·恤灶上》、张崇旺《明清时期江淮地区的自然灾害与社会经济》(福建人民出版社,2006年,第419页)、张岩《清代盐义仓》(《盐业史研究》1993年第3期)整理。

---

① 光绪《重修两淮盐法志》卷一四一《优恤门·恤灶上》。

　　两淮盐义仓是清代中期江苏沿海重要的赈灾措施，光绪《重修两淮盐法志·优恤门》中记录了两淮盐义仓的详细赈灾规定，主要是参照户部民田则例：

　　　　两淮自雍正二年设盐义仓，乾隆元年间遇蠲赈，始照户部民田则例，尽划一报销……户部民田则例：凡水旱成灾，盐政会同督抚一面题报情形，一面发仓，将乏食穷灶，不论成灾分数，先行正赈一个月，于四十五日限内查明成灾分数，分极次贫，具题加赈，原纳折价作为十分。被灾十分者，蠲正赋十分之七，极贫加赈四个月，次贫加赈三个月。被灾九分者，蠲正赋十分之六，极贫加赈三个月，次贫加赈两个月。被灾八分者，蠲正赋十分之四；被灾七分者，蠲正赋十分之二；八分、七分极贫加赈两个月，次贫加赈一个月。[①]

但盐义仓不仅仅针对潮灾，只要是水旱洪涝潮等自然灾害均在赈灾范围。两淮盐义仓在一定阶段发挥了重要的灾害应对作用，避免受灾损失扩大。

　　除了实物救济外，还有田租、盐课的缓征、蠲免。风暴潮灾常常导致沿海农田和盐场被冲毁，农作物颗粒无收，制盐工具被洪水卷走，甚至淹死大量灶丁，致使农民无力上交田租和税粮，盐场也无法缴纳盐课。即使海潮已经退去，盐场也难以立即恢复生产。这种情况下，官府的重要举措就是蠲免田租、税粮及盐课，一方面缓解了民困，使灾民有可能尽快恢复生产；另一方面也可以

[①] 光绪《重修两淮盐法志》卷一四一《优恤门·恤灶上》。

有效地避免灾后官府与民众的对立。一般是朝廷了解灾情后都会下诏蠲免,如永乐十四年(1416年)九月,"直隶淮安府言盐城县飓风,海水泛溢,伤民田二百十五顷有奇。皇太子命蠲今年田租凡千一百七十余石"[①]。又如天顺六年(1462年)七月"淮安府界海水大溢,淹消新兴等场官盐一十六万五千二百三十余引,溺死盐丁一千三百七十余丁,官舡牛畜荡没殆尽"之后,"上命户部覆实除豁"[②],并于"十月庚午免两淮新兴等场海潮冲消盐课三十万余引"[③]。

在光绪《重修两淮盐法志·优恤门》中,保存了1666—1802年间比较连续的救灾恤灶记录,主要赈灾记录如表4-7。根据两淮盐场的赈灾记录,官方救济与两淮盐义仓在雍正与乾隆年间得到了较好执行,但从乾隆后期开始缺乏记载。至嘉庆朝以前尚能勉强维持,道光十五年(1835年)因商力疲惫,开始强迫性摊捐之后,盐义仓一蹶不振。咸丰四年(1854年)正值太平天国运动势气旺盛,清政府为筹措军需,不惜一切地四处动支粮饷,部分盐义仓亦未能幸免。随着清代后期盐商实力大势已去,除海州所属板浦一仓地处海边最为关键,道光十七年(1837年)曾有过修复以外,其他仓一直任其发展,长期处于惯性运行的自然状态。[④] 上述灾后应对措施属于古代荒政的一部分,是受灾之后的一种被动应对方式。此外,另一项关键的抵御海洋灾害的措施,是官府与滨海民众长期关注的捍海堰。

---

① 《明太宗实录》卷一八○,"永乐十四年九月甲寅"条。

② 《明英宗实录》卷三四三,"天顺六年八月戊寅"条。

③ 《明英宗实录》卷三四五,"天顺六年八月戊寅"条。

④ 张岩:《论清代常平仓与相关类仓之关系》,《中国社会经济史研究》1998年第4期。

表4-6　明代前期两淮赈济仓表

三分司	三十场盐课司	赈济仓数量(间)
淮安分司	徐渎浦场	0
	临洪场	0
	板浦场	6
	莞渎场	6
	天赐场	3
	庙湾场	6
	新兴场	1
	伍祐场	6
	刘庄场	7
	白驹场	5
	合计	40
泰州分司	丁溪场	9
	草堰场	13
	小海场	5
	东台场	10
	何垛场	9
	梁垛场	5
	安丰场	9
	富安场	6
	角斜场	3
	栟茶场	3
	合计	72

续　表

三分司	三十场盐课司	赈济仓数量(间)
通州分司	丰利场	
	马塘场	6
	掘港场	
	石港场	19
	西亭场	6
	金沙场	4
	余西场	3
	余中场	3
	余东场	3
	吕四场	4
	合计	48

说明：弘治《两淮运司志》卷四至七。

表4-7　清代两淮盐场的潮灾救济

时间		受灾范围	灾情摘录	赈灾措施
1724 年	雍正二年七月	通、泰、淮三分司共29场	悉被潮淹，溺死约49 558人，受灾人口约8万	救灾款一万八千两，减税缓征
1730 年	雍正八年六月	通、泰、淮三分司共21场	潮灾，受灾人口约5万	给米粮衣物等实物救济，减税。每大口给钱百文，小口给钱五十文；部分灾害重之盐场捐银掩埋溺死男妇
1732 年	雍正十年七月	19场成灾	风暴潮灾	减税

续　表

时间		受灾范围	灾情摘录	赈灾措施
1736 年	乾隆元年六七月	淮安分司 3 场	风暴潮灾	应赈户口每大口月给谷三斗,小口月给谷一斗五升,赈济两个月,共用盐义仓谷七千六百三十七石一斗
1739 年	乾隆四年	庙湾、板浦、徐渎、莞渎、中正、临兴	春旱,夏潮灾,荡地盐池被淹	减税
1740 年	乾隆五年	淮安分司各场	春夏旱灾无潮利用,七月海潮泛滥淹没	麦米实物救济,减税
1741 年	乾隆六年	淮安分司各场	风潮,盐池被淹	麦米实物救济,减税
1742 年	乾隆七年	淮安、泰州18 场	夏秋雨多、河湖异涨,盐池、荡地淹没	麦米实物救济,减税
1745 年	乾隆十年	淮安分司、泰州分司	水灾,黄河水满溢,海潮上涌,亭场、庐舍、荡田淹没	麦米实物救济,减税
1747 年	乾隆十二年七月	通、泰、淮三分司25 场	风潮	麦米实物救济,减税
1755 年	乾隆二十年七月	通、泰、海三分司各场	海潮涌入,各场被淹	一月口粮救济,减税,缓征
1759 年	乾隆二十四年八月	通、泰、海三属大部分盐场	风潮,淹没亭场	减税,米麦救济
1778 年	乾隆四十三年	通、泰、海各场	旱灾,潮灾	米麦口粮救济,减税缓征
1781 年	乾隆四十六年六月	通、泰、海各场	风暴潮灾,淹没田庐	米麦口粮救济,减税缓征

时间		受灾范围	灾情摘录	赈灾措施
1786 年	乾隆五十一年	通、泰、海各场	夏秋湖水泛滥，海属、泰属多场被淹没	米麦口粮救济，减税缓征
1794 年	乾隆五十九年六七月	泰州各场	风暴潮灾，西水下泄，淹没	减免等
1799 年	嘉庆四年七月	通、泰、海各场	潮灾	米麦口粮救济，减税缓征
1877 年	清光绪三年正月	庙湾	被旱、被潮，农煎困苦	请款赈恤，分别劝捐、酌办粥赈，暂济口食
1881 年	清光绪七年六月	泰州分司各场	猝遭风潮，受灾颇重。泰州各场受灾最重	先由各分司场员捐廉，筹备干粮芦席，驻往各灶俾资栖食……将各场捐存仓谷钱文先行动放，并将无主认领尸骸就地掩埋……

说明：根据光绪《重修两淮盐法志》卷一四一《优恤门·恤灶》整理。

小结

　　风暴潮是影响江苏海岸风险的主要因素，历史潮灾风险在不同岸段具有明显的时空特征差异，通过潮灾频次可以一定程度上揭示江苏沿海历史时期各岸段的脆弱性。历史潮灾的影响程度在空间格局上整体表现为通州大于泰州并大于海州的特点。在时间格局上，结合中世纪暖期与小冰期两个阶段，15 世纪之前的中世纪暖期内潮灾记录很少，而在小冰期阶段潮灾记录明显增多。此外历史潮灾记录受到承载体分布影响,宋元时期滨海开发程度较低,明清时期江苏海涂开发扩大,不断向海迁移,加上传统海涂生产的脆弱性,灾情记录显著增多。防御潮灾的危害是应对历史海岸风险的主要内容,包括筑堤、赈灾等多种形式,旨在稳定居住环境、恢复生产。

第五章

历史堤工与范堤演变

第一节 淮北堤工：废黄河三角洲的河堤与海堤

1. 海州湾早期海堤

为抵御风暴潮灾害，兴筑海堤至关重要，是沿海各地应对海岸风险的传统手段。[①] 中国沿海有长期向海筑堤的历史传统，"海上长城"对促进滨海开发、保护生命安全发挥了重要作用。[②] 唐宋之际，伴随滨海开发逐步兴起，人类活动不断向海迁移集聚。海州湾的古海州成陆早，经济开发历史悠久，为防御潮侵，海州湾沿岸很早就有了筑堤活动，修筑拦潮堤坝，保护地方开发与居民生命财产的安全，形成了江苏沿海最早的海堤分布。整体上在黄河夺淮以前，海州湾堤工表现为局部海堤、规模有限，集中分布在古海州湾即云台山地边缘。

[①] Cooper, J. A. G., Pile, J., The adaptation-resistance spectrum: A classification of Contemporary adaptation approaches to climate-related coastal change, *Ocean & Coastal Management*, 2014, 94: 90 - 98.

[②] 张文彩：《中国海塘工程简史》，第1—3页；陈吉余：《海塘——中国海岸变迁和海塘工程》，第1—4页；Ma, Z. J., Melville, D. S., Liu, J. G., Chen, Y., Yang, H. Y., Ren, W. W., Zhang, Z. W., Piersma, T., Li, B., Rethinking China's new great wall, *Science*, 2014, 346(6212): 912 - 914.

据《北齐书·杜弼传》记载:"杜弼行海州事,于州东带海而起长堰,外遏咸潮、内引淡水。"这是江苏堤工的早期历史记载,约为 6 世纪中叶(550—557 年)。该海塘位于海州湾以东,今龙苴以北,可防潮御卤,又便于内引淡水灌溉。此时海州湾海堤主要在古东海县城外围,规模不大,堰身低矮,主要用以保护古城内居民的安全。据《大清一统志》载:"(捍海堰)有二,皆在(海)州东北。西捍海堰在东海县北三里,南接谢禄山,北至石城山,南北长六十三里,高五尺,隋开皇九年(589 年)县令张孝征造。"①谢禄山即今南城西山,该海堤位于古郁州外围,云台山尚在海中,西海堰也是郁州岛西侧古海岸线所在。另一道海堤位置偏东,《大清一统志》载:"又ъ捍海堰,在东海县东北三里,西南接苍梧山,东北至巨平山,长三十九里,隋开皇十五年(595 年)县令元暖造,外足以捍海潮,内足以贮山水,大获灌溉。"②同年还修筑了"东海县捍海坊一千七百步",规模较小(图 5-1)。

唐代海州修筑了著名的"永安堤"。《新唐书》载:"(朐山)东二十里有永安堤,北接山,环城长七里,以捍海潮。开元十四年(726 年)刺史杜令昭所筑。"③《太平寰宇记》又载:"在朐山县东二十里,唐开元十四年七月三日,海潮暴涨,刺史杜令昭筑此堤,北接山,东南环廓,绵亘六七里。"④唐朐山城在锦屏山东,永安堤距城东二十里,即海岸线已向东迁移。

表 5-1　江苏沿海北部岸段早期堤堰

堰坝	年代	规模与位置
永安堤	唐开元十四年筑	朐山县东二十里,长七里,以捍海潮

① 《大清一统志》卷一〇五《海州直隶州》。
② 同上。
③ 《新唐书》卷三八《地理志》。
④ 《太平寰宇记》卷二二《河南道二十二·海州》。

堰坝	年代	规模与位置
杨公堤	明万历年间筑	州东,长十五里
板浦堰	明万历年间筑	州东南三十里,北障海潮,南蓄河流
龙且(直)堰	唐代筑	州南,久废
石闼堰	宋天禧年间筑	州西南
韩信堰		州西
西捍海堰	隋开皇九年筑	东海县北三十里,南北长六十三里,高五尺
东捍海堰	隋开皇十五年筑	东海县东北三里,长三十九里。外捍海潮,内贮山水
新坝		州西四十里,西障沭水,东捍海潮
万金坝	明嘉靖年间筑此以捍海潮	东海城东北七十里,长四里。久废

说明:选自鲍俊林、高抒《苏北捍海堰与"范公堤"考异》,《中国历史地理论丛》2015 年第 4 辑。

2. 废黄河三角洲堤工演变

　　黄河夺淮之后江苏沿海水环境剧烈变化,堤工活动也迎来快速发展。各类海堤堰坝设施也形成了多样名称,如捍海堰、捍堰、圩岸、潮堰、海塘、捍海塘、汤潮岸、塘(搪)潮岸、海堆等。[①] 其中,废黄河三角洲的黄河堤坝是北部岸段的主要堤工。

　　特别是 1494 年黄河全流夺淮入海之后,废黄河三角洲持续扩张,淮北堤工以黄河入海段南北岸的堤坝兴筑为主导,也属于

---

① 鲍俊林、高抒:《苏北捍海堰与"范公堤"考异》,《中国历史地理论丛》2015 年第 4 辑。

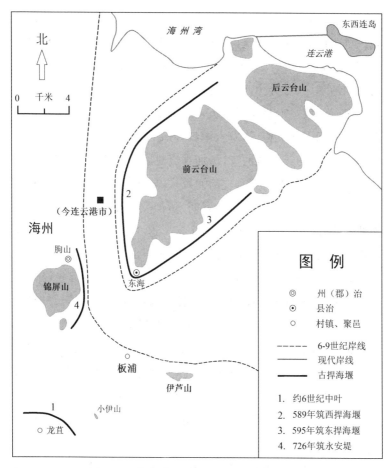

图 5-1　海州湾沿岸早期海堤与岸线示意图

说明：根据凌申《历史时期江苏古海塘的修筑及演变》(《中国历史地理论丛》2002年第 4 辑)改绘；底图根据谭其骧主编《中国历史地图集》第五册(隋唐五代十国时期，第5—6、44—45 页)、江苏省自然资源厅制《连云港市地图》(2021 年版)。

明清时期黄淮运综合治理的重要组成部分。16 世纪中叶，以云梯关为顶点，废黄河三角洲进入快速淤涨阶段，但尾闾河道缺少堤坝，容易泛滥成灾。此后直到 20 世纪初，废黄河三角洲主要灾害均来自黄河决泛。为适应这一变化，保障河口海岸的生产与生活,防止黄河尾闾泛滥对两岸逐渐增多的人类活动产生不良影响,官府推动了河堤兴筑,并不断向海延伸。总体上,以云梯关为关键点,该区域堤工活动在1855年以前以河堤为主,1855年以后转向海堤,并可分为四个阶段。[①]

第一阶段:16世纪后期安东到云梯关之间修筑河堤。为防止黄河尾闾泥沙沉积、堵塞入海口,在明代潘季驯"束水攻沙"的治河策略下,通过束缚河道,增加水流对泥沙的冲击力,将大量泥沙沉积在入海口外。为实现治河效果,加强黄河尾闾南北两侧的堤坝建设成为关键。16世纪后期,黄河安东至云梯关段修建了南北河堤(图5-2b),长度60多千米。这一时期河堤工程对云梯关以东的河口三角洲快速推进发挥了重要促进作用,导致黄河尾闾向海淤涨明显加快。1494年前,河口淤涨速度为54米/年,到1660年前后达到258米/年。[②] 不过,此后云梯关外的河口地带,虽然快速淤涨,但一直没有新筑河堤,直到康熙年间在云梯关外创设新堤。同时,为保护盐场与附近民田,海堤开始增多,"海口为堤者五,以障潮汐"[③]。规模最大的是莞渎场海堤(图5-2b),"南起海口场,西抵芦石"[④],长度约45千米。这一阶段堤工活动奠定了此后三百年以废黄河口三角洲河堤为主的筑堤思路,延续到清末。

第二阶段:17世纪后期到18世纪中叶云梯关以东创筑新河堤。伴随云梯关外滩地持续淤涨,已有约50千米,由于人烟尚少,官府最初采取勿与水争地的办法。但随着人口逐渐增多,特

---

① Bao, J. L., Gao, S., Environmental characteristics and land use pattern changes of the Old Huanghe River delta, Eastern China, in the sixteenth to twentieth centuries, *Sustainability Science*, 2016, 11: 695–709.
② 张忍顺:《苏北黄河三角洲及滨海平原的成陆过程》,《地理学报》1984年第2期。
③ 隆庆《海州志》卷一〇《词翰志》。
④ 嘉靖《两淮盐法志》卷三《地理志》。

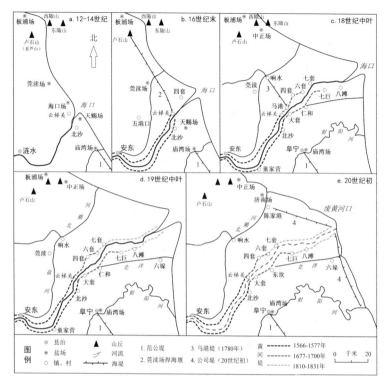

图 5‑2 废黄河三角洲堤工变迁示意图

说明：根据鲍俊林等(2016)①改绘。历史岸线参考江苏省 908 专项办公室编《江苏近海海洋综合调查与评价图集》(海洋出版社,2013 年,第 17 页)、张忍顺《苏北黄河三角洲及滨海平原的成陆过程》(《地理学报》1984 年第 2 期)。

别是黄河尾闾河道泥沙淤垫易致决泛,为进一步稳定下游河道,减少黄淮涨水漫溢下河、引发洪涝灾害,不得不开始加筑长堤。于康熙三十五年到三十九年(1696—1700 年)兴筑了云梯关以外河堤,北岸至六套,南岸至七巨或灶工尾至七巨之间(图 5‑2b)。

---

① Bao, J. L. , Gao, S. , Environmental characteristics and land use pattern changes of the Old Huanghe River delta, Eastern China, in the sixteenth to twentieth centuries, *Sustainability Science*, 2016, 11, pp. 695‑709.

南岸堤工共长 10 261.5 丈,北岸堤长 8 142.5 丈。南岸地势洼下,故多筑二千丈。[1] 整体上河堤南岸的投入多于北岸。同时,为加强云梯关外河堤管护,康熙三十八年(1699 年)总河于成龙奏准设立苇荡营,"配战兵 1 230 名,专管采割荡地芦苇柴草,以备河堤修防之用"[2]。康熙五十八年(1719 年)裁汰,雍正四年(1726年)复设。[3]

到乾隆年间,云梯关外南岸滩势较高,堤坝失修,常有漫水。北岸二套至六套也时常漫滩。但至乾隆十五年(1750 年)黄河入海尾闾新堤工尚未续修,这在美国国会图书馆收藏的清代《黄河南河图》中就有具体反映(图 5 - 3)。[4] 这一阶段海堤主要是 1780 年兴筑的马港堤,位置比莞渎场捍海堰更为向东(图5 - 2c)。

第三阶段:18 世纪后期到 19 世纪中叶。尽管清初在云梯关以东创筑新河堤,但经过数十年的河口扩张,此时黄河尾闾散漫,河底淤沙日益垫高,黄河入海口不利归海。河口形势的变化增加了续筑新堤的阻力:

> 从前云梯关外即系海口,百十年来关外涨成沙地,海口距云梯关已有三百余里之遥,黄水至此再无关束,势不能如前迅速消纳。此数百里浮沙,亦难筑堤束水,枉费功力。[5]

---

[1] 〔清〕傅泽洪等纂:《行水金鉴》卷六〇《河水》。
[2] 乾隆《江南通志》卷五三《河渠志》。
[3] 乾隆《江南通志》卷九三《武备志》。
[4] https://www.loc.gov/item/gm71005024/.
[5] 〔清〕康基田:《河渠纪闻》卷三〇。

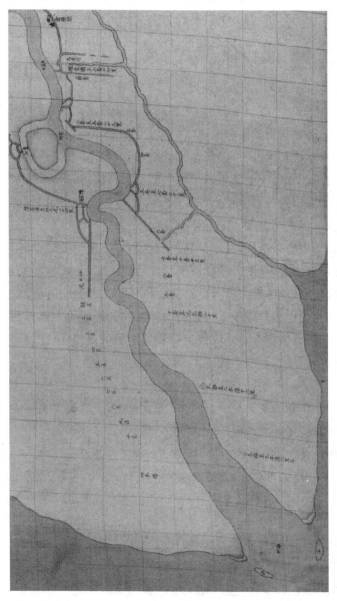

图 5 - 3　清代《黄河南河图》(局部,1750 年)

说明:美国国会图书馆藏(http://www.loc.gov/item.gm71005024/)。

因此放弃续筑长堤,主要依赖支河港汊实现多汊归海。例如海口附近就有北潮河,"云梯关下二套地方为北潮河归海之路。乾隆四十一年(1776 年)二套堤工动开,四十一、二两年(1776—1777年)曾由北潮河尾归海,与现在海口并行二年"[①]。受此影响,至18 世纪末均未继续向东兴筑新堤。

18 世纪末云梯关、马港口以东村落进一步增多,人类活动向海迁移,对河堤防洪的要求也随之增加。但直到 19 世纪初期,北岸六套、南岸仁和镇以下,仍然全无堤束,遇大汛水旺时,洪水横溢至数百里。如嘉庆十二年(1807 年)陈家浦再次决口[②],损害极大。此时"海口淤垫,堤北支河汊港悉成平陆"[③],继续依赖尾闾支河港汊入海的方法显然已经行不通了。1808—1809 年,云梯关外两岸长堤得以重修,并接筑新河堤至海口。南岸新增 38 里河堤,北岸新增约 80 里河堤(图 5 - 2d)。此后 1809—1826 年间,仍有多次增修,整体上北岸河堤的投入多于南岸。嘉庆年间接筑黄河尾闾河堤也是自康熙年间以后的第二次大规模集中续修河堤,前后相距百余年。对比续修河口长堤之后的效果,以往放弃接筑长堤的做法也受到了批评:

> 上年仰蒙圣明指示,修浚旧海口俯允,于近海之南北两岸接筑土堰二道,夹束黄水,一气入海,不使倒漾于旧堤尾之外,旁流漫泻……历来谓云梯关外不可与河争地、弃长堤而不守者,洵为谬妄。[④]

---

① 〔清〕康基田:《河渠纪闻》卷三〇。
② 民国《阜宁县新志》卷九《水工志》。
③ 同上。
④ 〔清〕百龄:《查勘海口束刷通畅疏》,〔清〕贺长龄、魏源纂修:《清经世文编》卷九九《工政五》。

第四阶段：19 世纪中叶到 20 世纪初。受 1855 年黄河北归影响，以往的尾闾河患形势得以逆转，废黄河三角洲河堤工程也随之停止。同时，因三角洲大量滩地转为垦作，在废灶兴垦期间盐垦公司不断兴筑，在近海地带形成了不少新海堤（图 5 - 2e），包括华成公司堤、垦务堆等。① 虽然质量与标准不高，但也发挥了重要作用，促进了滨海地带的开发。因此，受河口形势与废灶兴垦影响，挡潮成为这一阶段主要任务，淮北堤工也从河堤转为海堤。这与前面三个阶段主要利用河堤防范黄河尾闾决泛的目的明显不同。

第二节　淮南堤工：从楚州常丰堰、泰州捍海堰到淮南范堤

相较淮北堤工，淮南沿岸经历了更为复杂的堤工演变过程。淮南沿岸在唐代已有大规模筑堤活动，大历年间（766—779 年）黜陟使李承为淮南节度判官，"置常丰堰于楚州，以御海潮，溉屯田瘠卤，收常十倍"②，堤成"遮蔽农田，屏蔽盐灶"③。常丰堰（或李堤）是为保护楚州开发而建，主要位于楚州的山阳县、盐城县境。《新唐书·地理志》载："山阳县有常丰堰"④，但是否南入扬州海陵县不得而知。万历《淮安府志》叙及常丰堰时增加了南端位置："海潮漫为咸卤，虽良田必废，请自楚州盐城南抵海陵修筑捍海堤，绵亘两州，潮汐不得浸淫……"⑤，未提及来源，似乎是受

---

① 民国《阜宁县新志》卷九《水工志》。
② 《新唐书》卷一四三《列传六十八·李承》。
③ 〔宋〕留正：《皇宋中兴两朝圣政》卷五九，清嘉庆宛委别藏本。
④ 《新唐书》卷四一《志三十一·地理志》。
⑤ 万历《淮安府志》卷三《建置志》。

天圣泰州捍海堰起点的影响,附会了常丰堰终点,并为后世多种史料所引。如光绪《淮安府志》载:"自楚州盐城,南抵海陵,亘百余里。"①从现有资料来看,常丰堰可能到盐城南的楚州界附近为止,即自阜宁庙湾南侧(或沟墩镇)至盐城南侧(或今斗龙港与串场河交界处),约65千米(图5-4)。五代(907—960年)该海堤又向南延筑至广陵(今泰州),后年久失修,屡遭潮灾;宋开宝年间(968—976年)又有泰州知州王文祐增修,后废弃。②

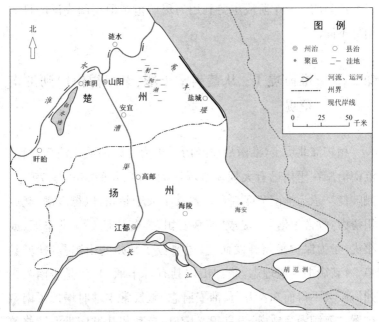

图5-4 唐代楚州常丰堰示意图

说明:底图据谭其骧主编《中国历史地图集》(第五册,随唐五代十国时期,第54页)、江苏华宁测绘实业公司编制《江苏省地图》(江苏省自然资源厅监制,2020年)。

① 光绪《淮安府志》卷五《河防》。按:其他还包括《天下郡国利病书》、乾隆《江南通志》《行水金鉴》、嘉庆《大清一统志》等。如乾隆《江南通志》卷五七《河渠志》载:"自楚州盐城南抵海陵,绵亘百里,障蔽潮汐,以卫民田。"
② 光绪《盐城县志》卷三《河渠志·堤堰闸砇》。

　　到天圣年间（1023—1032 年），海潮泛滥于海陵、兴化县境，没有海堤的坚实防护，农田易被淹没。范仲淹追述道："天圣中，余掌泰州西溪之盐局，目秋潮之患，浸淫于海陵、兴化二邑间，五谷不能生，百姓馁而逋者三千余户。旧有大防，废而不治。"①因此，为抵御风潮，避免海陵、兴化遭灾，以沿海沙冈为基础，江淮发运使张纶、西溪盐官范仲淹以及卫尉少卿胡令仪协力完成了修筑泰州捍海堰这一重大工程。

　　此次捍海堰的兴筑于 1028 年竣工，起自海陵东新城（今大丰区刘庄镇北），至虎墩（今大丰区草堰镇南），越小陶浦（今东台市安丰镇）以南至富安②（图 5－5），全长 25 696 丈，计 171 里③，底厚 3 丈，面宽 1 丈，高 1 丈 5 尺。④"崇半之版筑，坚固砖甃周密。"⑤堤成后，"潮不能害，而二邑逋民悉复其业"⑥。值得注意的是，天圣年间捍海堰在泰州境内，其时北边楚州境内的常丰堰已废弃，因此可以称之为泰州捍海堰，这是江苏沿海历史上又一次大规模筑堤事件。

　　泰州捍海堰修筑之后，堤线沿着海岸继续往南延筑至通州，成为重点方向，形成江苏沿海的重要屏障，促进了滨海开发。庆历年间（1041—1048 年）通州知州狄遵礼从石港到东社筑狄堤，海门知县沈起在至和年间（1054—1056 年）又修筑沈公堤（图 5－5），将狄堤延伸至吕四。绍兴二十七年（1157 年）

① 〔宋〕范仲淹：《范仲淹全集》上。
② 嘉庆《东台县志》卷一一《水利·考五》。
③ 民国《阜宁县新志》据范仲淹《张公祠堂颂》与《仁宗实录》，记为泰州捍海堰"自（天圣）五年秋至六年秋工竣，长一百八十一里"。参见民国《阜宁县新志》卷九《水工志·海堆》。
④ 万历《盐城县志》卷一《地理志》。
⑤ 嘉庆《东台县志》卷一一《水利·考五》。
⑥ 〔宋〕范仲淹：《宋故卫尉少卿分司西京胡公神道铭》，《范文正公集》卷一一，四部丛刊景明翻元刊本。

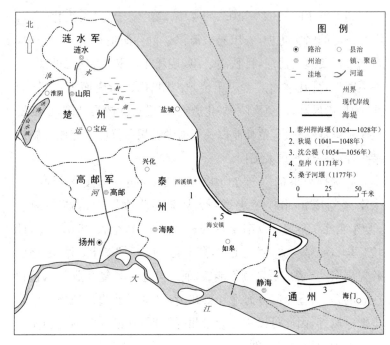

图 5-5 宋代各段捍海堰示意图

说明：底图根据谭其骧主编《中国历史地图集》（第六册，宋辽金时期，第22—23页）、江苏华宁测绘实业公司编制《江苏省地图》（江苏省自然资源厅监制，2020年）。

所筑的通泰楚三州捍海堰①，很可能是在前面各段海堤基础上的一次通身修筑，巩固并扩大了泰州捍海堰。此外，宋代还修筑了皇岸（1171年）、桑子河堰（1177年）。至此，在各段捍海堰基础上，两宋于楚、泰、通三州沿海均有筑堤，构成了明清时期淮南范公堤的雏形。宋元之际又有詹士龙增修，进一步巩固了各段捍海堰。②

同时，在中世纪暖期、高海面的背景下，宋元时期泰州捍海堰

---

① 《宋史》卷三一《高宗本纪》。

② 武同举：《江苏水利全书》卷四三《江北海堤》。

的演变呈现了明显的响应特征,主要表现为重修堤堰过程中,堤身会在旧址基础上向陆迁移,避免直接受海潮侵蚀,并进行加固、管护。天圣年间兴筑泰州捍海堰时,范仲淹建议:"当移堤势而西,稍避其冲,仍垒石以固其外,纡斜迤如坡形焉,不与水争,虽有洪涛巨浪,岂能冲击。"①同时,"置兵五百人,分列五寨,专典缮修"②。但之后在数十年的长期风潮冲击下,捍海堰往往年久失修。"徽宗宣和中水势奔冲,淹没田地周三百余里,乾道七年(1171年)海潮复冲击二千余丈。盖堰虽跨三州,而在通楚界者少,故泰之损者独多。"③绍兴七年(1137年)"又坏堤几半,越二年始修成,已不如天圣之坚密,厥后提举朱冠卿、知州事徐子寅、张子正、魏钦绪皆因坏增修,子寅又请盐场官分视捍堰,各守其境"④。

为进一步恢复泰州捍海堰功能,急需增修堤堰,并通过加高加厚、移建或增设辅助堤堰等办法,适应海潮冲击,提高海堤生存期及其挡潮能力。例如淳熙十三年(1186年),"提举赵巩相海所冲,曰六泽浦,甓而新之,壮于旧三倍,且栅其外十三里,更创夹堤六里于桑子河,其余增卑培薄,悉还旧观"⑤。

但兴化、海陵位于海潮冲击的要害位置,即使堤堰增修,仍难以持久。庆元二年(1196年),兴化、海陵"二邑之民又以病告,谓晏溪河东有土月堰,下临海洋,了无涂泥为之固护,地形就下。绍兴以来四经移筑,民田之垫于海者十五里,冲损海陵堰身六里,余如皋亦坏十余处,近益损甚"。因此,提举王宁命海陵知县陈之纲"相视利害,请移入二里,重增九尺,基厚二丈九尺,面减五尺"。

---

① 万历《盐城县志》卷一《地理志》。
② 〔宋〕楼钥:《攻媿集》卷五九《泰州重筑捍海堰记》。
③ 嘉庆《东台县志》卷一一《水利·考五》。
④ 〔宋〕楼钥:《攻媿集》卷五九《泰州重筑捍海堰记》。
⑤ 同上。

将堤堰内移避海、加高加厚的同时,提举王宁"又遣捍堰巡检刘正志量度会计,创立基址,计三十四里一百九十四步,用工二十八万"。另外,"再招海清兵士百人,分置五寨,兴窑烧砖以为后日缮修之备"[①]。

经过两宋于楚、泰、通三州沿海间断重修接筑捍海堰,12世纪末至13世纪初淮南全线海堤初步成形,形成比较连续的人工海堤。万历四十三年(1615年),两淮巡盐御史谢正蒙、淮安知府詹士龙一次性重修各场海堤,自吕四场至庙湾场,共长800余里[②],淮南全线海堤最终形成(图5-6)。为纪念范仲淹推动筑堰的功绩,此后江苏淮南捍海堤一般统称范公堤。[③] 此外,范堤从地势上可以分为南北两个部分,以东台富安场为中心,以北范堤为下河九县屏障,堤线自富安场起至阜宁庙湾场止。[④] 富安场以南至吕四场,为通州屏障。

在唐代常丰堰基础上,经过北宋泰州捍海堰,以及宋元时期的发展,淮南海堤的形成经历了一个长期延续增修、延伸的过程。自11世纪前期泰州捍海堰重修到17世纪初谢正蒙贯通全线海堤,前后相距近600年。这一阶段江苏海堤以扩展、延伸为主。但自明万历以后,淮南堤工开始转型,范堤北段(富安至阜宁)面对西水东潮的双重压力,主要表现为险工岸段的加固、管护制度的发展、协调挡潮与排涝的矛盾以应对海涂东扩的影响。同时,

---

① 〔宋〕楼钥:《攻媿集》卷五九《泰州重筑捍海堰记》。
② 武同举:《江苏水利全书》卷四三《江北海堤·范公堤》。
③ 光绪《盐城县志》卷三《河渠志·堤堰闸砠》:范公堤又称捍堰、范堤、潮堰、捍海堤、古淮堤、捍潮堤、汤潮岸、搪潮岸、捍海塘。按:南宋至明万历年间,淮南各段捍海堰主要以"捍海堰"相称,如泰州捍海堰、通泰楚捍海堰等,尚未以"范公堤"或"范堤"统称,到明代后期才以"范公堤"指代淮南全线捍海堤。见鲍俊林、高抒:《苏北捍海堰与"范公堤"考异》,《中国历史地理论丛》2015年第4辑。
④ 武同举:《江苏水利全书》卷四三《江苏海堤·范公堤》。

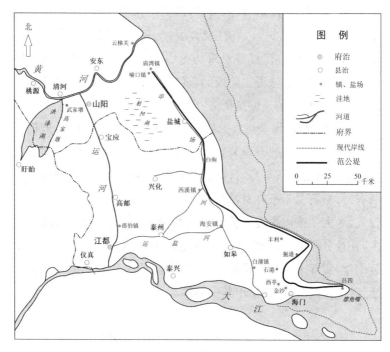

图 5-6 17 世纪初捍海堰示意图

说明：底图根据谭其骧主编《中国历史地图集》（第七册，元明时期，第 47—48 页）、江苏华宁测绘实业公司编制《江苏省地图》（江苏省自然资源厅监制，2020 年）。

对不同岸段采取分段而治的办法，中部岸段潮墩快速兴起，南部通州岸段继续加固重修范堤。

第三节 分段而治与险工岸段

历来位于中部的泰州段范堤最为重要，"捍海大堰虽跨数州，而泰州利害犹重"①，因为堤西防护区正是地势低洼的兴化与海

---

① 〔宋〕楼钥：《攻媿集》卷五九《泰州重筑捍海堰记》。

陵两地。特别是在泰州段的南部,即泰州分司与通州分司交界地带(东台至海安之间),是堤工活动最为密集的险工岸段。整体上,宋元至明代中叶,江苏沿海历史堤工表现为以中部的泰州段为中心的格局;加强堤工险段的重修加固、分别缓急,也是明清江苏沿海历史堤工的重要特征。

17 世纪初范堤全线成形后(图 5 - 6),长达 800 多里,规模极大,之后的大规模通身全修已经非常不易。例如 1615 年谢正蒙主持通修范堤全线堤身,自吕四至庙湾共 800 里,“会计费金三千两有奇,费石二千条有奇,费畚锸夫十万工有奇”[①]。庞大的成本投入,令大工难以再现。整体上通身全修的极少,修补残缺的较多,并且分段而治,分别缓急。到明末清初,这种修补方式持续了数十年,实际上也加剧了堤身的破坏,降低了挡潮功能。清初徐旭旦《加修范公堤议》指出其中的危害:

> 今日久岁淹,风雨冲决,人畜践踏,更有奸枭挖断运盐、运薪,或资灌溉,惟图利己,凿堤通河以致堤多坍塌、潮多涣漫,一遇西水泛滥,内外相连,民尤病涉。所期堵筑坚固、分役防守,庶私盐无从出没,而潮水不致浸灌矣。历年以来各乡献亩难耕,屡遭荒歉者,皆因地方有司修举之时不过派拨门面,老弱之夫手荷一抔之土,肩负一束之薪,敷衍一时,风浪陡发,漂泊无存。[②]

徐旭旦因此强调了加固加厚范堤的必要性,建议“宜照高堰漕堤法,低洼者加高七八尺不等,窄狭者帮阔一二丈有奇,润土行硪,

---

① 光绪《两淮盐法志》卷一五九《杂记门》。
② 〔清〕徐旭旦:《世经堂初集》卷一五,清康熙刻本。

务期坚固,一律高广"①。

同时,从堤工紧要性来看,通州段高于泰州段,又高于海州段。主要原因在于:通州境内即范公堤南段的角斜至吕四一线,堤外滩涂淤涨最少,迫近海水。清代中叶,该岸段距海平均约 5 千米,受海潮冲击也最为严重,海堤常遭损坏。因此通州段堤工增修多、类型多样,是明清时期江苏沿海堤工的重点岸段(图 5 - 7)。

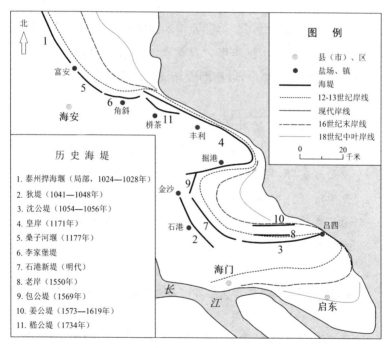

图 5 - 7　通州段海堤变迁示意图

说明:据凌申《历史时期江苏古海塘的修筑及演变》(《中国历史地理论丛》2002 年第 4 辑)重绘;底图根据江苏省测绘地理信息局制《南通市地图》(2019 年)。

---

① 〔清〕徐旭旦:《世经堂初集》卷一五,清康熙刻本。

在通州段,除了正堤(主海堤)之外,往往多有越堤、格堤、夹堤、遥堤、月堤(或内越堤)等多样类型,提高局部堤工抗灾能力。[①] 其中,栟茶、角斜一带近海,风潮更易侵蚀堤身,筑堤最为不易,历史堤工多、复杂,这里就多次出现范公堤之外的夹堤与格堤、越堤等堤工。此外,今天角斜与栟茶(小洋口)之间也是最大潮差地带,因为在弶港镇到洋口镇之间正是辐射沙脊群中心,潮差最大。

从历史资料看,今弶港镇与洋口镇之间的堤工,最早在淳熙元年(1174年)就开始了。淳熙元年泰州知州魏钦绪主持修筑桑子河堰,北起富安,南抵李堡,"自桑子河以南,径如皋境。长35里,盐场灶所,别为堤岸,以避潮汐,后称马路"[②]。

> 淳熙元年,诸司复料工役以知泰州事。张子正请也,就旧基形势修筑,其盐场灶所又别为堤岸,以避潮汐而防废坏,即今马路。二年冬,张子正以修缮勤劳卒于河口。知州魏钦绪接任,竞其工。八年,提举赵伯昌奏请修葺。绍定七年风潮逆猛,又损四百余丈,逾年乃克。[③]

据《续行水金鉴》载:"如皋县境角斜场起范堤之东,由北而西

---

① "越堤,因外堤单薄,或系坐湾,以及地势低洼,不足以资保卫,又别无别堤可恃,随越出旧堤,另筑新堤,以为外藩,故曰旧堤,更有称月堤为内越堤,而以越堤为外越堤者,命意亦同,两存其说;格堤,正堤之内,既有遥堤(新堤内或老堤),以备河势紧逼之用……正堤之内,遥堤之外,横筑格堤数道,纵使冲破遥堤,仅止以格……形如格子,故曰格堤。"参见杨文鼎编,何兆年校:《中国防洪治河法汇编》,开封:建华印刷所,1936年,第9页。
② 《崇祯泰州志》载吕祖谦《桑子河堰记》。
③ 嘉庆《东台县志》卷一一《水利·考五》。

止于古河东岸,有土堤一道,注称马路。此即东台县志所谓其盐场灶所别为堤岸以避潮沙而防废坏,注称即今马路者也。"①又据嘉庆《东台县志》载:"古河口,即卤河口,在(东台)县治北范堤东六十八里,至海十八里,上泄丁溪闸之水。"②结合该岸段潮差、地势,该土堤可能为天然形成的沙堤,在此基础上又形成土堤。

这条地势稍高的土路,也有了地标与防潮的意义,在主要反映明后期淮南盐场情形的康熙《淮南中十场志》中,其安丰、何垛、梁垛、丁溪等场图均绘有"马路"或"沿海马路"。③ 嘉庆《东台县志》又载,明代杜英在梁垛场倡筑"马路","筑马路堤以防潮水,因功大不果行,论者惜之"④。很可能是希望在马路基础上进行筑堤,但此后的文献中没有后续记载。这条"沿海马路"南起角斜场,西北经富安、安丰,再北向过东台周洋、唐洋,大致与今黄海公路重合,经三仓、华鏊、大丰潘鏊,抵万盈墩附近,靠近七灶河后,与明代海岸线接近。⑤ 另外,据乾隆、嘉庆《两淮盐法志》东台场图所载,"沿海马路"均在南腰舍、顾家鏊、曹昌鏊、姜家鏊东侧附近,其路线与乾隆海岸线走向及今 S226 省道(原黄海公路)大体一致。

由于中部岸段辽阔、淤涨,在新淤滩地兴筑新海堤的需求始终存在,但新淤土软,不适合筑堤,因此,综合考虑海涂淤涨、海潮侵袭风险以及成本投入,清代淮南堤工以原址重修范堤为主要方式,只在险工岸段才另筑新堤;对淮南堤工的重修又以角斜、栟茶、丰利、掘港四场为重,这一格局持续到清末。

---

① 〔清〕黎世洪、潘世恩等:《续行水金鉴》卷七一《运河水》。
② 嘉庆《东台县志》卷一〇《考五·水利》。
③ 康熙《淮南中十场志》卷一《图经》,上海图书馆藏。
④ 嘉庆《东台县志》卷二七《尚义》,台北:成文出版社有限公司,1970 年,第 976 页。
⑤ 张忍顺:《历史时期江苏海岸带的变迁》,《中国第四纪海岸线学术会议论文集》,北京:海洋出版社,1987 年,第 136 页。

　　清初,泰州段各场海涂宽大、远离海水,因此堤工渐少。雍正十一年(1733 年)九月,嵇曾筠奏中提及"泰州富安、安丰、梁垛、东台、何垛五场,兴化盐城阜宁所属白驹、伍祐、庙湾三场,地势高阜,海潮去远,不必修筑"①。雍正年间,对栟茶、角斜场的增修是一个重点。雍正十二年(1734 年)总河嵇曾筠奏准筑建嵇公堤(图 5-7),在县治南栟茶范公堤南侧,"自场东北小洋口起,至场西北角斜界止,长五千三百五十七丈,形如半璧。盖栟茶场去海甚迩,海潮泛涨,虽有范堤,不能捍御。故筑夹堤为防,后人德之,呼为嵇公堤。又夹堤中筑短堤一道,曰格堤"②。

　　清代中叶仍在栟茶、角斜场加固。乾隆五年(1740 年)八月,总办江南水利工程大理寺卿汪漋等奏:"通州所属之十场范堤除吕四等八场完固外,惟角斜、栟茶二场范堤离海甚近,内多残缺,应亟为加筑。"③但加固栟茶、角斜二场范堤之后,到乾隆九年、十年(1744—1745 年)又被风潮冲刷,残缺更甚。④ 此时泰州不少盐场不用重修加固范堤,主要原因是海岸扩张,远离海岸线,海潮影响很小。但栟茶、角斜、丰利一带堤工迫近海潮,仍然险要,需要继续加强。咸丰十年(1860 年)刚毅重修嵇公堤。⑤ 同时,尽管乾隆二十九年(1764 年)取消了各场堡夫制度,考虑到"丰利、掘港、角斜、栟茶四场去海既近,又有险工,仍须照旧挑积,以备缓急",堡夫积土制度仍被保留。⑥

　　清代最后一次大规模增修范堤是在光绪初年,这次重修中,

---

① 武同举:《江苏水利全书》卷四三《江北海堤·范公堤》。

② 嘉庆《东台县志》卷一一《水利·考五》。

③ 光绪《重修两淮盐法志》卷三六《场灶门·堤墩上》。

④ 同上。

⑤ 〔清〕方浚颐:《重修嵇公堤记》,见沈云龙主编:《近代中国史料丛刊》第 49 辑,《二知轩文存》,台北:文海出版社,1966 年,第 1306—1309 页。

⑥ 光绪《重修两淮盐法志》卷三六《场灶门·堤墩上》。

明确分别缓急工程,通州各场以重修范堤为主,但泰州各场以筑潮墩为主。同时,重点堤工仍然在栟茶、角斜场一带。光绪八年(1882年)十一月署淮扬海道徐文达禀:"通属之栟(茶)、丰(利)、角(斜)、掘(港)等场去海过近,各该场旧有范堤,至今尚资屏蔽,惟岁久残缺,本年伏秋大汛,汛涨生险,随时抢护平稳,虽各该场均有新建潮墩,足备灶丁登避,然堤内之田庐草荡,悉恃堤为保障。设有侵灌,贻害匪轻。"①"通属栟茶、丰利等场,旧堤去海不过数里,近者仅一二里远,远者亦不过十余里,潮汐相应直达堤根,他如角斜、掘港、吕四等场,亦皆有当冲险要之处。各该场惟见煎亭灶在于堤外煎盐,水涨则避之,岁岁如是,习以为常,复修建各墩,堤外更有可赖,惟堤内之田庐民命,向恃堤为屏蔽者,近因单薄失修,不足以资捍卫。"②

光绪八、九年淮扬海道徐文达专办通泰堤工,光绪九年(1883年)正月上报了实地履勘的结果,报请"将通属之栟茶、丰利、角斜、掘港、吕四等五场堤工,各就险要核实估修,并在栟茶场设立堤工总局,分委提调工员前往承办"③,详列了各场海堤现状、残损情况、估算了堤工数据。对栟茶、角斜与丰利这三个最为险要岸段堤工估算最为详细,兹引各场调查情形④:

　　栟茶场　范堤共长五千零七十丈,见估应行修筑者计工长二千四百二十四丈。皆因地段当冲,情形最为险要,该处堤身单薄,见量存高尚有八尺上下,而存宽仅四尺多,亦不逾六尺,且土松易卸,东北一面日受浪刷,势

① 光绪《重修两淮盐法志》卷三七《场灶门·堤墩下》。
② 同上。
③ 同上。
④ 同上。

成陡立,亟应加高帮宽,俾可抵御大汛,见估新堤系按顶宽一丈、堤高一丈一尺二寸为度,堤东一面用二五收堤,西一面不受波浪冲击,坡势毋庸过放,见估皆用一五收。其草根盘结,土性坚固之处,收分可以不动者,即仍其旧。该场堤工东有三百四十丈,紧对北洋口,每逢大汛潮水直逼堤根,海舟紧泊堤外,工程尤关紧要,土人请于其处正堤之外帮筑护堤……

丰利场 范堤共长四千九百九十四丈一尺,见勘堤身单薄,应行估办者计工长一千八百七十五丈六尺,新估堤顶亦宽一丈,堤高皆在一丈一尺以上,东坡一律二收,与栟茶交接处所顺势改用二五收,西坡或一五收或一收或不动,各就形势分别估做,其余堤长三千一百十八丈五尺,旧存高宽丈尺,尚无大损。惟北岸坡脚为潮冲刷,多有残缺。见于旧堤东首,帮护新堤一道,堤高六尺,顶宽五尺,底宽一丈七尺,该处距海甚近,增此帮护新堤益臻巩固。

角斜场 范堤共长三千五百五十五丈,见勘该处工程内有一千四百丈,距海较远,高宽尚足,又有六百一丈,形势虽仄,而草根蟠结牢固,转恐翻筑土松均可,毋庸估办。惟与栟茶连界之野鸭荡迤西及平家河、东道口、老鹳嘴并洋北桥、黑鱼塘、居家洼等处,计工长一千五百二十丈五尺。堤身塌卸不堪,必须一律修补。见估顶底高宽丈尺均与栟(茶)、丰(利)相仿,东坡与栟茶相接处亦用二五收,余皆二收,西坡收分与丰利估法相同。

掘港场 范堤共长一万四千二百八十九丈,见勘地非紧要,及堤身较宽毋庸修理者,计一万一千五百八十

> 三丈五尺,外有工长二千七百五丈五尺,则皆堤身低薄,
> 堤脚陡立,必须赶紧筹修,见在估筑高宽悉准各场之式。

其他如"通属之石港、金沙两场去海已远,久无潮患,余东场于同治年间建有夹堤,足资捍卫……以上各场范堤均可毋庸修筑"[①],经过勘察估工,光绪九年(1883 年)通州重修范堤,最终竣工。各场共 11 784.1 丈(39.28 千米),栟茶、角斜合计占 33.5%,丰利占 42.4%。

值得注意的是,现代海堤堤身设计要求根据地形、地质、潮汐、风浪、筑堤材料及管理等多种条件,分段进行堤身设计。[②] 根据传统坡分与现代坡比的差异[③],上述栟茶、角斜、丰利场提到的堤身临海侧(外坡)"二五收坡",换算为现代坡比(坡度)则为 1∶2;其他"一五"或"二收坡",换算成为现代坡比则是 1∶1 到 1∶1.5 左右,更为陡峭。民国四年(1915 年)至八年(1919 年),东台沿海盐垦公司筑挡潮海堤的外坡为 1∶3,内坡为 1∶2,所筑之堤仅能防御一般海潮。[④] 今天江苏海堤临海坡比(外坡)多在 1∶3~1∶5 之间,背水坡(内坡)为 1∶3。[⑤] 一般来说,堤身临水面多平坦宽大,防止海水冲坏,而堤内则收窄,以节成本。[⑥] 比较

---

① 光绪《重修两淮盐法志》卷三七《场灶门·堤墩下》。
② 中华人民共和国水利部:《中华人民共和国国家标准——海堤工程设计规范(GB/T51015-2014)》,北京:中国计划出版社,2014 年,第 21 页。
③ 传统的坡分表示堤高与坡长的关系,如筑高一丈内一五、外二五收坡之堤,计需内坡长一丈五尺,外坡长二丈五尺。见杨文鼎编,何兆年校:《中国防洪治河法汇编》,第 10—11 页。
④ 东台市水利志编纂委员会:《东台市水利志》,南京:河海大学出版社,1998 年,第 73 页。
⑤ 左其华、窦希萍等编:《中国海岸工程进展》,北京:海洋出版社,2014 年,第 121—123 页。
⑥ 杨文鼎编,何兆年校:《中国防洪治河法汇编》,第 10—11 页。

来看,为节约成本,传统堤工临海面坡度更大,也更容易被海水冲坏坍塌。

同时,根据徐文达的调查,光绪九年(1883年)三月,泰属各场田荡庐舍类居腹里,距海已遥,即如七年分猝遭飓风,荡地受灾尚不十分吃重,至滨海灶丁皆居堤外,"灶户利在就卤,不宜隔阂卤气",且有避潮墩"棋布星罗,此后设遇风潮,随处有墩可避",因此认为"泰属堤工可从缓办"[①]。泰州分司各场堤工不同,"泰属各场去海皆远,旧时范堤已成虚设,见煎亭灶皆在场治七八十里百数十里以外,远且有逾二三百里者,所以该属议建新堤,专为滨海灶丁求御风潮起见,至附近之田荡庐舍,究居腹里距海已遥,不致虑有潮患,且堤可以卫田庐,而不便于障煎灶,缘灶须就卤,一经隔阂,卤气不通,有妨摊晒"[②]。

此外,泰州各场还广泛栽树,以提高防潮能力与效果。光绪九年(1883年)正月,"伍、新、庙等场猝被风潮,援木得生者甚众"[③]。运司孙翼谋"以灶境树木稀少,捐廉购皂荚、桑栎、杨树之属,分发安丰、伍祐、刘庄、庙湾四场,近海各灶分栽"[④]。在运司带头捐办下,富安、梁垛、东台、何垛、丁溪、新兴等六场也由各场官自行捐廉购办,草堰一场由各商捐购。另外,安丰场内含场员捐购1504株,伍祐场内含场员捐购4000株。在运司、场官及场商捐办下,均于六月间种齐,各场灶新栽树共20498株,以伍祐、草堰场最多(表5-2)。[⑤]

① 光绪《重修两淮盐法志》卷三七《场灶门·堤墩下》。
② 同上。
③ 同上。
④ 同上。
⑤ 同上。

表 5-2　光绪九年泰属各场栽树情形

盐场	栽树(株)	占比(%)	购办
安丰	2 004	9.8%	运司捐廉购办,场员捐购一千五百零四株
刘庄	200	1.0%	运司捐廉购办
伍祐	4 500	22.0%	运司捐廉购办,场员捐购四千株
庙湾	1 000	4.9%	运司捐廉购办
富安	2 000	9.8%	场官自行捐廉购办
梁垛	200	1.0%	场官自行捐廉购办
东台	1 520	7.4%	场官自行捐廉购办
何垛	2 090	10.2%	场官自行捐廉购办
丁溪	1 800	8.8%	场官自行捐廉购办
草堰	3 256	15.9%	各商捐购
新兴	1 928	9.4%	场官自行捐廉购办
合计	20 498	100%	

说明:光绪《重修两淮盐法志》卷三七《场灶门·堤墩下》。

　　范堤要持续发挥作用,只有不断地、定期地加修维护。对关键岸段进行管护也非常必要,建立海堤管理制度是保障海堤功能、延续寿命的重要措施。官府逐渐意识到不仅需要集中的大规模重修,也需要日常的培土保养。整体上,宋元时期对泰州捍海堰的管护重视不够,年久失修之后,迫不得已才集中重修一次。

　　宋代泰州捍海堰筑成之后,就曾规定用数百名士兵驻扎在中部海岸,负责海堤的定期维护,"置兵五百人,分列五寨,专典缮修"[1]。但这种管理并没有制度化。约在南宋淳熙年间开始规定

————————

[1]〔宋〕楼钥:《攻媿集》卷五九《泰州重筑捍海堰记》。

有损即修的制度,但执行效率也不高。自范堤修筑之后,沿海风潮"自后浸失修治,□遇风潮怒盛即有冲决之患。自宣和绍兴以来,屡被其害,每一修筑必大兴工役,然后可办。望令淮东常平茶盐司,今后捍海堰如有塌损,随时修葺,务要坚固,可以经久从之"[1],从大兴工役发展到也开始重视日常维护。到明清时期,随着范堤的扩张,特别是堤内农业的发展,对范堤的维护管理成为重要内容。但这种维护制度并不是连贯的,年久失修仍是普遍现象。

清初,对两淮盐场范堤多处年久失修岸段加大修补,如"丰利、掘港、马塘、石港、西亭、金沙、余西、余中、余东、吕四、丁溪、草堰、白驹、刘庄、伍祐等场范堤残缺,应行修补,并镶筑防风,计工长一万三百一十丈……俱于雍正十一年三四月内陆续修筑完竣"[2]。但更重要的是日常墙土护堤制度的建立。

土堤需要不断培土巩固,清代设立"堡夫积土"制度旨在加强日常培土护堤。雍正十二年(1734年)四月署江南河道总督管理盐政布政使高斌奏请仿照黄运湖河之例,设立"堡夫积土"制度,并由地方河员督促:

> 范堤工程因从前事无专管,以致残缺不堪,今请照黄运湖河之例,择其紧要之处,共长六万四千一百三十余丈,计程三百五十六里,每里设堡夫一名,共设堡夫三百五十六名,每月每名给工食银五钱……其所设堡夫,召募沿堤附近居民充当应役,亦无庸建造堡房,只令其朝来暮返,每日挑积土牛,修补残缺,责成该地方河员查

---

① 嘉庆《大清一统志》卷九四《淮安府》。
② 光绪《重修两淮盐法志》卷三六《场灶门·堤墩上》。

核催趱。至滨海居民载草、运盐俱从范堤经过,牛车践踏碾损堤工之处甚多,亦应仿照黄河堤岸成例,即于堤顶修开车道、埠口,责令该场员督率附近商民随时培补,以专责成,而资巩固。[1]

但由治河官员管护效果并不理想,乾隆十九年(1754 年)盐政吉庆认为"各场范堤堡夫向系责成河员查核催督,因汛员离堤遥远,积土无有实效"[2]。因此,为提高管护效果,盐政吉庆奏请"责成场员管理造入交代,以专责成"[3],即采取"责成各场大使就地管理"办法,规定"按夫计日,挑积土牛,倘有些小残缺及水沟、狼窝、獾洞、鼠穴,令堡夫随时修补"。经两江总督尹继善、盐政吉庆等人批准执行。[4] 范堤"堡夫积土"的督促工作也从河员转到场员,即由治河系统官员管理改由盐场官员管理,其具体规定包括:

> 堡夫每名每月应积土七方五分,除六、腊两月免积外,余月俱通融积算,应请将一年额土分为两季挑积,上季在二、三、四月,下季在九、十、十一月,照额挑竣,场员逐名量验,如有缺少,勒令补足,仍于季终造册报验,如一季之内雨多淋卸,随时修补,于册内声明,准除一分之数,六、七、八三月内系海潮大汛之期,如有冲刷过多,应用积土在一二百方以外者,随时详由分司勘明通报,入

---

[1] 光绪《重修两淮盐法志》卷三六《场灶门·堤墩上》。
[2] 同上。
[3] 光绪《重修两淮盐法志》卷九三《征榷门》。
[4] 光绪《重修两淮盐法志》卷三六《场灶门·堤墩上》。

　　　　于下季开除项下造报……①

但各场堤外的滩涂淤涨程度的变化又存在很大差异,除了紧要岸段,那些远离海潮影响的盐场均被停止"堡夫积土"。乾隆二十九年(1764 年)十月盐政高恒奏:

　　　　通、泰二属范堤向于紧要处所照黄运河之例设立堡夫、给予工食、挑积土方,以备培补堤工之用。经今三十余年,海潮远近情形不同,除丰利、掘港、角斜、栟茶四场去海既近又有险工,仍须照旧挑积,以备缓急外,丁溪、小海、草堰、刘庄、伍祐、新兴、庙湾七场离海俱八九十里或百余里,潮汛不至,土方无可动用,无须领银挑积,饬将见存土方确核摊平,夯碾坚实,以固堤身,其七场堡夫积土裁汰停止。②

小结

　　北部岸段(海州段)10 世纪之前的捍海堰是江苏沿海堤工的序幕。随着中国古代社会经济重心东移南迁,江苏沿海开发程度逐步扩大,在此背景下,江苏沿海堤工重心也快速从淮北转向淮南沿岸。从楚州常丰堰、泰州捍海堰到范堤成型,淮南堤工经历了长期发展过程,并以分段修筑、再连接各段通修的方式完成全部堤线。高度动态的海涂环境是堤工巩固与发展的巨大挑战。

---

① 光绪《重修两淮盐法志》卷三六《场灶门·堤墩上》。
② 同上。

中世纪暖期背景下，宋元时期历史堤工通过内陆迁移、加高加厚的办法，避免海潮冲击，提高海堤生存期。明清时期通过分段治理、加强险工岸段的办法，维持了范堤发展。历史时期泰州与通州交界地带(东台至海安)是关键堤工岸段，与该岸段具有最高潮差、最高地面高程、沿岸流聚合中心、淤涨面积最少等多种地理特征密切相关。

第六章

明清淮扬水利与淮南堤工格局

第一节　挡潮与排涝：下河水患形势及影响

1. 里下河地理特征及水环境

　　自黄河夺淮南徙，特别是明弘治七年（1494 年）黄河全流夺淮入海，黄强淮弱，泥沙淤积，引发江苏沿海水环境及淮扬水利格局出现重大改变。自明后期淮水逐渐难以从洪泽湖通畅地出清口入黄河归海，不得不分泄黄淮涨水，低洼的下河地区实际上成为滞洪区，导致长期的水患问题。正如光绪《盐城县志》所追述："自万历初迄国朝咸丰间，此三百年中（下河州县）大抵水灾多而旱灾少，滔天泽洞之水或逾六七载而不退，至旱魃虽极为虐，不能逾三年之久。"①在此背景下，下河水患问题成为淮南岸段堤工演变的巨大挑战。因此，为稳定漕运、河防、盐务，黄淮运的综合治理成为明清时期朝廷长期关注的重点河道工程，并深刻影响了江苏沿海中部岸段历史海堤系统的演变。

　　下河地区泛指今江苏省里运河以东地区，即废黄河以南、里运河以东、通扬运河以北，民国年间多称为里下河地区。广义上

---

① 光绪《盐城县志》卷三《河渠志》。

里下河地区包括了范堤以西的里下河腹地,以及范堤以东的滨海平原。① 明代下河地区一般指山阳(今淮安区)、高邮、宝应、盐城、兴化、江都与泰州七州县。清代雍正年间增加了甘泉、东台、阜宁等县;道光初年下河范围未变,但州、县已增至十个,包括山阳、宝应、高邮、甘泉(今扬州市区西北)、江都、泰州、东台、盐城、阜宁、兴化。今里下河平原范围西至里运河,东到黄海沿岸,北至苏北灌溉总渠,南到新通扬运河,包括淮安、盐城、泰州、扬州、南通等地。

里下河地区在晚更新世已处于滨海环境,发展成为长江三角洲北侧的浅海海湾,在泥沙沉积作用与长江北岸古沙嘴的伸展下,形成潟湖。并且在第四纪经过海陆变迁,形成了海侵—海退的沉积回旋特征,经历了海湾—潟湖—湖泊—水网平原的变迁过程。② 又经过持续泥沙沉积、封淤作用,中心地带形成内陆湖泊,即古射阳湖,并进一步淡化、沼泽化。此后,古湖泊受到黄淮泛滥影响,淤积加快,加上人类开垦湖荡,古湖逐渐分化、萎缩,解体为众多小型湖荡。③

现代里下河地区地势特征鲜明,整体上四周高、中间低洼。西部与西北地势最高,海拔 5—10 米,东南的泰州—东台—如皋—通州一带地势高仰,平均海拔 3—5 米以上;沿范堤向北为滨

---

① 明清时期文献中所指下河地区一般均包括范公堤以东的滨海地带,狭义下河地区为里运河与范公堤之间的区域,这里按广义范围。《中国河湖大典·淮河篇》载:里运河以东,苏北灌溉总渠以南,通扬运河及如泰运河以北,海堤以西……以通榆河为界,划分为里下河腹地和沿海垦区两部分,见《中国河湖大典》编纂委员会编:《中国河湖大典·淮河卷》,北京:中国水利水电出版社,2010 年,第 142 页。
② 江苏省地方志编纂委员会:《江苏省志·地理志》,第 119 页。
③ 潘凤英:《历史时期射阳湖的变迁及其成因探讨》,《湖泊科学》1989 年第 1 期;柯长青:《人类活动对射阳湖的影响》,《湖泊科学》2001 年第 2 期;凌申:《历史时期射阳湖演变模式研究》,《中国历史地理论丛》2005 年第 3 辑;彭安玉:《论明清时期苏北里下河自然环境的变迁》,《中国农史》2006 年第 1 期。

海高亢沙冈,自南向北地势逐渐降低,平均海拔 2 米左右;中间是洼地,从盐城—阜宁直到滨海地带地势最低,平均海拔 1 米左右。由于沿范堤一线是沙冈稍高地带,向海一侧反而稍高于堤西,中部也就形成了著名的"锅底洼"地貌特征。

这种地形不利排泄积涝。历史上,一旦"黄淮合力,竟至破高堰入高宝湖,湖不能容,则运河东、西二堤必不能保。里下河数百里内一片汪洋,如入囊中,四无出路"①尽管明清河臣努力使黄淮涨水入黄归海,或入运归江,但往往会出现异涨等灾害事件,遂从运堤各减水坝溢出,淹没下河一带,导致下河涝灾与积水频发、多发。加上里下河地势东南高仰,决定了下河一旦积涝,疏导只能顺地势就其下,且多以东侧范堤沿线的归海之路为主。因此,为解决下河水患,协调挡潮与排涝,范堤以东滨海地带属于下河积涝排水的关键通道,特别是范堤及闸河便成为整个明清时期淮扬水利最为关键的部分(图 6-1)。

里下河地区属于淮河流域的滨海部分,尽管在庞杂的淮河治理工程中里下河地区仅属于尾闾,但由于地处下游泄洪要道,具有重要地位,滨海地带的环境变化对水利调节也具有直接影响。② 总体上,明清时期淮扬水利防控主要集中在三条堤防控制线上,高家堰一带为第一道水利控制线,运河堤防为第二道,范公堤沿线为第三道。③ 清初史两在《运河上下游议》中将黄淮运与下河治水分为上、中、下三个层次,上流即洪泽湖与高家堰等堤坝一线,中流即里运河与漕运堤坝一线,下流即范堤各场之海口,是

---

① 光绪《重修两淮盐法志》卷六八《转运门·疏浚四》。
② 水利部淮河水利委员会《淮河志》编纂委员会:《淮河综述志》(淮河志·第 2 卷),北京:科学出版社,2000 年,第 173—175 页。
③ 王建革、袁慧:《清代中后期黄、淮、运、湖的水环境与苏北水利体系》,《浙江社会科学》2020 年第 12 期。

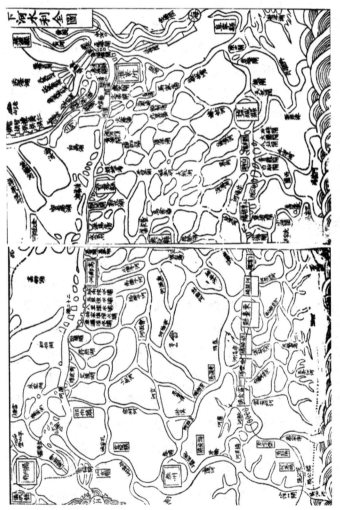

图 6－1　嘉庆《东台县志》载《下河水利全图》

说明：选自嘉庆《东台县志》卷一《图》。

黄淮运与下河分泄洪水的通道。[①] 按照平均海拔高程比较,第一道控制线平均地面高程超过 10—15 米,第二道控制线高程超过 5—10 米,第三道控制线高程约为 2—5 米。但需要注意的是,黄淮涨水不得已才分泄下河行水,以应急异涨,将积涝从范堤东侧各海口排泄入海,并非以分泄为主(图 6-2)。"沿运堤三十余减闸之水滔滔东注,既不通江,又难达海,非民田受之而焉往也。故运河之水导之入江、入海者上策也,不得已而泄之下河。"[②]到嘉庆五年(1800 年)仍然如此,"(洪泽)湖水去路有二,一由束清坝御黄坝入黄河出云梯关归海,计泄水十之七八,一由运口折东经三坝三闸入淮扬运河归江,计泄水十之二三,此湖水常行之正路也"[③]。

2. 下河水患治理概况

下河水患虽始于黄河夺淮,但宋元时期黄河尚未全流夺淮归海,范堤沿线挡东潮与排西水尚未出现显著矛盾。黄河全流夺淮入海以前,下河诸水在射阳湖汇聚,从盐城东北归海,这是黄淮水系改变之前的天然行水格局。黄河夺淮后,黄淮自西而东入海,运河则自南而北,黄淮运交汇于清口,但黄河泥沙丰富,在水沙综合运动下,黄河因其特有的"善淤、善决、善徙"特点,持续加积、淤垫清口以下,直至入海口各段河道及南北侧地带。16 世纪中叶开始,这种水患矛盾才逐渐尖锐化。特别是明代洪泽湖大堤建成后,河床因淤沙逐步抬高,加上黄河全流夺淮入海,黄淮异涨导致下河积涝,里下河地区水患显著增多,"淮弱不能与黄敌涨,溢于西则凤泗当其冲,泛滥而东则淮扬罹其害,自此大河频溢,高堰屡

① 嘉庆《扬州府志》卷八《山川志》。
② 〔清〕史褧:《运河上下游议》,《清经世文编》卷一一二《工政十八》。
③ 〔清〕黎世序、潘世恩:《续行水金鉴》卷六〇《淮水》。

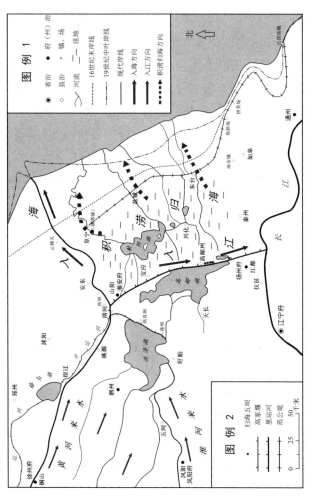

图 6-2　明清时期黄淮运综合行水示意图

说明：底图根据谭其骧主编《中国历史地图集》第七册，元明时期、清时期，第 47—48 页；第八册，清时期，第 16—17 页，江苏华宁测绘实业公司编绘《江苏省地图》《江苏省自然资源厅监制，2020 年》，历史岸线根据张忍顺《苏北黄河三角洲及滨海平原的成陆过程》《地理学报》1984 年第 2 期）。

决,运堤数溃,下河州县沦为泽国"①。里下河地区不得不成为黄淮异涨、洪泽湖决口的主要泄洪区,水患问题频发。

到明嘉靖末年,洪泽湖势若悬盆,已成为时刻威胁到下河地区的巨大危险因素。明隆庆、万历之际,淮河在洪泽湖高家堰就出现了多次决口,引发下河地区大水灾。②"高堰决溃,下河七州县始有河患。"③涨水往往阻于范堤,闸洞不敷宣泄,甚至开挖堤身,消泄积水,若还筑稍迟,卤潮侵入,伤坏农田,此时泄水与御潮,"岁有两不并立之势"④。在隆万之际频繁大水灾的背景下,潘季驯开始积极治理黄淮运,实施"束水攻沙""蓄清刷黄"策略,通过兴筑黄河堤、加强高家堰建设,降低了洪泽湖决下河的风险。明代万历年间下河形势的快速转变,在王士性《广志绎》中有全面概括:

> 淮扬一带,扬州、仪真、泰兴、通州、如皋、海门,地势高,湖水不浸。泰州、高邮、兴化、宝应、盐城五郡邑如釜底,湖之壑也,所幸一漕堤障之。此堤始自宋天禧,转运使张纶因汉陈登故迹,就中筑堤界水。堤以西汇而为湖,以受天长、凤阳诸水,繇瓜、仪以达于江,为南北通衢;堤以东画疆为田,因田为沟,五州县共称沃壤。起邵伯,北抵宝应,盖三百四十里而遥。原未有闸也,隆庆来岁,水堤决,乃就堤建闸,实下五尺,空其上以度水之溢者,名减水闸,共三十六座。然一座阔五丈,则沿堤加三十六决口,是每次决水共一百八十丈而阔也,虽运济而

---

① 光绪《盐城县志》卷三《河渠志》。
② 咸丰《重修兴化县志》卷一《舆地志·祥异》。
③〔清〕朱铉:《河漕备考》,清抄本。
④ 武同举:《江苏水利全书》卷四三《江北海堤》。

田为壑矣。所赖以潴，止射阳、广洋诸湖出，止丁溪、白
驹、庙湾、石砀四口耳。近射阳已涨与田等，它水者可
知。丁溪、白驹二场，建闸修渠，金钱以万计，不两年为
灶丁阴坏之。又盐城民惑于堪舆之言，石砀之闸启闭亦
虚，止庙湾一线通海耳。近因淮溢陵寝，泗人告急，议者
欲毁高堰，从海口道淮，以周桥之水从子婴沟入，武墩之
水从泾河入，高良涧之水从氾光湖入，尚幸主议者见其
难而中止耳。若从其请，欲尽从庙湾一线出，则高、宝五
郡邑沮洳昏垫之民，永无平陆之期，亩亩赋税公私不将
尽废矣乎！[1]

明末清初，堤岸年久失修，下河水患日益加重，顺治六年
（1649 年）淮水涨溢，兴化、盐城与泰州大水灾，康熙六、七年
（1667—1668 年），兴、泰、盐又大水灾，康熙十五年（1676 年）淮水
再次决出武家墩、高家堰、高良涧，下河水患越发惨重。[2] 在清初
顺治康熙之际多次大水灾的背景下，靳辅开始了清代的黄淮运综
合治理。康熙十六年（1677 年），靳辅"大修高堰、塞决口数十
处"，康熙十九年（1680 年）河湖又大涨，继建周桥、高良涧、武墩、
唐埂、古沟、东西减坝六座。[3]

计东在《淮扬水利考序》中概括了明末清初淮扬水利形势，以
及下河排水出口的格局：

（黄淮）向恃芒稻、运盐两河为诸水入江之口，庙湾、

① 〔明〕王士性撰，周振鹤点校：《五岳游草　广志绎》，《广志绎·两都》，北京：中华
书局，2006 年，第 214 页。
② 咸丰《重修兴化县志》卷一《舆地志·祥异》。
③ 咸丰《重修兴化县志》卷二《河渠志·上游形势》。

> 云梯关为淮黄入海之口,又必藉白塔河四闸及丁溪、石
> 砀等闸以广其宣泄,节其浩瀚者,今则故道淤塞,以滔天
> 之水势,仅求出于瓜仪两闸之间,则漕堤屡溃,民田与盐
> 场尽湮,而淮扬两郡岌岌乎有陆沉之患矣。于是有为利
> 漕利民利商之计者,建上流、中流、下流之规画,曰增筑
> 高堰,曰固塞翟坝、周桥,曰复天妃下闸,此治其上流也。
> 曰开泾河大闸,曰开黄浦子婴双闸,此治其中流也。曰
> 浚芒稻河,曰浚白塔、丁溪、石砀诸闸以畅其入海之路,
> 此治其下流也。[1]

下河水患治理的复杂性,导致难以短时或者低投入完成,迫
切需要国家财政的大力支持。到乾隆年间清廷开始以朝廷财政
支持下河水利工程,特别是对运河、串场、车路、海沟等河,尤不惜
帑金,专员督理。[2] 不过,排泄下河积涝的关键在于寻找合适的
归海路线,尽管射阳河是明代归海的重要通道,但明清时期下河
湖荡开发也快速增加[3],导致下河水患的风险加大。"惜射阳湖
自明代淤垫,泄水不畅,而大纵湖近亦淤垫,实为下河泄水隐
忧。"[4]到清代中后期,滨海地带实际上已经成为下河排涝的关键
通道(图 6 - 2),也深刻影响了滨海地带的堤工格局的演变。下
河地区复杂的水文状况,促使滨海地带与下河腹地的水循环紧紧
联系在一起,并制约了归海路线选择、黄淮运综合治理的决策。

---

[1] 〔清〕计东:《淮扬水利考序》,《改亭诗文集·文集》卷一,清乾隆十三年刻本。
[2] 〔清〕纪昀等纂修:《大清会典则例》卷一三四《工部·水利》,清文渊阁四库全书本。
[3] 朱冠登:《清代里下河地区的圩田》,《江苏水利史志资料选辑》1989 年第 20 辑,第65—68 页;肖启荣:《农民、政府与环境资源的利用——明清时期下河地区的农民生计与淮扬水利工程的维护》,《社会科学》2019 年第 7 期。
[4] 民国《续修兴化县志》卷一《图说·下河水系分泄图说》。

　　民国年间，下河水患依旧，一旦运河决口，仍然漫溢多地，四处成灾。下河归海河道需要对中段（范堤西侧兴化县各河道）、下段（范堤东侧各支河港汊）①综合治理，下段各海口成为关键归海路线。"其下段由南而北曰竹港、王家港、斗龙港、新洋港、射阳港，为下河泄水五大海港，实际以射阳为最优，新洋、斗龙次之，王、竹两港具名而已，其他各闸河支港亦为泄水承转机关，只须深通，水自畅行，至垦区阻碍泄水问题，又盼新运河计划成功，则困难渐次解除矣。"②

　　总之，自 16 世纪后期，东台至阜宁之间的沿海地带成为里下河积涝分泄的重点方向。一方面加大范堤闸座建设，另一方面加强海口与引河疏浚，是应对挡潮排涝矛盾的主要办法。但问题在于，里下河东部即沿海地区并非一成不变，16 世纪后范堤以东海涂快速淤涨，滩面不断淤高淤宽，这导致诸入海河口也不断东移，滨海河网往往淤塞淤浅，进而导致下河积涝东出宣泄日趋受阻，河身委曲，趋海不畅。海涂地貌及水环境的变化增加了归海排涝的困难，影响了下河积涝归海路线的选择。因此，江苏海岸带在明清时期的快速扩张是导致里下河地区水患治理难度上升的重要地理背景。以往在讨论江苏滨海地带与下河水患关系时③，对于堤东海涂扩张的影响、淮南堤工格局的转变以及归海路线如何调适等方面尚未予以充分揭示。

---

① 民国《续修兴化县志》卷一《图说·下河水系分泄图说》。
② 同上。
③ 吴春香：《康乾时期淮南盐区的水患与治理》，《长江大学学报（社科版）》2015 年第 8 期；李小庆：《环境、国策与民生：明清下河区域经济变迁研究》，东北师范大学博士学位论文，2019 年。

第二节 归海诸闸的形成与关键闸工

1. 江苏中部岸段范堤闸工

在明代范堤加强闸工建设之前,盐城县治附近往往利用硍作为减水设施,便于涨水自然溢出。例如宋淳熙六年(1179 年)修筑广惠硍,在(盐)县治东门外三里[①],"高、宝、兴、盐之涝水皆由此入海"[②]。后曾于宋绍熙五年(1195 年)、明洪武二十九年(1396年)重修。[③] 同时大通硍也于明洪武二十九年创建,在盐城县治北门外三里。[④] 约在明代初年盐城县治附近范堤开始有闸[⑤]。另外,东台县白驹场地处下泄要道,根据陈音《水闸记》记载,明初已有闸座。[⑥]

挡潮始终是建立范堤的主要目的,但进入明中叶以后,范堤需要同时兼顾挡潮与泄洪的作用,因此在恰当位置加强闸座建设,以泄内水、御海潮,势在必然。不过,明代中叶堤东海涂尚未大面积淤宽,下河腹地基本与海平面持平,极易受到海潮影响,设闸面临海潮倒灌的风险。万历四年(1576 年)知县杜善教建闸于石硍口,"未几海潮涌至,坏闸,伤田庐",因此"邑人坚持不可开",万历八年(1580 年)巡盐御史姜璧又题请筑塞石硍口闸。[⑦] 同时,万历十年(1582 年)总漕都御史凌云翼重修范堤时又"建泄水涵

---

① 万历《盐城县志》卷二《建置志》。
② 〔明〕佚名:《淮南水利考》卷下。
③ 万历《盐城县志》卷二《建置志》。
④ 同上。
⑤ 光绪《盐城县志》卷三《河渠志》。
⑥ 嘉靖《两淮盐法志》卷三《地理志四》。
⑦ 光绪《盐城县志》卷三《河渠志》。

洞水渠一十七处,石闸一座"①。万历十一年(1583 年)修建丁溪闸、小海闸,另外,白驹场南、北、中三闸也在明代万历年间重修(表6-1)。到明中叶范堤沿线附近主要创建约 12 闸,形成明清范堤闸口分布的基本格局。

表6-1　明清时期范公堤沿线"归海十八闸"

闸名	始建年代	位置	概况
白驹中闸	明成化二十年(1484 年)(据嘉靖《两淮盐法志》卷三《地理志四》载陈音《水闸记》)	距白驹南闸二百六十丈	雍正十三年(1735 年)重修,乾隆五年(1740 年)移建,一孔,高一丈三尺五寸,砌石十二层,金门宽二丈,板双槽,闸下引河经斗龙港归海。光绪十三年(1887 年)实测宽一丈九尺,与白驹北闸相连
石硅闸	万历四年(1576 年)	盐城东门外一里许(广惠硅旧址附近)	万历八年(1580 年)塞闸口并于附近另置闸。雍正七年(1729 年)重建,两孔一机心,高一丈六尺八寸,砌石十四层,每孔金门宽一丈六尺。该闸地势高于天妃闸七尺,泄水有限,由新洋港入海。乾隆六年(1741 年)重修,嘉庆六年(1801 年)再修。1985 年拆除
丁溪闸	万历十一年(1583 年)	东台县治北十八里	万历十一年(1583 年)与小海闸同建,旧为两孔。雍正七年(1729 年)重修。乾隆十二年(1747 年)改建为五孔四机心,高一丈三尺二寸,砌石十一层,每孔金门宽一丈六尺,机心宽一丈二尺五寸,板用十槽。西泄蚌蜒河、梓新河等河荡之水,南泄富安、安丰、串场河之水,由此闸入古河口归海。闸久未修。光绪十三年(1887 年)实测闸孔总宽七丈八尺

① 〔清〕傅泽洪等:《行水金鉴》卷一五三《运河水》。

闸名	始建年代	位置	概况
小海正闸	万历十一年（1583 年）	东台县治北二十五里	万历十一年（1583 年）与丁溪闸同建，雍正七年（1729 年）改建，两孔一机心，高一丈二尺八寸，砌石十二层，每孔金门宽一丈六尺，机心宽一丈二尺，板皆双槽。串场河、车路河、乌金荡诸水由此闸入王家港归海。闸久未修。光绪十三年（1887 年）实测双孔金门总宽三丈三尺，南孔堵闭，机心南半边倒卸
草堰正闸	明万历十九年（1591 年）（咸丰《重修兴化县志》卷二《河渠三》）	东台县治北二十八里	即草堰闸。雍正七年(1729 年)改建，增为两孔、一机心，高一丈四尺七寸，砌石十四层，每孔金门宽一丈六尺，机心宽一丈二尺五寸，板用四槽。闸下引河入斗龙港归海。光绪十三年(1887 年)实测闸孔总宽三丈三尺
白驹南闸	万历十年至十一年（1582—1583 年）	南距东台县境草堰正闸三十里	雍正十三年（1735 年）重修，乾隆二十二年（1757 年）改建，两孔一机心，高一丈四尺五寸，砌石十二层，每孔金门宽一丈九尺五寸，机心宽一丈五尺五寸，板皆双槽。闸下引河经斗龙港归海。光绪十三年(1887 年)实测总宽三丈六尺五寸(按：万历《兴化县新志》卷三《人事之纪·水利三》有"白驹南北闸"；万历《扬州府志》卷六《河渠志下》载"白驹闸……万历壬午巡按御史姚士观、海防兵备舒大猷、郡守李裕建")
大团闸	乾隆十二年（1747 年）	距刘庄场北二十五里，在兴化县治东北	两孔一机心，高一丈三尺二寸，砌石十一层，金门各宽一丈七尺二寸，板皆双槽，闸下引河至斗龙港归海。光绪十三年(1887 年)实测闸孔总宽三丈六尺

续 表

闸名	始建年代	位置	概况
白驹北闸	万历年间兴筑	与中闸相联	雍正十三年(1735年)重修,乾隆五年(1740年)移建,一孔,高一丈四尺二寸,砌石十二层,金门宽一丈八尺五寸,板双槽。闸下引河经斗龙港归海。光绪十三年(1887年)实测宽一丈九尺。(按:万历《兴化县新志》卷三《人事之纪·水利三》有"白驹南北闸")
青龙闸	雍正七年(1729年)	距刘庄场署南半里	两孔一机心,高一丈三尺二寸,砌石十一层,金门各宽一丈八尺。乾隆二十三年(1758年)拆修,板皆双槽,闸下引河至斗龙港归海。光绪十三年(1887年)实测宽三丈三尺六寸
上冈闸	雍正七年(1729年)	上冈镇北,串场河西岸	乾隆五年(1740年)移建东岸,一孔,孔宽一丈四尺五寸。道光二十八年(1848年),南墙为潮水冲塌
北草堰闸	雍正七年(1729年)	盐城县治北七十五里草堰口(范堤之东草堰河内)	乾隆五年(1740年)移建东岸。光绪十三年(1887年)实测一孔,金门宽一丈六尺五寸,距沟安闸十二里
天妃闸	乾隆四年(1739年)	盐城县治北门外天妃口(大通磋旧址附近)	乾隆六年(1741年)夏竣工,闸共五孔。乾隆二十二年(1757年)重修。嘉庆六年(1801年)重建,仍五孔,闸孔总宽八丈四尺七寸。潮落时闸室水深一丈五尺八寸。同治年间改成北石砼闸。光绪十九年(1893年)筑坝代闸,二十年再修。由新洋港入海。20世纪70年代疏浚新洋港时拆除

闸名	始建年代	位置	概况
天妃越闸	乾隆十二年(1747年)	在县治北门,距正闸百余步	闸三孔、三机心,高一丈九尺二寸,砌石十六层,每孔金门宽一丈九尺二寸。光绪十三年(1887年)实测闸孔总宽五丈四尺。嘉庆六年(1801年)、光绪十九至二十年(1893—1894年)拆修
小海越闸	乾隆十二年(1747年)	东台县治北二十五里	两孔一机心,高一丈四尺四寸,砌石十四层,每孔金门宽一丈六尺,机心宽一丈二尺七寸,板皆双槽,分泄正闸之水,入王家港海口归海。年久未修,闸已塌坏。光绪十三年(1887年)实测闸孔总宽三丈二尺
苇港闸(草堰越闸)	乾隆十二年(1747年)	东台县治北二十八里苇子港	乾隆十二年(1747年)改建,三孔两机心,高一丈三尺二寸,砌石十一层,每孔金门宽一丈六尺,机心各宽一丈二尺四寸,板用六槽,分泄草堰正闸之水入斗龙港归海。光绪十三年(1887年)实测总宽四丈八尺六寸。又称草堰越闸(嘉庆《东台县志》)、苇子港闸(《续行水金鉴》)
一里墩闸	乾隆十二年(1747年)	兴化县治东南,距白驹北闸一百十丈,北距青龙闸十七里	五孔四机心,高一丈三尺,砌石十一层,每孔金门宽一丈八尺,机心各宽一丈四尺,板皆双槽。闸下引河经斗龙港归海
八灶闸	乾隆十二年(1747年)	刘庄北一里	两孔一机心,高一丈三尺二寸,砌石十一层,金门各宽一丈七尺二寸,板皆双槽。闸下引河至斗龙港归海。光绪十三年(1887年)实测总宽三丈四尺

续　表

闸名	始建年代	位置	概况
沟墩闸	乾隆年间	串场河东岸	双孔,闸孔共宽三丈八尺(民国《阜宁县志》卷九《水工志》又称陈家冲闸、戴沟闸、固安闸。另光绪《重修两淮盐法志》卷六八《转运门》作"沟安闸")

说明:根据〔清〕黎世序等《续行水金鉴》卷七一《运河水》、嘉庆《东台县志》卷一一《水利·考五》、咸丰《重修兴化县志》卷二《河渠三》、光绪《盐城县志》卷三《河渠志》、民国《阜宁县新志》卷九《水工志》、民国《续修兴化县志》卷一《图说·范堤闸座图说》整理,光绪十三年实测情形根据光绪《重修两淮盐法志》卷六八《转运门·疏浚四》,并参考水利部淮河水利委员会编:《淮河水利简史》,北京:水利电力出版社,1990年,第148—149页;大丰市地方志编纂委员会编:《大丰市志》,北京:方志出版社,2006年,第434—435页。

明末清初,明代构建的旧闸系统早已年久失修,康熙初年开始逐步恢复重建。"海口泄水之处,先因奸民有营种堤外草荡为稻田者,不利开闸过水,用土实填,遂致有闸无板,直待下河被水,高阜尽没,然后开放。康熙七年……悉启天妃、石砫、白驹诸闸,申严其禁,自此始收闸利。"[1]范堤闸座重新发挥作用,也需要进一步增修。据康熙二十年(1681年)扬州管河通判聂文魁的《勘沿海闸河详议》,可以窥见清前期闸坝情形:

> 今唯白驹四闸潮水直灌闸门,消纳利便,宜照旧制修复,草堰宜稍改闸门迎溜,他若小海、丁溪二闸距潮汐甚远,盖沧桑易变,盐场沙地视昔增绵数十里,故潮水不能相应,商灶惟知蓄水、运盐,每于闸外通潮之处,拦筑土坝,或遇水汛盛时,即在土坝上另挖深沟引水内灌,浊水既停,淤沙日积,遂致闸与河俱废,总因闸在上流,无

---

[1] 嘉庆《东台县志》卷一一《水利·考五》。

> 所甚丞,于蓄泄故也。拟将丁溪双闸改宽数尺,移置冯
> 家坝之上下里许,小海闸姑置另议,刘庄场宜添造大团
> 一闸,何垛场亦添造一闸于凹子港之上流。[①]

聂文魁根据勘察情况积极建议在泰州分司各场重修闸座,并于旧闸之外,在刘庄与何垛场添设新闸。

雍正年间,盐城县治附近的闸口增修继续受到重视,"新洋港之石䃳、天妃两口为众水汇归入海之处,每遇内河水弱则盐潮灌入,地成斥卤。春夏之交,田畴无水灌溉,民饮盐水,苦不胜言。欲于石䃳口旧有闸处复建一闸,其天妃口最属紧要,应特设大闸一座,更多立斗门以时启闭"[②]。雍正七年(1729 年)在"石䃳口建闸一座,天妃口建闸十座,以时启闭"[③]。但不到十年很多闸座便失效。乾隆四年(1739 年)河道总督高斌等会奏"盐城天妃口无闸,卤水内灌,高低皆不能收,石闸决宜早建,又兴化之白驹南、中、北三闸,年久损坏,均应修筑三闸。外之引河亦宜疏通,部议覆准兴修"[④]。

在清代康熙、雍正年间多次增修范堤闸座的基础上,到乾隆年间,又经过多次集中对明代 12 闸进行重修或移建,并新建了部分闸座,最终形成 18 闸(表 6-1),形成了清代范公堤沿线的堤闸体系。诸闸共计 43 孔,闸孔累计净宽 73 丈 1 尺。[⑤] 比较来看,清代在明代闸址基础上,增修的闸座更靠近南部,存在向南迁移的空间分布特征。同时,明代万历年间到清代乾隆年间(16 世纪后

---

① 《行水金鉴》卷一五三《运河水》。
② 同上。
③ 嘉庆《大清一统志》卷九四《淮安府》。
④ 嘉庆《东台县志》卷一一《水利·考五》。
⑤ 江苏省地方志编辑委员会:《江苏省志·海涂开发志》,南京:江苏古籍出版社,1995 年,第 108—111 页。

期到 18 世纪中叶)的近两百年间,整体上范堤闸工主要分布在淮南的泰州分司范堤沿线,并集中在盐城县治以及大丰与东台之间(图 6-3)。这种分布特征与沿线地势具有相关性。

阜宁到如皋之间,地势上包括三个阶梯:从低到高,依次是阜宁到盐城之间为第一级,平均高程 2 米以下;盐城到大丰之间为第二级,平均高程在 2—3 米;大丰—东台—海安—如皋一带最高仰,平均高程 3—5 米。三者之间平均地势高差均约 1 米。因此,以东台为中心,往南岸段地势渐高,往北地势渐低,东台至阜宁实际上是下河设闸排涝的关键线,但在明清范堤东部海涂大幅扩展背景下,阜宁至盐城一带海涂淤宽明显,比较而言盐城到东台之间的海涂宽度较小,距离海岸线较近,多个闸口、引河、海口都位于这一带。历史上范堤闸工主要集中分布在大丰到东台之间,即过半数闸工分布在此(图 6-3),这反映了微地貌及堤外海涂淤涨差异对关键闸座分布特征的影响。

同时,关键闸工的分布与排涝效率有关。一般而言,从高邮归海坝出水,在兴化西段河道流速快,但兴化以东河道下泄入海速度较慢,容易形成滞留。兴化"闸口虽多,坝水仍灌满田河始渐趋海,故(高)邮坝启放三四日坝水即抵县境,十余日始至盐阜,迨水出本境及邻县闸港又常有海潮顶托,不能尽量入海,须延至数月后积水始消"[①]。因此,寻找便捷入海口是排涝的关键。从流路看,兴化积涝以盐城石䟫、天妃、天妃越"三闸由新洋港入海最为畅达"[②]。此外,南边的白驹场(南北中)三闸、丁溪闸、小海正闸,为西水宣泄要道,正好位于东台、兴化与盐城三地交界。

---

① 民国《续修兴化县志》卷一《图说·范堤闸座图说》。
② 光绪《重修两淮盐法志》卷六八《转运门》。

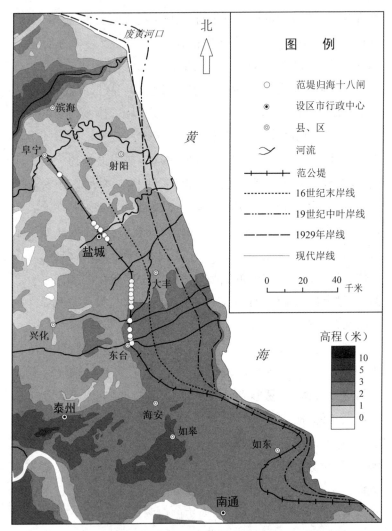

图 6-3　明清范堤"归海十八闸"分布及沿海地势综合示意图

说明：范堤沿线各闸位置根据武同举《江苏水利全书》卷四三《江北海堤·范公堤》编绘。沿海地势根据江苏省科学技术委员会、中国科学院南京地理与湖泊研究所、江苏省海岸带和海涂资源综合考察队主编《江苏省海岸带自然资源地图集》改绘（北京：科学出版社 1988 年版，第 6 页）。历史岸线根据张忍顺《苏北黄河三角洲及滨海平原的成陆过程》（《地理学报》1984 年第 2 期），底图根据江苏华宁测绘实业公司编制《江苏省地图》（江苏省自然资源厅监制，2020 年）。

如前所述,从堤东海涂淤涨宽度比较,阜宁最显著,盐城次之,东台最后,而盐城与东台之间淤宽最小,也是兴化积水下泄最为直接、便捷的流路。同时,从地势上比较,东台最高,盐城次之,阜宁最低。而白驹、丁溪、小海诸闸正位于东台与盐城之间,缺点在于地势稍高,这需要加强闸下引河与海口的疏浚。光绪十三年(1887年)九月候补知县许善同在对范堤各闸座的调查中,有关丁溪、小海闸及其闸下引河的流路、宽深情形,在各闸调查中最为详细:

> **丁溪闸**　此闸在东台县境内,专泄西南路下注之水。昔由沈家灶、古河口、大沟子、甜水洋、竹港入海。嗣因河底为海潮淤垫,只得向北经窑港、草堰灶河由斗龙港入海。该闸金门水深四尺,闸塘水深三尺五寸至二尺八寸不等,有坝,潮不得上。自闸口至东柴河十五里,水深二尺至三尺二寸不等,河面宽十七丈至二十丈……至彭家墩二十七里,水深一尺二三寸至数寸不等,愈东愈高,河槽窄狭如沟,下有拦潮坝一道,坝外干涸;至竹港海口约四十里,以下尚有新涨沙滩三十余里。①
>
> **小海正闸**　在东台县境内,昔由王家港入海,嗣因东路淤塞,只得向北经窑港、草堰灶河由斗龙港入海。该闸金门水淤深三尺六寸,闸塘水深三尺,有坝,潮不得上。自闸口至马家团十五里,水深二尺至三尺不等,河面宽十二丈至十六丈……由万盈墩折向东南经房家坝至古河口八里,水深二尺六寸至四尺不等,河面宽十五丈至十九丈。由万盈墩向东三十七里至王家港,又十五

---

① 光绪《重修两淮盐法志》卷六八《转运门》。

里至潮水坝,仅存河槽,若无此坝蓄水,上游早涸。又三十三里至大了子,以下尚有沙滩约八九十里。[①]

此外,诸闸座分布特征还表现在:明清时期伴随滩涂扩张、引河延伸,闸座并未随之向海延伸,而是长期设在范堤沿线,同时清代对闸座采取旧址修补为主的模式,并持续到光绪年间(表6-1)。到民国年间,闸座才逐渐向海迁移,在更靠近海岸的地段新设闸座。例如民国二十八年(1939年),淮水暴涨,运堤溃决,归海各港浅塞阻滞,里下河八县悉成泽国。随后在斗龙港、何垛河两个河口各建潮水闸一座,可免潮水倒灌,两地附近田亩荒地也有了淡水灌溉保障。[②] 这次向海移建闸座,新闸距离范堤30—40千米。20世纪中叶后,经过数十年建设和调整,新闸座最终完成了向海迁移。到1987年,一线海堤沿线挡潮海堤共有大中型挡潮闸66座。[③]

2. 闸官的变化与闸座管理

为保障闸座安全、发挥正常功能,清代中叶开始加强闸座管理。乾隆元年(1736年),"议准串场河新建并原有石闸十座、泰州属小海草堰二闸,归小海、草堰各场大使就近管理。盐城县石砥口一闸归盐城县县丞管理,廖家港、草堰口二闸归新兴场大使管理,泰州属丁溪闸归丁溪场大使管理,兴化县白驹南、中、北三闸归白驹场大使管理,二闸归安丰司巡检管理,一闸仍令泰州、兴化、盐城三州县管河佐杂人员,各就本汛河道海口协同管理,小

---

① 光绪《重修两淮盐法志》卷六八《转运门》。
② 《里下河两水闸之完成》,载《科学的中国》1934年第3卷第11期。
③ 江苏省地方志编纂委员会:《江苏省志·水利志》,南京:江苏古籍出版社,2001年,第171页。

海、草堰、青龙、(石)砣口四闸,各设闸夫六名,丁溪、廖家港二闸各设闸夫四名,草堰口、白驹南中北四闸各设闸夫二名"①。

特别是对一些关键岸段闸座,新设了各闸专官,负责闸座日常启闭、维护等管理事务。乾隆五年(1740年),吏部覆准总办江南水利大理寺卿汪漋等人的建议,对新建的天妃闸、白驹(南、北、中三闸),以及上冈、北草堰二闸,因距场司较远,不便管理,决定于天妃、石砣二闸设闸官一员,上冈、北草堰二闸各设闸官一员②,以及白驹场闸官③。乾隆十四年(1749年),原属场大使兼理的丁溪、小海、草堰等五闸,经总督黄廷桂奏准,将盐城县上冈、北草堰两闸官裁汰,改为丁溪海堰闸官。④

尽管有了这些调整,但闸官职责仍处于河员与场员职责交集地带,乾隆二十五年(1760年)五月,江苏巡抚陈宏谋在《饬议范堤各闸归员专管檄》中分析了闸官事权不一的现象:

> 从前原系场员兼管,继乃议设闸官三员,安丰巡检一员,均系河官。因隔远不敷经管,乃议令地方之上冈巡检司调管。论各闸之启闭原系便民便灶者居多,所设闸官巡检又系河员,隶总河所辖,一切启闭事权不甚归一。

闸座关系到盐务,陈宏谋认为尽管设立闸官专管,但仍属河官系统,事权不统一,不便于闸座管护,也妨碍行政效率。"经管之闸官巡检则系河员,动项报销事不归一。"例如"请项置造闸板论,河员所管则应动支河项,或论闸座启闭有关民灶,则应动支盐项",

---

① 〔清〕纪昀等纂修:《大清会典则例》卷一三四《工部·水利》,清文渊阁四库全书本。
② 嘉庆《东台县志》卷一一《水利·考五》。
③ 咸丰《重修兴化县志》卷六《秩官表》。
④ 嘉庆《东台县志》卷一一《水利·考五》。

实际上运司、淮扬道也难以确定到底归场员还是河员系统为好。但陈宏谋认为此时范堤增修、串场河挑浚工程的开支都在盐政衙门，而且以后"不时修防皆由盐政衙门"，河员与这些修防之事无关，并没有理由再做专官。① 因此，他建议"范堤十五闸或归场员专司闸，无场员者或归该处县丞巡检分管。期于就近随时启闭，统由东台同知督率，同下河水利统归运司督理。原设三闸官及离闸九十里之安丰巡司可否撤回，或竟裁汰，抑或闸官、场员均留，就近分管，归盐政衙门统辖……"②

最终协调的结果实际上是河、盐两个机构共同管理。乾隆二十六年（1761 年）由署理两江总督高晋奏请、工部议准，对原系场员兼管的刘庄场青龙、八灶二闸，以及安丰司巡检所管大团闸，均归并刘庄场大使，由其就近兼管。同时各闸员也由以往隶河工改为盐政衙门兼辖，"应如所请，以专责成"③。不过，在具体维护闸座事务上，考虑到河道与盐政系统在各场闸工始终存在交集的现实，因此仍需要淮扬河道与两淮运使二者会办，"嗣后凡有修理闸务事宜动用运库钱粮，准令淮扬河道会同两淮运使转饬确估核详，河、盐二臣会办"④。

此后对各闸管护人员的调整，也基本围绕丁溪、草堰各闸。乾隆三十九年（1774 年）两江总督高晋奏准"裁丁溪闸官，改设富安巡检，所有闸务并归海堰闸官兼管。丁溪闸原设闸夫四名，改建五孔闸后，添设十一名。小海、草堰、正、越四闸原设闸夫二十七名，内裁十二名为富安巡检弓兵，共计闸夫三十名"⑤。同年总

① 〔清〕陈宏谋：《培远堂偶存稿》卷四六，《清代诗文集汇编》编纂委员会编：《清代诗文集汇编》（第 281 册），上海：上海古籍出版社，2010 年，第 364—365 页。
② 同上。
③ 嘉庆《东台县志》卷一一《水利·考五》。
④ 同上。
⑤ 同上。

督高晋再奏准"丁溪闸一缺裁汰,归并草堰闸官"①。

　　此外,早期各闸管理是以时启闭,并没有限定章程。雍正二年(1724 年)七月,盐城令于本宏"欲于石砬口旧有闸处复建一闸,其天妃口最属紧要,应特设大闸一座,更多立斗门以时启闭,不特于田庐民命攸关,更可以稽察盐徒之私贩,诚为一方之便益也"②。但堤闸管理难以规范,甚至会出现大水之年闸口不够用而直接开挖范堤的现象。乾隆十一年(1746 年)十二月署江南河道总督顾琮奏:"通分司所属十场范堤乃场灶之保障,内地之藩篱,必须高厚坚固,方资捍御。先于乾隆七年(1742 年)因湖河异涨,当将范堤开挖三百二十五丈,迨积水泄尽,即将开挖缺口连风浪冲刷之处一并修整。……应请间段加筑以上开挖范堤还筑工段。"③十年后,乾隆二十二年(1757 年)五月两江总督尹继善题:"乾隆二十年(1755 年)六七月间雨水过多,上游高宝一带湖河处处盈满,暂将南关各坝开放以保城舍田庐,但高邮五坝过水约宽至三百丈,而下河出海各口门仅止数十丈,随酌开范堤,分流疏泄,计开挖范堤缺口五十三处,于二十一年春还筑,以卫潮汐。"④

　　但范堤各场闸座,特别是阜宁到东台沿线的十八闸,挡潮是首要目的,其次是泄洪,最后还要济运。因为运盐船航行于串场河,需要一定的水位,沿线闭闸蓄水济运,但串场河水位抬高,更增加了兴化各河下泄难度。没有统一的规章协调,各自随机启闭,对各自均不利。因此,乾隆四十七年(1782 年)经督抚会议,于"每年三月初一日填土堵闭,九月初一日开放,不准逾期私启,立碑

① 光绪《重修两淮盐法志》卷六五《转运门》。
② 《行水金鉴》卷一五三《运河水》。
③ 光绪《重修两淮盐法志》卷三六《场灶门·堤墩上》。
④ 同上。

永遵"①。不过这样做对挡潮与济运有利,对下河泄洪并不利。

下河积涝致灾,多在每年六、七、八三月。如果各闸坚闭半年,直到九月初才开放,对下河泄洪是非常不利的。因此,该章程也有例外,"或西水将至,饬启者不在此例"②。即遇到西侧水患较大时,只要有上级饬令,便可以启动,不在禁例中。后又在"草堰北闸常开一孔,以省运盐盘剥之费",因为"水小苦无所蓄,潮大又惧易侵,利商病农,每生嫌衅"③。说明各方需求错杂、各闸难以严格遵行规定,后在嘉庆十一年(1806 年)革禁,"董事修换槽板,诚为良法,但金门年久失修,均多渗漏,不能御潮,屡次请修未果"④。道光年间,"因盐艘出入,启不以时,致卤水浸灌,大为民田患害"⑤。为避免混乱,道光十五年(1835 年)朝廷下旨重新启立闸座启闭章程:"饬下督抚会议,妥立启闭章程,以期有利无害。……嗣后各场闸座以三月初一、九月初一为启闭之期,不得非时启闭,致损民田,奉旨如议饬令,勒碑各闸口,永远遵行。"⑥此外,对于关键闸座也会考虑具体情况,例如盐城石砫闸需要兼顾运盐船进出与抵御海潮,"如遇潮汛异涨,海水高于河水之时,闸闭不开,其水势相平之时,每逢三、六、九日,于早潮初落之后,晚潮未发之先,启闸一次;催令盐艘、民船过毕,立下闸板,不得擅自启放,并非常开……此为石砫闸启闭定制"⑦。

光绪初年各段闸座增修之后,到光绪十三年(1887 年)候补知县许善同实地调查时,范堤沿线各闸多残缺,年久失

---

① 嘉庆《东台县志》卷一一《水利·考五》。
② 咸丰《重修兴化县志》卷二《河渠志》。
③ 同上。
④ 嘉庆《东台县志》卷一一《水利·考五》。
⑤ 光绪《盐城县志》卷三《河渠志》。
⑥ 同上。
⑦ 同上。

修居多。① 闸座管理失序,遇到西水大涨,挖堤现象直到民国年间仍然存在。特别是在兴化与东台之间,堤西民田与堤东灶地之间围绕草堰闸一带就多次出现毁闸锯板、抢堵堤坝等事件。② 原有在范堤沿线的老闸多废弃不用,新闸也迁移到下游尾闾。如中部岸段范堤五个闸座"自海势东迁,现有各闸已渐失效用",除新洋港、天妃正越闸外大都毁坏倾侧,废除斗龙港、王家港、竹港等闸,另于各港下游建设新闸。③

第三节　海口、引河疏浚与归海路线迁移

除了范堤闸座外,海口与引河的疏浚也是下河积涝归海治理工程的重要组成部分。宋元时期由于范堤东侧海涂尚未淤涨,迫近海水,因此海口分布在范堤东侧附近。伴随海涂向海扩张,海口逐渐远离范堤,保持重要引河与海口的通畅对纾解下河水患至关重要。明清时期淮南各海口对下河归海的重要性引起了部分研究者的关注④,但现有研究讨论海口及引河变化在应对下河水患方面的作用还不够深入,特别是对下河归海路线如何迁移变化及其机制尚未充分讨论。

1494 年黄河全流夺淮以后,堤东海涂进入加快淤涨阶段。

---

① 光绪《重修两淮盐法志》卷六八《转运门》。
② 民国《续修兴化县志》卷二《河渠志·河渠四·附民国十九年草堰闸交涉始末》。
③ 《疏浚里下河归海水道施工计划书》,载《江北运河工程局汇刊》,1928 年,第 16 页。
④ 万延森、盛显纯:《淮河口的演变》,《黄渤海海洋》1989 年第 1 期;丁修真:《开口之争:明清时期里下河地区的水利社会史——以盐城石硅口为中心的考察》,见中国明史学会、江苏省盐城市盐都区人民政府:《孔尚任与盐城——孔尚任与盐都历史文化学术研讨会论文集》,中国明史学会,2018 年,第 428—440 页;徐靖捷:《水灾、海口与两淮产盐格局变迁》,《盐业史研究》2019 年第 3 期;肖启荣:《明清淮扬地区的水资源管理与沿范公堤海口的利用》,《青海社会科学》2020 年第 2 期。

1128—1500 年间,废黄河三角洲平均每年淤涨成陆面积为 3.2 平方千米,1500 年后显著加快,1500—1660 年间年平均淤涨面积为 11.1 平方千米(表 3-1)。海涂加快淤涨导致范堤泰州段原有海口也向海迁移,旧海口淤废,新海口形成,各闸下引河长度也随着滩涂扩张而迁移、拉长。地貌形势的变化对下河排涝行水更加不利,只能选择关键海口、引河进行排泄。因此,加强海口、引河疏浚成为明清时期黄淮运与下河综合治理的重要内容之一。

海口具有多重含义,翻检明清时期的江苏沿海相关文献,并没有统一所指,旧方志编纂者对此往往也说不清。如光绪《盐城县志》载:“盐城一带地极洼下,海水反高,明代于海口建闸,遇河水高则启闸以注诸海,海水平则闭闸,以御海水。是明代海口有闸,以时启闭之一证。然止浑言海口,未言何口也。”[1]

一般来说,在明清时期江苏沿海,狭义海口是指历史时期黄淮在苏北的入海处,俗称大海口。“(淮安)府东二百里有大海口,为淮河入海处,其南为庙湾。”[2]宋时为涟水军境,曾于此地设海口盐场。但广义的海口泛指江苏沿海地区诸入海河口。因此,历史时期江苏海口可以分为两类,即一类专用于黄淮归海的故道(云梯关—庙湾之间至废黄河口),另一类用于下河积涝归海的江苏中部沿岸诸河口、港汊。清初之前文献中提到的海口多为黄淮入海故道,即云梯关—庙湾一带,直达废黄河口。清中叶以后,没有特别说明时,文献中海口多指盐城、东台范堤以东诸河口、港汊。光绪《盐城县志》此处提到的明代盐城海口即指中部沿岸的河口、港汊,因为港汊众多,故难以确指。因此,一般情况下,在明清时期下河水患治理中所提及的海口主要是指江苏中部沿岸(盐

---

① 光绪《盐城县志》卷三《河渠志》。
② 〔清〕顾祖禹:《读史方舆纪要》卷二二《江南四》。

城、东台）各海口。

1. 明代归海路线与海口分布

整体来看，下河积涝归海路线的时空分布变化可以划分为三个阶段。11—15 世纪是第一阶段，或 1494 年黄河全流夺淮之前，下河涨水在射阳湖汇聚，然后从庙湾归海，可以称之为北线阶段。这一阶段归海路线宽阔，过水面广大，成灾低。但经过明隆庆至万历初年多次大水灾，下河水患日益加重：

> 夫淮南属邑，如山、盐、高、宝、兴、泰六州县，庙湾、东台等十场，民灶杂处乎其间，计岁所输纳钱粮、盐课出自高壤什一，出自卑壤者什九，先年河湖顺轨、岁岁有秋，颇称沃壤。近自隆庆三年以来，湖堤屡决，然犹旋消，至万历二年决清水潭，三年决黄浦口，四年决八浅，五年决宝应湖、决腰铺河水，弥漫而下汇为巨浸，又加以高宝湖堤四十八座减水闸昼夜东流，以田为壑，啮运堤，淹没禾稼，上年淫雨为灾，范家口堤决，民灶田庐尽行漂没。[1]

此时原有通畅的北线归海路线逐渐难以为继，这是由于黄河全流夺淮入海后，淤沙沉积推动废黄河口持续向海延伸，淮河入海故道也逐渐淤高，成为横亘在射阳湖北侧的沙带，加快了射阳湖及其海口的淤浅。[2]"射阳湖岁久填淤，环湖居民一望荒墟。"[3]面对

---

[1] 万历《兴化县新志》卷三《人事之纪·水利三》。
[2] 潘凤英：《历史时期射阳湖的变迁及其成因探讨》，《湖泊科学》1989 年第 1 期；柯长青：《人类活动对射阳湖的影响》，《湖泊科学》2001 年第 2 期；凌申：《历史时期射阳湖演变模式研究》，《中国历史地理论丛》2005 年第 3 辑。
[3] 光绪《盐城县志》卷八《职官志下》。

新的形势，以往北线通畅的射阳湖、庙湾一带需要开挖、疏浚。因此"始有海口之议。海口遂在庙湾，而新丰、射阳皆其故道，新丰便则议开新丰，射阳淤则议浚射阳"[1]。

为排泄射阳湖淤滩积水，从万历九年（1581年）到康熙四十五年（1706年）多次人工开挖、疏浚，现代射阳河就是这一时期在射阳湖淤浅滩地上不断人工开挖形成的。[2] 不过，射阳湖的淤浅促使下河排涝归海路线开始转移，此时一方面努力疏浚射阳—庙湾一带的北线归海故道，但另寻新的归海出口也势在必行。因此，从隆庆至万历初年开始，下河地区迎来归海路线变化的第二阶段，即北线以疏浚射阳湖为主，同时在东线开海口。

万历年间扬州府推官李春在《开海口议》中就指出射阳湖淤废，仅有庙湾一线出口，应当开浚白驹海口。他认为"兴化为受水之壑，射阳湖为潴水之乡，今射阳湖淤塞，故兴化受害为甚，独道于庙湾一口，其中所历河道，曲折遭回，流更迁缓，又加以海水潮汐从而梗之，故今议多开海口，以分其势"[3]。为寻找合适海口，通过调查认为白驹场最为直捷："职遍阅各闸，惟白驹场之北闸波流湍急，下水最为顺利，即拿小舟从而探之，闸上口水深六尺五寸。闸口相同，下口则深一丈二尺五寸矣，渐远渐深。盖此闸建在牛湾河，去海仅三十里，地势以渐而下，水若建瓴，故其流为最利，此地形使然，非人力所能为也。"[4]

同时，李春等人对下河周边州县情况进行了详细调查："自兴化西北历平望、得胜诸湖，循丁溪、小海、草埝、白驹、刘庄、伍祐、新兴、庙湾诸场……又从油葫芦口折入唐桥、披丝绸等处入射阳

---

① 万历《兴化县新志》卷三《人事之纪·水利三》。
② 《中国河湖大典》编纂委员会编：《中国河湖大典·淮河卷》，第151页。
③ 万历《兴化县新志》卷三《人事之纪·水利三》。
④ 同上。

湖,绕山阳县回视运河诸闸,历尽沟洫陂涘,遍询舟子渔人,将各州县官勘议、民灶条陈细加参阅,根极形势,乃始得其要领。"①据此李春认为"广求宣泄之路,在北则庙湾、新丰市二口最大,为山、盐、高、宝、兴、泰六州县出水之门。在东则牛湾河,苦水洋次之,为泰州、兴化泄水之门,俱称要害,均宜开浚,其间经过河道又应逐节疏通,以便行水"②。即,北线(庙湾)、东线(盐城)的海口都要疏浚。

　　万历二年(1574 年)漕臣王宗沐修盐城石䃺海口,"以疏下河入海之路"③,"凡高邮、兴化盐城之涨皆由此入海,凡射阳湖水多黄沙亦漫至此"④。此后石䃺海口长期是盐城县最为重要的泄水海口。万历四年(1576 年)又在石䃺建闸,但河通潮大坏闸,淹没民田,"一时居民溺死者无算,于是盐父老子弟鼓噪而争言塞石䃺口"⑤。八年(1580 年)巡盐御史姜璧题请筑塞,命知县杨瑞云塞闸,但仍在其附近移建另闸,以备宣泄。⑥不过,兴化县人始终坚持塞石䃺口不便排涝,仍希望能够开浚石䃺口。"当事者屡遣诸县令率丁夫至石䃺口,名为相视,实令遂开之",但遭到盐城县令杨瑞云的强烈反对。⑦尽管盐城官民反对开石䃺口,甚至认为"诸海口可开,石䃺口独不可开"⑧,但也不能不顾及兴化的排水需求,决定疏浚射阳湖及其海口。万历九年(1581 年),知县杨瑞云上报都御史凌云翼,呈请疏浚射阳湖及其海口,得朝廷批准,杨

---

① 万历《兴化县新志》卷三《人事之纪·水利三》。
② 同上。
③ 嘉庆《大清一统志》卷九四《淮安府二·堤堰》。
④ 〔明〕佚名:《淮南水利考》卷下。
⑤ 〔明〕胡希舜:《筑盐城石䃺口记》,光绪《盐城县志》卷三《河渠志》。
⑥ 嘉庆《大清一统志》卷九四《淮安府》。
⑦ 光绪《盐城县志》卷三《河渠志》。
⑧ 同上。

瑞云亲自督工开浚，由庙湾、新丰市入海，其后水灾渐轻。① 百姓为彰其疏浚射阳湖之功德，在射阳湖畔建杨公墩以示纪念。②

值得注意的是，盐城官民疏浚射阳湖、庙湾口对兴化人而言并未取得实际成效。因此，万历《兴化县新志》在总结兴化水利形势时，认为尽管射阳湖为归海故道，但由于已经淤浅，难以发挥作用，盐城县石磁等口又遭遇巨大阻力，开丁溪诸场海口更为重要，"开丁溪诸场海口，挽而东注，是已其如东高西下，地势倾灰，水聚釜底，口开釜上，所泄者不过浮面之水而已，而筋深之渊固自若也，故急议之盐城，而盐城数以病邻为辞，故莫若议之。射阳则入海故道也，自宝应屡决黄浦，浊沙随水垫湖中，而射阳且游矣，诸流壅塞，遂穿支渠而下。往者盐尹杨瑞云公集捐帑金九千余两浚之，而随浚随游，迄无成功。不知射阳有不可浚者二，一者河阔，四无畔岸，一望如湖。二者河行盘旋、曲折如九回肠，曲则流缓、疏沦不前"③。

此时下河一带时常被淹，士民"以开海口请状累百千计"④。关于减水归海的路线，关键在于丁溪、草堰等东面盐场，特别是丁溪、白驹海口开始受到关注。万历十年（1582 年）开浚丁溪海口，但关于向东减排归海出现了极大的争议，因为这涉及堤东盐民与堤西农民两者的利益矛盾，最终泰州守李裕坚持"以丁溪、白驹工并列"，得以工成。⑤

都御史凌儒《姚代巡开海口碑记》⑥《舒海道开海口碑记》⑦反

---

① 万历《盐城县志》卷一《地理志》。
② 〔明〕吴敏道：《杨公墩记》，万历《盐城县志》卷一〇《艺文志二》。
③ 万历《兴化县新志》卷三《人事之纪·水利三》。
④ 〔明〕陈应芳：《李侯浚丁溪海口记》，嘉庆《东台县志》卷三六《录三·艺文》。
⑤ 同上。
⑥ 〔明〕凌儒：《姚代巡开海口碑记》，崇祯《泰州志》卷八《艺文志》。
⑦ 〔明〕凌儒：《舒海道开海口碑记》，崇祯《泰州志》卷八《艺文志》。

映了李裕、凌登瀛督办丁溪、白驹等场海口开浚之事。凌儒"议开白驹、小海、草堰、丁溪诸场海口,而立有得失,事在万历十六年(1588年)。……而丁溪尤甚,丁溪旧有龙开大港,道远而纡,永无潮患。今沙河一十八里,直通大洋……此水自车路河直抵丁溪冯家坝至姚家口一带,万历十二年(1584年)知县凌公登瀛浚之,一水自白驹场西下北美蓉,通杨胜河直透大纵,下射阳西北入于海,此河故道也。顷游浅,知县凌公登瀛浚之,引腹心之水下白驹场南、北二闸趋牛湾河东入于海,牛湾以迂曲,故无潮患。草堰、小海二海口亦泄水要地,万历十六年(1588年)凌公儒议开鲁河口、苦水洋,去场六十里,而势连大洋,潮汛易达,宜坚置板闸以守之,酌其盈缩而启闭之"①。

经过以上万历年间开浚海口的努力,归海路线的格局基本稳定。万历《扬州府志》(1601年修)反映扬州府境内海口,"兴化泄水要道,第一庙湾场,次石砝口,次白驹场"②。万历《兴化县新志》更是罗列了10处引河、海口,"虽有诸设海口而针喉瓮肠,宣泄几何? 以故议水利者,盐城则有石砝河之议,白驹则有牛湾河之议,丁溪则有大龙港之议,草堰则有北新河之议,五佑(伍祐)则有瓦龙港之议,沙沟则有洋之港之议,新兴则有匣子港之议,庙湾则有射阳湖、神台、新丰市之议,是皆足以下海而缓急不同。顾为庙湾去县差远,独为泄水故道,水利要害独此为最"③。不过,"庙湾今虽通行,但地势回远,水行甚缓,自射阳九里淤浅"④,原有的庙湾故道难以为继。因此主要海口仍然只列五处,即丁溪沙河

---

① 万历《兴化县新志》卷三《人事之纪·水利三》。
② 万历《扬州府志》卷六《河渠志下》。
③ 万历《兴化县新志》卷三《人事之纪·水利五》。
④ 万历《扬州府志》卷六《河渠志下》。

口,小海、草堰二海口,白驹南、北二闸下牛湾河。① 而在《淮南水利考》中,明后期淮南主要海口只包括四处,其中与下河积涝归海相关的淮南段海口只有两处,即北线庙湾海口、东线盐城石砫海口:

> 山阳县庙湾海口,在县东北一百八十里,凡山阳之涨水入射阳湖者,自此入于海。旧口阔一千六百步余,今阔六百步余,水大至则口与海漫而为一矣。
>
> 盐城县石砫海口,在县东北八里,凡高邮、兴化、盐城之涨皆由此以入于海,凡射阳湖水多黄沙,亦漫至此,南至兴化旧阻,今通矣。喻口去盐城县治东北一百二十里,射阳湖由此入淮,次于海口也。②

但庙湾与石砫口的重要性不同,“四面奔趋皆会于射阳湖,由故晋口至喻口、庙湾口以入于海者,常也;水极大亦由石砫以入海者,不常也”③。

总之,综合来看,16世纪后期下河积涝归海路线“止丁溪、白驹、庙湾、石砫四口”④,形成以疏浚庙湾、射阳湖为主,同时向东开浚石砫、白驹、丁溪等海口归海的格局(图6-4)。但随着海涂扩张、射阳湖进一步淤浅成陆,北线归海故道的重要性逐渐下降,到17世纪中叶前后(明末清初),形成东线盐城石砫为主,北线阜宁庙湾口与南线东台的丁溪、白驹口为辅的格局,是为归海路线格局的第三个阶段(图6-4),并延续到清康熙至雍正年间。

---

① 万历《兴化县新志》卷三《人事之纪·水利三》。
② 〔明〕佚名:《淮南水利考》卷下。
③ 〔明〕佚名:《淮南水利考》卷上。
④ 〔明〕王士性撰,周振鹤点校:《五岳游草 广志绎》,《广志绎·两都》,第214页。

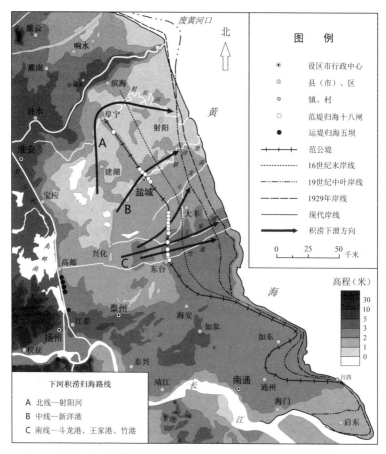

图 6-4 明清江苏海口分布及下河归海路线迁移示意图

说明：沿海地势根据江苏省科学技术委员会、中国科学院南京地理与湖泊研究所、江苏省海岸带和海涂资源综合考察队主编《江苏省海岸带自然资源地图集》改绘（北京：科学出版社，1988 年，第 6 页）。历史岸线根据张忍顺《苏北黄河三角洲及滨海平原的成陆过程》（《地理学报》1984 年第 2 期），底图根据江苏华宁测绘实业公司编制《江苏省地图》（江苏省自然资源厅监制，2020 年）。

2. 清代归海路线、海口分布及引河疏浚

入清后，各场老闸长期失修，加上海涂外涨，引河多淤塞，遇

到黄淮异涨,里下河水患更甚。里下河地区水患治理关系到黄淮运的全局,下河积涝归海治理的重点在此时表现为部分海口及其引河疏浚,进一步推动了淮南堤工系统的变化。海口、引河的疏浚关系到堤工能否正常发挥排泄下河积涝的功能。

清初,主要关注的是盐城各海口。顺治九年(1652年)户部侍郎王永吉疏称:"盐城县治东南则有石䃮海口,西北有天妃海口,先年俱有石闸,又有姜家堰海口流出推船港以上,三处系淮扬州县泄水要路。"[1]康熙七年(1668年)石䃮、天妃两口俱启,"盐邑东南之水皆由串场河下石䃮口入海,西南之水皆汇于新官河,下天妃口入海"[2]。另外,在清初史奭《运河上下游议》中列举了下河归海相关的9处海口,也反映当时人们对各海口的认识:

> 云梯关为黄淮两水之尾闾,乃第一要紧海口,不必言矣。其外若山阳之庙湾海口,盐城之石䃮、天妃庙海口,兴化之刘庄青龙桥口、白驹之斗龙港口、草堰之卤河口、小海之小海团口,泰州丁溪之龙开港口、河垛车儿坝之滔子坝口,凡此皆所以泄堤东七邑之水者也。[3]

同时,史奭认为海口没有开放、发挥泄水功能,主要原因在于海口距离漕堤之水太远,难以直达,其间迂回曲折、泄水不便。另外也在于范堤沿线各海口在地势上高于堤西地区,水位有差,也不便泄水。[4] 这种认识是非常准确的。不过,在如何纾解下河积涝的问题上,清康熙年间曾有过长期争论。

---

① 光绪《盐城县志》卷三《河渠志》。
② 同上。
③ 嘉庆《扬州府志》卷八《山川志》。
④ 同上。

里下河地区西有运河东堤,东有范公堤,中间低洼,作为泄洪区,漕运堤归海坝一旦下泄洪水,里下河地区常常会被淹没,但始终缺少通畅的排水入海河道。康熙帝看到高邮、宝应等州县湖水泛滥、民田被淹,希望能够将各坝减水泄引到海,不至泛滥成灾。安徽按察使于成龙与靳辅对此分别提出不同的方案。康熙召靳辅、于成龙二人进京集议。于成龙力主开浚海口(故道),但因考虑到"海口高于云梯关五尺,疏海口当引潮内灌,不便",因此靳辅沿用筑长堤、束水趋海的思路,"欲于车逻镇筑横堤一道,抵高邮,再自州城起筑大堤二道,须高一丈六尺,历兴化白驹场,逾范公堤至海口放水"①。靳辅的方案源自幕僚周洽的建议,他认为"莫如上接运河、下达海口,通长特挑大河数万丈,挑河之土即以之坚筑沿河两岸长堤,使新旧各闸坝涵洞减下之水全归大河入海,而两岸长堤之上仍听民间多建涵洞小闸,以为灌溉之资"②。

这一方案受到起居注官乔莱的反对,认为"从于成龙议则工易成,百姓有利无害;若从靳辅议则工难成,百姓田庐坟墓伤损必多,且堤高一丈五尺、束水一丈,比民间屋檐更高,伏秋时一旦溃决,为害不浅矣"③。靳辅的这一方案也未得到康熙及其他人的支持。基于亲身巡视黄河周边的经历,尽管对当地情况的理解尚不够深入,但康熙本人更倾向于疏浚海口,认为只要深挖海口、尽力排泄,黄淮水患难题就能彻底解决。康熙同意于成龙的方案,"毕竟于成龙之议便民且开浚下河,朕欲拯救民生耳,实非万不可已之工也。于成龙所请,钱粮不多,又不害民,姑从其议,着往兴工,不成,再议未迟"④。因此康熙任命安徽按察使于成龙主持其

① 〔清〕朱铉:《河漕备考》,清抄本。
② 《行水金鉴》卷一五三《运河水》。
③ 王先谦:《东华录》卷九四《康熙36》。
④ 同上。

事,受靳辅领导。康熙二十四年(1685 年)二月上谕"按察使于成龙,兹以海口关系运河下流,特命尔督理高宝等处下河事务,管辖所属附近海口、州县等处地方、车路等河,并串场河、白驹、丁溪、草堰场等口,逐一确勘,挑浚深阔,使高邮等州县减水坝一带运河水口引流入海"①。

康熙二十五年(1686 年)二月,虽然奉差大臣及该督抚亲历河干,问河滨百姓,"佥谓挑浚海口无益,应行停止",但康熙仍坚持认为"海口关系民生,自应开浚"②。伊桑阿、萨穆哈的《勘明应挑浚海口疏》,再次明确了行水诸河道、疏浚海口及关键行水路线的紧迫性:

> 臣等详勘得山阳、宝应、高邮、泰州、兴化、盐城等州县之水,原从车路河、白涂河等处流入运盐串场河,出白驹场、丁溪场、草堰场、刘庄场等十余口,由苦水洋、斗龙港、信阳(新洋)港、庙湾入海。今因年久,车路河、串场河及各场出口俱被沙土淤浅,比高邮、兴化等处河身反高,以致水虽仍流,而蓄水不能出口。今将减水坝一带运河水口决浚导流,将会流串场河之车路河及串场河白驹、丁溪、草堰各场之口,俱挑浚深阔,引高邮等州县蓄水入海,始永免水患。③

但此时盐城各海口的重要性开始下降,南线的丁溪、草堰、白驹等海口受到重点关注。这背后的重要地理背景是海涂的不断扩张,

---

① 乾隆《江南通志》卷六〇《河渠志》。
② 王先谦:《东华录》卷九五《康熙 37》。
③ 〔清〕林熙春:《国朝掌故辑要》卷五,见沈云龙主编:《近代中国史料丛刊》(第 73 辑),台北:文海出版社,1972 年,第 252—253 页。

以往的故道路线与海口早已废弃，难以宣泄。孙宗彝的《淮扬治水全议》也指出了范堤东侧滩涂不断淤宽，海口易淤浅及其对归海的影响：

> 前此所开之海口曰天妃、曰石𥓹、曰白驹、曰丁溪、曰草堰，皆近范公堤内之海口也，水之东注高邮之滚坝也，去各海口有三百余里者，有二百余里者，更无有百里之内者，水之既下滚水坝也，不能直趋此数海口也，弥漫浩渺，先淹民田、先没民舍而后流入此数海口也，田舍不已成废壤、民人不已为鱼鳖乎？[①]

孙宗彝意识到了海口随着滩涂外涨而迁移，即开浚海口，更需要疏浚引河。因此，建议疏浚白驹、丁溪、草堰等泰州范堤沿线的关键海口。

靳辅的方案具有科学性，其根据是运河堤东地势低洼，一旦运堤减水坝放水，低洼之处没有河堤束水，则横流四溢、漫淹各地，因此只有筑长堤束水，便于快速过白驹及范堤闸口，再入堤东引河。但在筑长堤与开浚海口之间的争论，之后因掺杂派系斗争，致使靳辅被罢职五年，其间黄淮水患再次恶化，要治理更为艰难。很大程度上，清前期的治理方案决策遭遇长期争论，主要受到康熙本人的用人思想以及全局与地区利益、不同官宦之间的朋党之争等多种因素影响[②]，最终下河工程多年未能竣工，黄淮运综合治理工程也始终难有成效。直到民国年间在制定里下河归海水道疏浚施工计划时，该方案仍未能实行，"奈当日格于众议，

① 〔清〕孙宗彝：《爱日堂诗文集》卷三，清乾隆三十五年孙全邵刻本。
② 王英华：《康乾时期关于治理下河地区的两次争论》，《清史研究》2002年第4期。

未能见诸事,实为可惜耳",之后的疏浚计划主要是以靳辅的方案为参考进行细化与具体落实。[1]

江苏海岸广阔,原本多开入海河道,不至上游积涝成灾,但实际上,"海口不宜多开,从来近海之河须洇,足以敌潮,则免海水内灌,不然内地空虚,桑田变斥卤矣"[2],这是海口治理的一个基本原则,实际上也正是靳辅坚决反对深挖海口的原因所在。同时,一般而言,入海河道,河身曲折,对下泄洪水不利,但对防止海潮倒灌有利。倘若河身顺直,对下泄洪水有利,但又会引发卤潮倒灌。

因此,随着海涂扩张,归海路线进一步南迁势在必然,"趋东南以入海而不复由故道"[3],但清初朝廷决策上尚未认识到。不过,经过康熙年间的争论与探索,下河行水归海路线也清晰化,即此时当以东台附近海口为主。特别是土著经验与知识也印证了这一点。康雍年间就有高邮土民《治下流入海说》,更为清楚指出了行水的关键问题及其要害:[4]

> 淮扬之灾……苟治之不得其道,旷日持久,虚縻帑金,重劳民力,而纷更,迄无成功,沟中之瘠,其能待耶。故治水在先定其规模,而后从事其道,不可不亟讲也。……而捍海者又有范公堤,然则滚坝下之水何以行地中而不至漫溢乎平陆,兴、盐及诸湖之水又何以达范堤而不至留滞于釜中,范堤之下从何道而出于堤,范堤

① 《疏濬里下河归海水道施工计画书》,《江苏江北运河工程局汇刊》1928年第1期,第1—20页。
② 〔清〕朱铉:《河漕备考》,清抄本。
③ 〔清〕李塨:《平书订·财用第七》,清抄本。
④ 《行水金鉴》卷一五三《运河水》。

以外经何港而入于海……治之之法当分为二大支,皆从
高邮州治分南北始。

其一将高邮南六滚闸之下各开支河数里,使之北入
运盐河、南入渌洋湖,会注于兴化之下流,再将兴化原旧
支河三股,一名车路河,迤东由串场河直达丁溪海口;一
名白涂河,迤北转东由串场河直达小海、草堰海口;一名
海沟河,亦斜迤东北由串场河直达白驹海口,则南六滚
闸之水行矣。

其一将高邮北二滚闸之下开子婴沟旧河,从临泽沙
沟由串场河下石䂬、天妃海口,则北滚水闸之水亦行矣,
若夫沿堤各场其出海闸座港口皆有故道可寻也,试更一
一述之。

高邮土民所述下河行水归海路线最为清晰、更为可行,即汇聚在
兴化一带河水经多支河道分别从东台与盐城各口归海。这种行
水路线显然是以东台县各口为主,经丁溪、草堰、白驹等海口入
海,从地势上也更为可行,同时也可继续利用盐城各海口。

但直到雍正年间,清初下河七处海口均年久失修,未有成效,
急需疏浚。例如"石䂬、天妃二口……后因闭塞,涓滴不行,于康
熙七年(1668年)钦命户刑二部查出水去路……一路河道日久淤
塞,不能迅驶下海,所宜大加开浚,相形造闸",小海场石闸"至万
盈墩虽有河路只深二尺,水面宽六七丈以至二丈不等,惟直去四
十里至王家港下海,俱系淤塞,其水渐浅,仅深数寸,宜开浚",丁
溪场"闸下河窄水浅,不能行舟,东去五十里至冯家坝……以至
于光沙无水不等,皆宜开浚造闸",何垛场"从朱家灶历董家窝
头至西川家奄地方三十里下苦水洋,系无水光沙,俱宜挑挖、添
造闸座"。此七处海口,"请次第开浚,兼造闸坝,水大则引水归

海,水小则闭闸,以灌溉民田,则范公堤以内之水皆由闸至港以入于海矣"[1]。

经过清初的摸索,官府对下河海口及其地理动态有了更加深入的认识。清代中叶,积极疏浚诸海口更为具体化、技术化,并且逐渐以东台县附近的四个闸及其引河、海口为关键,即下河泄水要道转向淮南岸段的东台县引河及其海口,成为治理重点。主要原因在于废黄河三角洲一带到乾隆年间淤涨已经极为开阔,黄淮在庙湾与云梯关之间的入海故道海陆变迁,仅有的射阳河也是河身曲折,排水不畅,久不发挥作用,导致兴化积涝从盐城、阜宁、庙湾一带各海口归海越发困难,最方便的只有东台县附近的丁溪、白驹各闸河。因此,此时迎来归海路线变化的第四个阶段,即开始以南线的东台各海口为下河积涝主要归海方向(图6-4)。

但范堤以外各引河伴随海涂扩张多有淤浅、尾闾散漫,如果不加强疏浚,便无法解决西水排泄问题。乾隆元年(1736年)两江总督赵宏恩题准"王家港、新洋港二处海口,每处应设犁船二只,混江龙二具,每岁春秋二汛拖刷二次,每次以十日为率。王家港责成泰州州同、新洋港责成盐城县县丞,仍令东台同知督令地方官公同实力拖刷"[2]。

不过,18世纪中叶江苏中部海涂开始加快淤涨变宽,中部滨海地带在1746—1855年平均淤涨成陆速度达到历史时期最高值,年平均12.4平方千米(表3-3)。海涂加快淤涨导致庙湾与射阳湖原有入海故道淤废、缩窄,河曲极为发育。乾隆二十二年(1757年)六月协办江南总河嵇璜奏,"……沿海之射阳湖湾曲太

① 《行水金鉴》卷一五三《运河水》。
② 嘉庆《东台县志》卷一一《水利·考五》。

大,泄水不畅,竟有东西仅隔里许而南北绕大一湾至数十里者,应
并挑通,径捷归海"①。伴随海涂快速淤涨,闸外引河淤塞越发严
重,没有及时勘察,便无法了解。乾隆二十五年(1760年),江苏
巡抚陈宏谋在《委勘兴化泰州闸外引河通海情形檄》中,讲述了东
台县范堤西侧与东侧的形势,以及积水归海的努力,并明确指出
了兴化、泰州境内遇有积涝不能归海的根本原因在于地形的
阻隔。

> 范堤各闸专为泄水归海,只因外水常高,内水常低,
> 不能归海,直至浮满漫溢然后北趋,由盐城之石䃮等闸
> 归海。……现在闸外均有引河可通,此必闸外之河中有
> 阻隔,不能与海水相通,所以水难归海。闸外海滩离闸
> 皆数十里、百余里不等,一派荒沙,舟马难行。②

陈宏谋指出范堤东侧引河治理困难的关键在于海涂淤涨、地貌水
系改变,东台堤外河道更容易淤塞;这里不仅地势高,关键是长期
海岸扩张导致海滩离闸非常远。与明代相比,到清代中叶,在江
苏沿海中部,范堤以东滩面已经显著淤宽,导致引河的河身拉长。
换言之,堤东滩面始终处于高度动态的向海淤涨过程中,增加了
下河泄水治理工作的困难。要加强下河尾闾的综合治理,特别是
新海口与引河疏浚,没有亲身踏勘调查,必定无法辨析脉络、得其
要领。

"归海十八闸,每闸均有引河,专为泄水归海之计。"③但各场

---

① 光绪《重修两淮盐法志》卷六五《转运门》。
② 〔清〕陈宏谋:《培远堂偶存稿》卷四六,《清代诗文集汇编》编纂委员会编:《清代诗
文集汇编》(第281册),上海:上海古籍出版社,2010年,第368页。
③ 《清经世文编》卷一一二《工政十八》。

闸下引河由于滩涂扩张而更为绵长、淤浅。"历来官员均未曾身履其地,惟称兴泰各闸内低外高不能归海,终未得其因何不能归海之实迹。今欲使兴泰之水即由各闸就近归海,必须将通闸引河溯流查勘,直抵于海,得其所以不能归海之故,乃可设法疏通……原有引河可通,其引河何处阻塞,应行疏浚。"[1]"由各闸就近归海"成为海口、引河治理方针,避免下河积涝潴留迂转,使其沿范堤、串场河北趋次第寻找出口。为此,面对滩涂不断淤涨,要实现就近归海,各闸下引河的疏浚更为必要。

乾隆二十六年(1761 年)南河总督高晋、江苏巡抚陈宏谋协同筹办下河水利,高晋在《筹办下河水利疏》中总结了这一阶段下河水利形势,并强调要害在于疏浚关键海口与引河:

> 下河各州县境内支河汊港及田间积水向来俱汇入串场河,北流二百余里,经盐城境内之石砬、天妃等闸归海,道路纡回,骤难消涸。……范公堤绵亘南北,向建石闸十八座,每闸均有引河,专为泄水归海之计。现在石砬、天妃闸引河宽深,由新洋港归海甚畅,又兴化境内之白驹、青龙、八灶、大团等闸引河,于二十二年经前副总河嵇璜奏准挑浚,由斗龙港归海,其余迤南之丁溪、小海,迤北之上冈、草堰、陈家冲等五闸,缘彼时尚可通流,列入缓工。年来水漫沙停,有竟成平陆者,各闸亦常闭而不用。现有王家港水深八九尺至一丈二三尺,宽十四五丈,又有射阳湖宽深更甚,若将丁溪、小海二闸引河疏浚深通,顺势再开一引河汇入王家港归海,又将上冈、草

---

① 〔清〕陈宏谋:《培远堂偶存稿》卷四六,《清代诗文集汇编》编纂委员会编:《清代诗文集汇编》(第 281 册),第 368 页。

堰、陈家冲三闸各引河疏浚深通，顺势亦开引河，汇入射
阳湖归海，因势利导，俾散漫之水，裁湾取直，并力趋海，
则积水之区多一尺，去路即早消一尺积潴。[①]

这些合理的建议也得到了清廷批准，并于乾隆二十八年（1763
年）完工，效率颇高。比较起来，此时乾隆帝在对待下河治理方
面，远比康熙帝更为果断，不再困于浮言争议而难以决策、延误时
机。当然，这也是在清初探索经验的基础上具备了更为清晰的对
于淮扬水利与沿海地理情形的认识，以及综合治理归海路线的方
向有了更为系统化的认识。此外，需要指出的是，康熙年间靳辅
提议在下河筑长堤束水以排泄运坝减水的方案，在乾隆年间也未
施行，因为范堤以东滩涂显著淤宽成陆，使闸下引河与海口疏浚
成为这一时期下河积涝治理的首要任务。

乾隆三十二年（1767 年），进一步加强了泰州兴化一带的归
海引河治理。两淮盐运使赵之璧详准"小海闸下引河为泰州、兴
化二属及富安、安丰、梁垛、东台、何垛、丁溪六场诸河入海之尾
间，应行挑浚深通，以利盐运"。经督河、盐政批允[②]，后又经过嘉
庆六年（1801 年）疏浚。[③]

到 18 世纪末，范堤沿线主要为五港（五个海口）：射阳河、新
洋港、斗龙港、王家港、竹港（图 6-4）。射阳河即北线归海故道，
新洋港即东线盐城各口，斗龙港、王家港与竹港均为南线东台各
口。18 世纪末 19 世纪初，下河归海格局已经稳定为：以南线的
斗龙、王、竹港为主，东线盐城的新洋港次之，北线射阳河最后。
实际上，这一时期漕运堤的归海坝已经开始南移，乾隆二十三年

---

① 〔清〕朱枟辑：《国朝奏疏》卷四五《经野四》，清抄本。

② 光绪《重修两淮盐法志》卷六五《转运门》。

③ 嘉庆《东台县志》卷一〇《水利·考五》。

(1758 年)运堤归海五坝(五里中、昭关、车逻港、南关、南关新坝)形成[①],与此呼应的正是归海路线及其海口的南移,而沟通海口与运堤减水坝的便是兴化—泰州之间的河道(蚌蜒河、白涂河、海沟河、车路河)。这种格局的出现,也是对靳辅当年选择运河减水下泄路线的历史呼应,即在高邮南侧车逻镇一带滚坝下泄,再利用兴化与泰州之间的河道水系越过东台的白驹、草堰等场闸座,进入斗龙港、王家港等引河归海。如前所述,早期归海路线都是汇入射阳湖,或从北线的庙湾归海,或从东线盐城各闸归海。但由于射阳湖及其海口的淤涨扩张,北线与东线下泄不畅。最可靠的是靳辅的路线,因为这一线路在地势上避免了运河水进入射阳湖中心的洼地,在兴化与泰州之间的地势相对高一些,且与东台附近地势接近,即该路线在地势上差异最小,便于快速下泄。唯一的问题在于兴化、泰州之间的蚌蜒河、车路河是否能保证河堤不漫溢。这也正是靳辅提出要在这里"筑长堤束水",不至横流漫溢的重要原因。到民国年间疏浚下河水系时仍主要以高邮、兴化—泰州、东台这一线为主。

但需要注意的是,运河归海坝南移也是迫不得已,主要原因是避免减水直接流入射阳湖区的下河腹地,容易漫溢为灾。特别是清中叶以后随着废黄河尾闾、清口一带的淤高,导致水位抬升,自高堰五坝下泄的减水不断增加[②],因而使得流入下河一带的水流也大幅增加,加剧了淮南堤工应对下河积涝归海的压力。总的来看早期海口分布在范堤沿线,后来海涂淤涨,海口与引河也向海迁移,越发绵长,加上堤东沙冈地势,反而稍高,更加不利于排水。到清代后期,江苏沿海滩涂淤涨更为明显,以往的引河在尾

---

① 王建革、袁慧:《清代中后期黄、淮、运、湖的水环境与苏北水利体系》,《浙江社会科学》2020 年第 12 期。
② 同上。

间部分多为散漫淤浅状态,并没有固定的河道。因此,更需要及时疏浚捞浅,维护引河,避免淤塞。

光绪年间,尽管由于黄河北归,运堤归海坝水势比以前减弱,但下河及沿海诸海口、引河仍然需要疏浚,便于排涝。光绪十三年(1887 年)九月候补知县许善同自高邮、兴化测量兴化河道深浅,向北经阜宁到射阳河止,再沿范堤与串场河向南调查各闸,对难以调查的地方也尽力做到访问居民,直到东台县而止①,记录了当时中部岸段各海口、引河情形:

> 伏查兴东盐阜各邑下游河道,全赖海口通畅,中无阻滞,方能顺轨东流。尤宜注意范堤以东各河昔时海口不下八九处,嗣经逐渐湮塞,见止存射阳湖、新羊港、斗龙港三处出水,幸皆通畅。如丁溪古河口以下之竹港海口、小海王家港以下之大了子海口,河道虽淤,而河形尚在,大汛时亦复通潮,趁此循其旧迹而疏通之,究竟多一出路。盖串场河为诸河泄水之区,而丁溪、小海灶河又为串场河首先分泄要道,非仅南五场出水去路,实东(台)、兴(化)两邑诸河入海之尾闾。自此二河淤塞后,仅恃向北窑港一线之路,假道于草堰灶河,由斗龙港入海,何能泄二县五场之水。来源多而迅速,去路少而纡迟,无怪一遇大水之年,农灶均皆受害。第两路并挑,工程浩大,择其尤要而行,当以丁溪为急……
>
> 自(丁溪)闸口至竹港约有一百五十里之遥,河底愈东愈高,以下尚有新涨沙滩约三十余里。前曾约估工需

---

① 光绪《重修两淮盐法志》卷六八《转运门》。

十四万余千文,皆因款无可筹,迟延未办。……阜职窃
以为果能挑至近海之处,纵使旋挖旋淤,上流业已疏通,
或可藉溜势冲刷,抑或冲刷不动,漫滩至海,亦复何妨?
设因此而畏难疑虑,恐日久愈难兴办,听其埋塞,未免
可惜。

此外,尚有兴化之青龙、八灶、大团等闸河,盐城之
上冈、北草堰闸河,阜宁之沟安墩闸河,或淤浅三四十
里,或淤浅一二十里,情形虽各不同,要皆阻塞水道。倘
能一律疏通,亦可稍分水势。[①]

以上为许善同禀报的总概况,并有《附履勘下河并各闸清册》一
份。根据该资料整理光绪十三年(1887 年)下河各闸河情形(表
6‐2),据此可见,清末大部分闸下引河尾闾淤浅比较普遍,特别
是上冈、刘庄等闸下淤浅数十里,需要疏通,方能资泄。这些资料
反映了清代后期诸海口、引河的长期淤废状态。

表6‐2　光绪十三年(1887 年)范堤诸闸与引河情形

闸名	属境	规格	水深	引河流向
沟安闸(沟墩闸)	阜宁	双孔,金门共宽三丈八尺。该闸南墙倒卸,机心损坏	该闸金门水淤深五尺五寸,潮落时量。闸下二十八里淤浅,须挑	由阜宁通洋港(懲洋港)入射阳湖
北草堰闸	盐城	一孔,金门宽一丈六尺五寸,距沟安闸十二里	该闸金门水深五尺四寸,潮落时量。闸下十二里淤浅,须挑	由通洋港入射阳湖

① 光绪《重修两淮盐法志》卷六八《转运门》。

续 表

闸名	属境	规格	水深	引河流向
上冈闸	盐城	一孔,金门原宽一丈四尺五寸,距北草堰闸二十八里。南墙于道光二十八年冲塌,今由北墙量至对岸塌处,宽六丈五尺	该闸金门水深五尺五寸,潮落时量。闸下四十五里淤浅,须挑	由通洋港入射阳湖
天妃越闸	盐城	三孔,金门共宽五丈四尺,距上冈闸四十五里	该闸金门水深九尺九寸,潮落时量	由新洋港入海
天妃闸	盐城	五孔,金门共宽八丈四尺七寸,与越闸相去不远	该闸金门水深一丈五尺八寸,潮落时量	由新洋港入海
盐城石硵闸	盐城	双孔,金门共宽三丈二尺六寸,距天妃闸三里	该闸金门水深七尺,潮落时量	由新洋港入海
刘庄大团闸	兴化	双孔,金门共宽三丈六尺,距石硵闸五十五里,南孔见尚堵闭	该闸金门水深三尺二寸,水落时量。闸下约三十里淤浅,须挑	由斗龙港入海
刘庄八灶闸	兴化	双孔,金门共宽三丈四尺,距大团闸二十四里	该闸金门水深五尺,潮落时量。闸下约四十里淤浅,须挑	由斗龙港入海
刘庄青龙闸	兴化	双孔,金门共宽三丈三尺六寸,距八灶闸三里	该闸金门水深四尺二寸,水小潮不得上。闸下约三十里淤浅,须挑	由斗龙港入海
一里墩闸	兴化	五孔,金门共宽八丈八尺,距青龙闸十六里,五孔均尚堵闭		由斗龙港入海

闸名	属境	规格	水深	引河流向
白驹北闸	兴化	一孔,金门宽一丈九尺,距一里墩闸不远,见尚堵闭		
白驹中闸	兴化	一孔,金门宽一丈九尺,与白驹北闸相连	该闸金门水深六尺,水小潮不得上	
白驹南闸	兴化	双孔,金门共宽三丈六尺五寸,距白驹中闸二里,两孔均尚堵闭	该闸金门水淤深四尺七寸,水小潮不得上	
苇港闸（草堰越闸）	兴化	即草堰越闸,三孔,金门共宽四丈八尺六寸,距白驹南闸二十七里,三孔均尚堵闭,机心损坏		
草堰（正）闸	东台	双孔,金门共宽三丈三尺,距苇港闸半里,北孔见尚堵闭	该闸金门水深七尺七寸,水小潮不得上	
小海正闸	东台	双孔,金门共宽三丈三尺,距草堰闸里半,南孔见尚堵闭,机心南面半边倒卸,放水甚险	该闸金门水淤深三尺六寸,闸塘水深三尺,有坝,潮不得上	昔由王家港入海,嗣因东路淤塞,只得向北经窑港、草堰灶河由斗龙港入海
小海越闸	东台	双孔,金门共宽三丈二尺,与正闸相连,两孔均尚堵闭		昔由王家港入海,嗣因东路淤塞,只得向北经窑港、草堰灶河由斗龙港入海

续　表

闸名	属境	规格	水深	引河流向
丁溪闸	东台	五孔，金门共宽七丈八尺，距小海越闸六里，见止北头一孔过水，余四孔尚堵闭	该闸金门水深四尺，闸塘水深三尺五寸至二尺八寸不等，有坝，潮不得上	此闸专泄西南路下注之水。昔由沈家灶古河口、大沟子、甜水洋、竹港入海。嗣因河底为海潮淤垫，只得向北经窑港、草堰灶河由斗龙港入海

说明：根据光绪《重修两淮盐法志》卷六八《转运门》整理。

到 19 世纪末，丁溪、草堰、白驹场的闸座、引河与海口最为重要。通过低洼地区筑圩、筑堤、浚河，形成了清末里下河地区的基本行水格局。里下河地区分水汇入堤东，各自再分流入海，包括"一蚌蜒、梓辛、车路等河达丁溪，一白涂河达草堰，一海沟河达白驹"①。整体上，下河涨水"出丁溪、小海、草堰、白驹、刘庄等七闸以入海者十之七，注盐城、庙湾以入海者十之三"②。这是历史时期下河积涝归海路线的最后格局。

归海路线从北线到东线再南线，按照地势来看，下泄入海却一步步南迁到地势最高的东台各口，主要原因是滩涂淤涨的不同，高邮、兴化东部范堤沿线，只有三处可以归海，即阜宁、盐城与东台，但是阜宁、盐城淤涨多，闸外引河长、滩涂宽，东台淤涨相对少。

正是由于江苏沿海特殊的海涂持续淤涨过程，导致下河归海

---

① 光绪《重修两淮盐法志》卷六八《转运门》。

② 光绪《重修两淮盐法志》卷六五《转运门》。

治理非常不容易,没有积极调查与实事求是的精神,徒有应付态度是不行的。方浚颐于同治八年(1869年)授两淮盐运使,他就表达了自己对淮扬地区多次设闸与筑堤等活动的感受,认为淮扬治水之难,根本在于"治河通病,唯不谙水利者贸贸然言之,故曰有治人,无治法。治水之道易,而实难"①。反之,清代是江苏海涂淤涨最快的阶段,如果海岸情形固定、归海通道稳定,也就没有那么多的困难,直接因循前朝前人的方案即可。

到民国年间,丁溪、小海以东的王家港、竹港仍然是泄水要道,在归海方向的认识上更为明确、具体。

> 夫治水必先下游,故第一期决徙五港入手,以五港(即射阳、新洋、斗龙、王、竹)实为下河水道归海之尾闾也。五港之中,以王、竹两港道最直捷,港身又最淤窄……今之急须整顿者厥惟竹港,按竹港居东台之东北境,上起丁溪闸,东流经西渣沈家灶入海,长一百二十六里,丁溪至沈灶一段计四十二里,河面均宽六十公尺(60米),底高在海平面下二三公寸(即0.2—0.3米),自此以下反形窄浅,近海河底高于上游一公尺有奇,其壅塞情形可以概见。……乃仿王港办法,先挑中泓一道,规定新河底高,沈家灶低于海平面五公寸(0.5米),海口又低于沈灶五公寸(0.5米),底宽一律十五公尺,西坡各二五收,挑出之土则以筑堤,两堤距离自九十一公尺至百零一公尺。②

① 〔清〕方浚颐:《书淮扬水利图说暨淮扬水利论后》,见沈云龙主编:《近代中国史料丛刊》第49辑《二知轩文存》,第629—631页。
② 《提议整顿里下河归海水道拟先从五港着手分年施工案》,载《江北运河工程局汇刊》,1928年,第1—2页。

　　民国年间朱广福在《里下河考》中也描述了当时的主要海口：
一是由白驹入斗龙港,二是由盐城天妃石硷入新洋港,最后是阜
宁的射阳河口。[①] 三个入海口排序也正好是从南到北,这与各海
口的重要性及格局一致。另武同举对民国年间下河行水路线的
概述是:"射阳河上承射阳湖、马家荡下注之水,不设闸座,行水极
畅,新洋港次之,斗龙港又次之,是为范堤北部过水最大之门
户。"[②]民国初年疏浚下河归海水道施工计划,即主要通过兴化南
部与东部河道设闸提升水位,便于向东排水,而东台大丰之间的
各河道便是主要泄水方向。

　　民国年间,黄淮运与下河治理又形成新的格局,"自黄河夺淮
以迄清代,(阜宁)县境淮患常与河患并行,至咸丰五年(1855 年)
以后,河患虽除,而淮已失其行水之道,所受淮患遂与下河相终
始,此导淮之议所由起"[③],即在阜宁或庙湾一带的入海故道开浚
便捷归海直道,以泄淮涨。这也正是后来苏北灌溉总渠的路线。
1951 年 8 月,水利部在北京召开第二次治淮会议,决定由洪泽湖到
黄海修筑一条以灌溉为主结合排涝的干渠,命名为"苏北灌溉总
渠"。[④] 在科学施工、现代工程与材料技术的保障下,西起洪泽湖
边的高良涧,流经洪泽、清浦、淮安、阜宁、射阳、滨海等六县(区),
东至扁担港口入海,全长 168 千米。苏北灌溉总渠的建设彻底改
变了数百年来黄河、淮河并患苏北的局面,淮涨不再下泄下河地
区,下河地区也显著减轻了积涝压力。中部岸段堤工也随之向海
前趋,滩涂获得大量新的开发空间。

---

① 朱广福:《里下河考》,载《中国评论》1948 年第 8 期,第 10—12 页。
② 武同举:《江苏水利全书》卷四三《江北海堤·范公堤》。
③ 民国《阜宁县新志》卷九《水工志》。
④ 沈付君:《苏北灌溉总渠建设历史回顾》,《档案与建设》2017 年第 11 期。

小结

明清时期淮扬水利及淮南堤工格局变化,是江苏沿海堤工变迁的关键部分。宋元至明前期,江苏历史堤工主要功能是抵御海潮的影响,但明代嘉靖、万历年间之后,历史堤工需要同时面对西涝东潮的影响。里下河及滨海水环境变化对淮南堤工的调适形成了巨大的挑战,东台至阜宁之间成为下河积涝归海路线选择的关键线。

为适应海涂外涨与里下河水环境变化、综合应对西涝东潮的局势,明清河臣在淮扬水利与黄淮运综合治理中,采取上蓄下泄的基本方针,同时淮南海堤系统也从以往挡潮大堤为主,转变为兼顾挡潮与排涝的闸河体系。伴随范堤闸坝—引河体系的发展,明清时期下河积涝归海路线经历了从北线为主到东线、再到南线为主的格局转变。包括四个阶段:15世纪之前长期以射阳湖归海,16世纪中叶到17世纪中叶以射阳湖、庙湾疏浚归海为主,17世纪中叶到18世纪中叶以盐城县治诸海口为主,18世纪中叶到19世纪末以东台的丁溪、草堰、白驹口为主。

推动这种转变的关键影响因素是范堤东部海涂的扩张程度以及在不同岸段的差异,影响了归海路线的选择。16世纪中叶以后海涂加速扩张,里下河东侧滨海地带显著加宽加厚,下河诸海口、引河也不断向海迁移,特别是中部海涂极大扩张,导致下河尾闾普遍淤浅,难以有效发挥排泄范堤西积涝的功能。加上下河圩田开发,射阳湖淤平,北线(庙湾)、中线(盐城)归海逐渐难以施行,到清乾隆年间,转变为以南线(东台)归海为主。下河积涝归海主要路线从北向南迁移,历时400余年。

第七章

潮墩的兴起与新海堤建设

第一节　避潮墩的兴起

1. 16 世纪中叶潮墩的出现

范堤以东的滩涂曾广泛分布各类墩台，包括潮墩、烟墩、渔墩、汛墩以及界墩等。潮墩主要与盐业生产有关，也有军事预警的烟墩，又以潮墩占绝大多数。[①] 这是由于江苏海涂自 16 世纪加快扩张，范堤逐渐远离大海，很难再为盐民（灶户）提供庇护。特别在中部岸段，大量煎盐亭场日益分散在低平辽阔的滩涂上，又缺乏天然山丘的遮蔽，一旦大潮来袭，盐民损失极大。因此，自明中叶盐民开始自发地筑墩自保，以躲避潮害侵袭，成为盐场重要防潮设施。[②]

"自大海东徙，草荡日扩，凡煎丁亭民刈草之处，每风潮骤起，陡高寻丈。樵者奔避不及……因筑墩自救。"[③]以盐民自发筑墩

---

① 张忍顺：《江苏沿海古墩台考》，《历史地理》第三辑，第 51—62 页；夏祥、卢奉斌：《射阳潮墩小考》，《治淮》1994 年第 10 期。

② 张忍顺：《江苏沿海古墩台考》，《历史地理》第 3 辑，第 51—62 页；张崇旺：《明清时期江淮地区的自然灾害与社会经济》，福州：福建人民出版社，2006 年，第 374—375 页；张崇旺：《明清时期两淮盐区的潮灾及其防治》，《安徽大学学报（哲学社会科学版）》2019 年第 3 期。

③ 民国《阜宁县新志》卷九《水工志》。

为基础,在官府推动下潮墩逐渐形成规模,发展成为明清时期江苏海涂防御潮灾的重要设施,并在明嘉靖年间(1522—1566 年)、清乾隆年间(1736—1796 年)以及光绪年间(1875—1908 年)出现三次大规模兴筑,成为江苏海堤系统非常独特的部分,对保护海涂百姓生命财产安全、稳定海涂传统盐业生产发挥了重要历史作用。

潮墩的规制比较简单,一般呈上小下阔的台状。"墩形如覆釜,围四十丈,高二丈,容百人。潮至则卤丁趋其上避之,称便焉。"[1]在历代盐场图中潮墩也很常见,往往是作为重要地物加以标记(图 7 - 1、7 - 2),是灶民依赖的重要防潮设施,在应急避潮上具有突出效果。例如万历初年,百姓为表彰盐城知县杨瑞云疏浚射阳湖之功德,在射阳湖畔建杨公墩以示纪念。"杨公开大盘湾时,一日下令筑巨墩,可容数千人,墩成适飓风大作,海拥至如山,絷夫数千争上墩,得不死人。"[2]

濒海除了潮墩外,还有很多烟墩分布,属于沿海特殊的军事预警设施,遇到危险,可以燃烟预警,类似于北方的烽火台,因此有的盐场图中就标为"烽墩"[3]或"岸墩"(图 7 - 2)。康熙《淮南中十场志》载,"潮墩乃濒海亭民垒土而成以避潮患者",烟墩即"烽堠墩也,有前朝设立以防倭寇者,有本朝增置以严海防者,十场皆然,但数有多寡之不同"[4]。在很多盐场图中,可以很清楚地看到潮墩、烟墩都描绘在图上,但烟墩更为近海(图 7 - 2)。

第一次大规模官筑潮墩从嘉靖年间开始。明嘉靖十八年

---

[1] 嘉靖《两淮盐法志》卷三《地理志》。
[2] 〔明〕吴敏道:《杨公墩记》,万历《盐城县志》卷一〇《艺文志二》。
[3] 康熙《两淮盐法志》卷二《疆域·分图》"庙湾场图",第 124 页。
[4] 康熙《淮南中十场志》卷二《疆域考》。

图 7-1　嘉靖《两淮盐法志》东台场图

（1539 年），运使郑漳请于御史吴悌①，"创避潮墩于各团，灶业赖
以复焉"②。嘉靖十九年（1540 年）巡盐御史焦涟再增筑潮墩，嘉
靖《两淮盐法志》记录了各场潮墩分布数量，共有 196 座
（表 7-1）。

　　需要注意的是，从官办筑墩开始，便有了"连墩为堤"的设想，
这种设想伴随着筑堤与建墩的辩论一直持续到清末。这与官府
主观上仍倾向在沿海兴筑第二道范堤有关，特别是嘉靖年间两淮
运使陈暹的提议：

---

① 嘉靖《两淮盐法志》卷三《地理志》。
② 〔明〕汪砢玉：《古今鹾略》补卷三，清抄本。

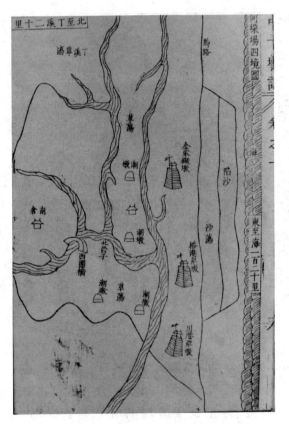

图7-2 康熙《淮南中十场志》何垛场四境图

　　各场俱临海边,潮水为患甚急。宋范文正公修筑海堤,民获其利。迨至于今,海水渐远于堤,各场灶在堤内者少,在堤外者多。海潮一发,人定受伤,灶舍亦荡。后来议筑望潮墩台,居民稍得趋避。但各墩相去数里,每墩复不容数人,防患未广。合无于每年冬月停煎之后,查照各场人丁多寡,大约以十丁为一甲,行令各场官吏督率灶丁,每甲一年筑墩一座,筑完申司呈院查验,可以成堤,而永无潮患,乃百世之利,目前之急务也。①

陈暹认为潮墩毕竟数量有限,往往防患效果不佳,故倡议各灶按年筑墩,最终"连墩为堤",企盼永无潮患。 显然,在他的观念中,海堤仍是最好的防潮形式。

表 7-1 嘉靖《两淮盐法志》载两淮运司各盐场潮墩情形

盐区	分司	盐场	方位	数量(座)
淮北盐场	淮安分司	徐渎浦	无	0
		兴庄	散列于诸团	4
		临洪	散列于诸团	4
		板浦	散列于九团	14
		莞渎	散列于诸团	4
		庙湾	散列于灶团	4
淮南盐场		新兴	散列于诸团	4
		伍祐	散列于十团	6
		刘庄	无	0
		白驹	散列于三团	6
	泰州分司	东台	散列六团	12
		梁垛	散列于六团	12
		安丰	散列于诸团	10
		富安	散布于三团	6
		角斜	散列于费家滩	2
		栟茶	散列于四团	8
		何垛	散列于三团	6

① 康熙《淮南中十场志》卷二《疆域·墩·附记》。

盐区	分司	盐场	方位	数量（座）
		丁溪	散列于五团	10
		草堰	散列于四团	8
		小海	恃列于团	2
	通州分司	石港	散列于三团	6
		掘港	散列于四团	8
		丰利	散列于三团	6
		马塘	散列于二团	4
		西亭	散列于二团	4
		金沙	散列于三团	6
		余西	散列于二团	4
		余中	散列于诸团	10
		余东	散列于七团	14
		吕四	散列于三团	12
总计				196

说明：嘉靖《两淮盐法志》卷三《地理志四》。

2. 18世纪中叶潮墩的扩张

入清后，伴随海涂扩大，亭灶也更为分散，盐作活动规模增加。这导致"连墩为堤"的设想已经不可能实现，分散的亭灶分布，只有通过提高潮墩密度来实现避潮效果。例如谢宏宗在《筑墩防潮议》中，对于淮扬滨海地带潮墩，他建议灶户与盐商为筑墩主体，通过积少成多的方式，提高墩台密度，且认为此法各省沿海地带皆可行：

墩形四方,阔二丈,高一丈八尺,灶户煎盐,利归于
商,领鳘代煎,利归鳘主,灶户也,商也,鳘主也,三者岁
筑一墩,共阔二丈,各任高二尺,共高六尺,次年每增一
尺,共三尺,连前高九尺,三年高一丈二尺,四年高一丈
五尺,五年高一丈八尺,斯墩成矣。……至沿海大路、民
灶通行,有民人愿捐资筑墩者,亦予奖励。江北淮扬通
海各属……令民节次挑筑……如此数年,则筑墩之规模
定矣。…… 由是江北可行,凡各省沿海之地无不
可行。①

不过,民办或自发筑墩的问题在于易成易坏,难以持续,"灶
丁亭民自造,以避潮患者,然人力不齐,海水变易而多寡兴废亦因
之靡定焉"②。加之明末清初,旧有墩台早已年久失修,迫切需要
官办潮墩,加高培厚,巩固墩台。为此,乾隆十一至十二年间
(1746—1747 年),江苏海涂迎来了第二次集中的官筑潮墩。

乾隆十一年(1746 年)三月盐政吉庆奏修潮墩:"两淮灶户居
住海滨每年伏秋大汛恒虑潮患,臣前于查场时见亭场煎舍处所间
有土墩,而多寡有无、或远或近,并不一律。询因煎舍离场辽远,
一遇大潮猝至,煎丁奔走不及,即登墩避潮,名为避潮墩,以保生
命。比因年深日久,不加培筑,以致十墩九废。每遇潮患,煎丁多
有损伤,是潮墩之修废,灶丁之生命系焉。"③经过场商捐资修建,
"是年五月吉庆复奏,通泰二分司所属原议必需修建之避潮墩共
一百四十三座,复又续添五座,各商俱已修筑完固"④。这次官办

---

① 光绪《盐城县志》卷二《舆地志下》。
② 嘉庆《两淮盐法志》卷二八《场灶二·范堤·附烟墩潮墩》。
③ 同上。
④ 光绪《重修两淮盐法志》卷三六《场灶门·堤墩上》。

商捐筑墩,一共修建148座。乾隆十二年(1747年)大潮灾,新建避潮墩便发挥了重要作用。乾隆十二年十二月盐政吉庆奏:

> 各场避潮土墩于上年将颓者修整,无者增添,以期不失古人良法,奏圣鉴在案。不意今岁七月十四五等日,猝被大潮异涨,据各属禀称,凡灶丁趋避潮墩者,俱得生全,不及奔赴或另乘竹筏等类者,多遇淹毙。[①]

这次潮灾验证了潮墩能够及时发挥重要保护作用,因此在当年又继续以官办商捐的形式增筑。"臣查潮墩既得利济成效,则各场果有隔远不敷之处,自应再为增筑,随饬据运司遴员前往会同该分司大使详加相度,合计通泰二分司所属议请增建潮墩八十五座。"[②]同时对潮墩加强管理,一方面修建阶梯以便灶民上墩,规定不得在潮墩旁边挖坑;另一方面,"设堡房堡夫专司巡守"[③],并造册备案,由场员负责,在离任时考核。这些规定改变了以往只修不管的状态。

此次淮南22场合计添设232座(表7-2)。[④] 其中泰州分司各盐场占多数,12场新设潮墩156座,约占七成;通州分司10场共76座,约占三成。[⑤] 各分司筑墩规模与海涂淤涨程度存在直接关系,即海涂淤涨开阔筑墩较多,淤涨少则筑墩也少。例如泰

---

① 光绪《重修两淮盐法志》卷三六《场灶门·堤墩上》。
② 同上。
③ 同上。
④ 乾隆十一年淮北板浦、中正以及徐渎三场未添设潮墩。乾隆《两淮盐法志》所载各场新设潮墩数目合计232座。两次筑墩分别为十一年时148座与十二年时85座,合计233座,总数相差1座。
⑤ 乾隆《两淮盐法志》所载泰州分司十二场为富安、安丰、梁垛、东台、何垛、草堰(白驹并入)、丁溪、小海、刘庄、伍祐、新兴与庙湾。通州分司十场为丰利、掘港、石港(马塘并入)、西亭、金沙、吕四、余西、余东、角斜与栟茶。

州分司伍祐、新兴与庙湾三场,"海势东迁"最为明显,地势最低、易遭潮患,灶民远离范堤,主要依赖避潮墩,共新设潮墩81座,占泰州分司全部新设潮墩的一半以上。而通州分司海岸淤涨程度最小,灶民距离范堤不远,大潮时仍可以上堤躲避,因此潮墩兴筑规模最小,通州分司10场共新设76座。

表7-2 明清时期江苏沿海(淮南盐区)墩台情形

盐场	嘉靖		雍正		乾隆		光绪	
	潮墩	烟墩	潮墩	烟墩	原设潮墩	新设潮墩	烟墩	潮墩
丰利	6	1		6		10	6	14
掘港	8	7		9		10	9	11
石港	6			3	3	3	6	8
马塘	4	2	4	1	4		1	
西亭	4		3	1	1	3	1	
金沙	6	1	2	3	11	4	2	19
吕四	12			13	7	13	6	20
余中	10			4			4	
余西	4		2	6	4	4	6	10
余东	14			13	7	5	12	18
角斜	2			4		8	2	8
栟茶	8	2		5		16	5	16
富安	6			4	6	10	4	10
安丰	10		10	3	10	4	3	4
梁垛	12	1	12			2	1	2
东台	12			2		17	2	17
何垛	6	1	3	3		23	3	23
丁溪	10		10	4	3	1	6	17

盐场	嘉靖		雍正		乾隆			光绪
	潮墩	烟墩	潮墩	烟墩	原设潮墩	新设潮墩	烟墩	潮墩
小海	2			2	1	5	2	
草堰	8		8	4	8	5	2	24
白驹	6		6	3	6		3	
刘庄	4	1			12	8	3	20
伍祐	6	1		5	13	49	4	73
新兴	4	7	5	6	7	14	6	30
庙湾	4	10	6	5		18	5	29
合计	174	33	71	112	103	232	104	373

说明：选自鲍俊林《15—20世纪江苏海岸盐作地理与人地关系变迁》，上海：复旦大学出版社，2016年，第264页。

　　经过多次修筑，盐场周围常有潮墩分布，对保护灶民至关重要（图7-3）。整体上，明清时期筑墩，主要集中在16世纪中叶与18世纪中叶两个阶段。1538—1540年间，各盐场兴筑了220余座潮墩，18世纪中期约335座（加上民间自发兴筑土墩，实际数量超过官府统计数）。其中，南部岸段占33.9％，中部为61.3％，北部占4.8％，整体上中部更密集，并且随着煎盐亭场与海岸线向海迁移，大量潮墩散布在开阔滩涂上（图7-4）。潮墩的发展，稳定了沿海人民的生产生活，提高了防御风涛的能力。"环墩之地，居民丛集"，因此逐渐形成乡镇村落，所在地方往往多以墩名之[1]，这在江苏沿海特别是中部岸段非常普遍。

　　"堤者所以捍海、墩者所以避潮。"[2]经过多次筑墩，两淮盐场

[1] 民国《阜宁县新志》卷九《水工志·避潮墩》。

[2] 光绪《重修两淮盐法志》卷三六《场灶门·堤墩上》。

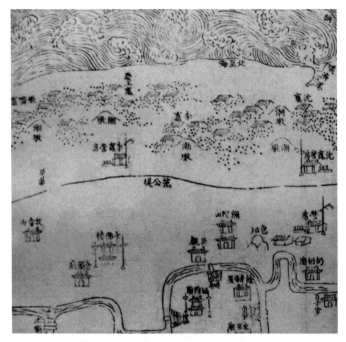

图7-3　嘉庆《两淮盐法志》角斜场图

形成了独特的由堤—墩构成的海防体系,"长堤卫民居,潮墩备猝警,所以为捍灾御患者,至周也"①。需要注意的是,如前所述,官府推动潮墩兴筑,最初目的是为了连墩为堤,即通过增加潮墩密度后,接成连续的新海堤。因为在官府与盐民看来,连续海堤仍是最佳防御形式,而潮墩无非是临时躲避潮灾侵袭的人工土台,是临时应急之设。但有趣的是,最终潮墩很好地适应了煎盐生产的需要与海岸环境的动态变化。

在向海扩张的滩涂上,煎盐亭场能够随之不断向海迁移,但新滩土软,海堤建设不易,投入巨大,而且难以适应海涂不断淤进

①　光绪《重修两淮盐法志》卷三六《场灶门·堤墩上》。

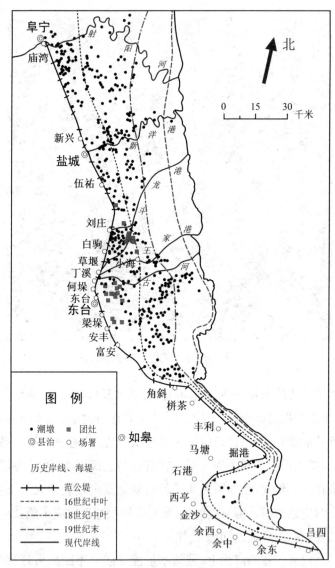

图7-4 明清时期江苏沿海避潮墩分布

说明：选自鲍俊林《15—20世纪江苏海岸盐作地理与人地关系变迁》，上海：复旦大学出版社，2016年，第269页。历史岸线根据张忍顺《苏北黄河三角洲及滨海平原的成陆过程》（《地理学报》1984年第2期），底图根据江苏华宁测绘实业公司编制《江苏省地图》（江苏省自然资源厅监制，2020年）。

与盐场迁移的状况。潮墩成本低,简便易成,能不断向海迁移、择地新建,能很快适应海岸淤进变化。更为重要的是,离散、点状分布的潮墩不影响煎盐生产的纳潮需要,不破坏潮滩沉积环境与生态要素的自然演替特征。相反,海堤位置相对固定,连续的海堤往往遮断大小潮沟,破坏潮滩沉积与自然演替过程,妨碍纳潮效果,加快土壤淡化,"堤可以卫田庐而不便于障煎灶,缘灶须就卤,一经隔阂,卤气不通,有妨摊晒"①。换言之,相对于海堤,潮墩更好地兼顾了盐业生产需要与海岸自然环境变化。这种形式的灵活性与适应性是位置固定的海堤所不及的。故对于范堤以东的海涂盐作而言,潮墩是当时生产条件下一种很理想的防潮设施,为沿海防潮、减轻风暴潮损害,促进盐业生产稳定,发挥了重要的历史作用。

3. 19 世纪末堤墩兼办

筑墩的同时,在迫近海潮的岸段兴筑海堤仍是必要的防御措施。光绪七、八年接连发生大潮灾,增修潮墩之议再起。光绪七年(1881 年),"六月海啸,是月二十二日潮头突高丈余,淹毙亭民五千余名,船户三百余人","八月海啸,初三日至初五日海潮汹涌,灾极重"②。面对巨大的灾害损失,光绪七年时任两江总督兼管两淮盐政的刘坤一就建议在原有墩基上进行修复,加高、培厚:

> 范公堤外前此筑有潮墩,为各盐场灶丁及居民人等走避风潮之所,年久倾塌,以致本年海啸风潮涌至,灶丁

① 光绪《重修两淮盐法志》卷三七《场灶门·堤墩下》。
② 民国《阜宁县新志》卷首大事记。

无处走避，损伤甚多，深堪悯恻，而抚恤之费亦属不赀。查从前潮墩尚有基址，应即勘明筹款修复，以为亡羊补牢之计。天变无常，不可不预为防范，以重民命。①

光绪八年（1882年）大潮再至，时任两江总督兼管两淮盐政左宗棠奏"向设之墩，纵有存留，亦同虚设……风潮猝至，灶丁无处走避，损伤极多，甚至无户报灾，无丁领赈，惨切至此"②。

因此，面对接连风潮造成的伤亡，为更有效抵御潮灾，筑堤之议又起，特别是在迫近海潮的盐场，但新涨滩涂土质是一个大问题。光绪八年三月署运司徐文达奏：

> 亭场煎灶俱在堤外，患仍难防，工徒虚费，自应各就形势择地另建新堤，方能悉受屏蔽。且荡地为煎盐之本，每因潮浸草稀，果能保护，有堤此后荡草滋生，尤于供煎有益，沿海地方辽阔，风潮飚忽靡常，多设潮墩仅能暂救身命，迅筹堤岸乃可永卫场区。惟堤工首重在土，沙地土性多松，新堤基址选择不精，层累而上，土不受硪锤，即难饱此一难也。③

光绪九年（1883年）三月运司孙翼谋又据候选训导严作霖禀称：

> 前年海潮漫溢各场，民舍漂没甚多，前人遗制本有救命墩之设，以避风潮，爰刊刻救命墩说，广为劝募。说者谓风潮泛滥，恐非墩所能御，故又有连墩为堤之议；或

① 光绪《重修两淮盐法志》卷三六《场灶门·堤墩上》。
② 同上。
③ 同上。

谓筑堤则卤气不能上达,有妨出产;或谓西水下注,无从宣泄,反有溃决之虞,仍不如筑墩为便。[1]

不过,徐文达虽然负责堤墩工程,但更倾向推动堤工。他认为择地筑堤面对的矛盾在于既不能阻隔卤水以保证盐业生产,也不能阻滞西边洪水宣泄入海,但同时认为这些障碍可以通过设立涵闸解决。权衡缓急,他认为堤工应该及时筹划修筑。除建议兴筑新堤外,他还建议加固那些迫近海潮的盐场范堤,例如丰利"旧存范堤,尤为单薄,近年屡次遭险,皆由民灶捐修,该处形势不同,又应于旧堤以内另筑新堤,方足以资捍卫"[2]。

盐政左宗棠则认为筑墩更为要紧,而堤工应从缓。他认为"潮墩在范堤以外,为灶户避潮之所,较堤工尤为紧要,先行筹款兴工……滨海灶丁皆居堤外,灶户利在就卤,不宜隔阂卤气,见筑潮墩皆就亭灶适中之处择要建立,棋布星罗,此后设遇风潮,随处有墩可避,是以泰属堤工可从缓办"[3]。而通属"角斜、掘港、吕四等场……煎丁于大汛时,每移家于堤内,而于堤外煎盐,水涨则避之,习以为常,堤内之田庐民命尤恃堤为保障,年久失修,堤身单薄,兼有卑薄坍塌之处,每逢伏秋盛涨,情形岌岌可危,亟须乘时兴修,一律加高培厚"[4]。

经多方考虑得失,并经盐政左宗棠批准,最终确定堤墩兼办,即通州分司以增修海堤为主,泰州分司以增修潮墩为主。通州分司所在的南部岸段迫近海岸,潮水冲击多,海堤更为重要,且潮墩分布也一直很少;而泰州分司所在的中部岸段,滩涂辽阔,亭灶星

---

[1] 光绪《重修两淮盐法志》卷三七《场灶门·堤墩下》。
[2] 光绪《重修两淮盐法志》卷三六《场灶门·堤墩上》。
[3] 光绪《重修两淮盐法志》卷三七《场灶门·堤墩下》。
[4] 同上。

散,潮墩分布密集,维护潮墩意义重大。同时也开始在伍祐、新兴两场先行试办新堤。① 最终,光绪八、九年完成通、泰二十场筑墩94座,包括泰属新建、修旧共44座,通属50座。泰属新、旧潮墩合计约占七成,通属占三成(表7-2);通属各场增修范堤,共完成堤工11784.1丈,各场修筑范堤丈尺为:

> 栟茶场修筑范堤工,长二千四百二十四丈,丰利场修筑范堤工长四千九百九十四丈一尺,角斜场修筑堤工长一千五百二十丈五尺,掘港场修筑堤工长二千七百五丈五尺,吕四场修筑堤工长百四十丈。以上共修筑堤工长一万一千七百八十四丈一尺。②

第二节　清末潮墩的新发展: 从灶户墩到民户墩

清末堤墩大修,官府明显重视潮墩,但也能做到因地制宜、区别对待;按照泰属先墩后堤,通属先堤后墩的基本思路进行。同时,又采取民办民捐的方式,在灶舍附近开始大量筑墩,即墩台从专用于灶户开始推广到民户,涉及濒海几乎所有居民,掀起了江苏沿海墩台发展的历史高潮。

光绪九年(1883年),在盐政左宗棠、运司孙翼谋的主持下,依严作霖建议,开始大规模屋墩修建,“每灶屋后筑一救命墩,民捐民办,不请公款”③。除泰属刘庄、梁垛,通属金沙、石港地居腹里,海潮不至,没有筑墩外,最终其他各场共筑屋墩(包括灶户、民

---

① 光绪《重修两淮盐法志》卷三六《场灶门·堤墩上》。
② 光绪《重修两淮盐法志》卷三七《场灶门·堤墩下》。
③ 同上。

户墩)3 949 座(泰属 2 723 座,通属 1 226 座)。

　　光绪二十二年(1896 年)泰属丁溪等五场又遭大潮灾,遂复议建筑屋墩,"盖因潮墩虽可避灾,而风潮猝来仍有趋避不及之患,不若屋墩之便捷……共筑屋墩 1 368 座"①。其中丁溪 143 座,草堰 95 座,伍祐 633 座,新兴 377 座,庙湾 120 座。前后两次修建屋墩合计约 5 000 座,规模罕见。

　　这一阶段各场新修潮墩,大者"顶见方每面二十丈",小者"顶见方每面五丈"②,合今面积约为十余米见方至数十米见方,按此推算单个潮墩一般能容纳二百人左右。据清代《江苏沿海图说》载,通泰沿海朔望月时潮汐一般高度为一丈三尺,约 3 至 4 米之间。③ 而沿海潮墩也在此高度上下。例如"安丰场旧设潮墩四座,三在马路之西,一在马路之东,每墩计高一丈四尺"④。光绪初年新建增筑的潮墩一般"高一丈三尺及一丈六尺不等"⑤,也均与平均高潮线基本一致。

表 7-3　光绪九年(1883 年)江苏中部沿海墩台增修情形

盐场	种类	数量(座)	总数(座)	平均相对地面高度(米)	规格		
					高度	顶宽(见方)	底宽(见方)
庙湾	灶墩	122	190	3.3	一丈	二丈	六丈
	民墩	68			一丈	二丈	六丈

① 〔清〕陆费垓:《淮盐分类新编》卷一,《北京图书馆古籍珍本丛刊》(第 57 册),北京:书目文献出版社,1989 年。
② 光绪《重修两淮盐法志》卷三六、三七《场灶门·堤墩》。
③ 〔清〕朱正元辑:《江苏沿海图说》,马宁主编:《中国水利志丛刊》(第 39 册),扬州:广陵书社,2006 年,第 31—45 页。按:此处潮墩高度应为相对地面高度。
④ 光绪《重修两淮盐法志》卷三七《场灶门·堤墩下》。按:该文献中记载的墩台高度为距地面的相对高度,并非海平面高度,没有统一高度零点。
⑤ 光绪《重修两淮盐法志》卷三六《场灶门·堤墩上》。

续　表

盐场	种类	数量(座)	总数(座)	平均相对地面高度(米)	高度	顶宽(见方)	底宽(见方)
新兴	屋墩重修	223	534	3.3	八尺		
	救命墩	311			八尺	一丈五尺	四丈
伍祐	屋墩重修	429	837	2.64	八尺		
	救命墩	329			八尺	一丈五尺	四丈
	民墩	79			八尺	三丈	七丈
丁溪	屋墩	54	133	2.64	一丈	三丈八尺、四丈八尺	六丈八尺、八丈八尺
	救命墩	77			一丈	二丈	六丈
	民墩	2			一丈	二丈	六丈
草堰	下段筑墩	142	347	2.64	一丈	二丈	六丈
	中下段筑墩	205			八尺	一丈五尺	四丈
东台	下段筑墩	85	85	2.64	一丈	二丈	六丈
何垛	下段筑墩	209	209	2.64	一丈	二丈	六丈
安丰	下段筑墩	114	334	3.3	一丈	二丈	六丈
	中下段筑墩	220			七尺	二丈	四丈八尺
富安	下段筑墩	54	54	3.3	一丈	二丈	六丈
角斜	灶墩	320	360	3.3	一丈	二丈	六丈
	民墩	40					
栟茶	灶墩	190	240	3.3	一丈	二丈	六丈
	民墩	50					
丰利	灶墩	150	340	2.64	一丈	二丈	六丈
	民墩	190					
掘港		141	141	3.3	一丈	二丈	六丈
余西		25	25	3.3	一丈	二丈	六丈
吕四		120	120	3.3	一丈	二丈	六丈
			合计3 949	平均3.036			

说明：光绪《重修两淮盐法志》卷一四二《优恤门·恤灶下》。

　　墩台源自盐民的本土经验,最初是为了躲避潮侵,后经过官府推广扩大,成为滨海灶户、民户均使用的防潮的重要办法。除清末的堤、墩工程外,大规模灶户、民户墩的兴筑掀起了江苏海岸筑墩的高潮,在新堤难以筑成的情况下,提高避潮墩密度是最为有效的应付潮灾的手段。20 世纪中叶以后,随着沿海堤防建设的加强、全线海堤的竣工,堤内潮侵影响明显降低,原有的墩台逐渐荒废。今天这类墩台早已失去功用,绝大部分日久坍塌,原迹难存,或坍塌为平墟,或开掘平地。只有极少数遗迹尚存,例如大丰区新丰镇、小海镇的几个潮墩(图 7－5、7－6、7－7),以及阜宁三灶镇境内的丰赐墩。①

图 7－5　新丰潮墩

　　说明:新丰潮墩遗迹位于新丰镇大团村二组(204 国道边向新丰转弯处),地面高约 2 米。作者摄于 2021 年 7 月。

----

① 民国《阜宁县新志》卷九《水工志·避潮墩》。

图7-6　姊妹墩

　　说明：姊妹墩遗迹位于大丰区上海海丰农场十大队北（大丰海堤与大丰干河交界处南侧1公里），地面残高约1米。作者摄于2021年7月。

图7-7　小海黄墩

　　说明：小海黄墩遗迹位于盐城市大丰区小海镇江北村五组，现有地面高度约5米。作者摄于2021年7月。

第三节　20 世纪初的新海堤建设

　　光绪初年大量筑墩的同时,伍祐、新兴场也开始试筑新堤,但并未成功。直到清末民初伴随淮南盐区的垦进盐退,堤东农垦开发兴起,新海堤建设才出现,而依赖潮墩系统防御的传统办法逐渐退出历史舞台。在废灶兴垦过程中,很多盐垦公司投入大量财力,兴筑河堤、海堤。与此相应,全线海堤建设成为重要目标,沿海堤堰工程形态也转入新阶段,由筑墩转为建堤。这一阶段重新筑堤与以往范堤增修不同,主要是在近海新筑海堤,这标志着范堤为中心的旧的海堤系统已被废弃。

　　如前文所述,在大兴潮墩时期,人们始终没有忘记兴筑一道新"范公堤",即沿海全线海堤。但由于江苏海涂开发长期重盐轻垦,"连墩为堤"的设想因此也被长期搁置,直到清末民初废灶兴垦兴起,才有部分不连续的公司堆(堤)出现。

　　盐垦区兴筑的局部海堤开始于通海垦牧公司堤,光绪二十七年(1901)八月,通海垦牧公司历时 5 年,兴筑海堤总长约 38 千米,并以山石护坡,质量、规模较为突出。除通海垦牧公司外,各盐垦公司堤工中,华成公司的海堤规模最著,长约 10 500 丈,宽 6 丈,高 8 尺,费额 189 759 元。[①] 此后各公司多兴筑数量不等、标准不一的河堤、海堤。例如民国四年(1915 年)至八年(1919 年),东台沿海有大赉、泰源、东兴三家垦殖公司,共筑挡潮海堤 63 千米,筑堤标准为高 5.5—6.5 米,顶宽 3—5 米,外坡 1∶3,内坡 1∶2,但所筑之堤仅能防御一般海潮。[②]

---

① 孙家山:《苏北盐垦史初稿》,北京:农业出版社,1984 年,第 43—45 页。
② 东台市水利志编纂委员会:《东台市水利志》,第 73 页。

其中,华成堆、垦务堆(杨公堆)规模较大(图7-8)。民国四年(1915年),垦务督办杨士骢筑堆,南与华成堆相接,北至黄河南岸尖头洋止,计长三十三里,高八尺,址宽丈余,民国六年(1917年)竣工,居民称为杨公堆。[①] 又据《阜宁县新志》载:"民国六年,华成公司筑自射阳河北岸下环洋起,向北三十余里,折而西北十余里,过双洋至苇荡营新滩止,计长五十三里。堆高一丈,址阔六丈六尺,面阔一丈七尺,计费银二十余万元。堆外黄沙一片,卤气沮洳,居民称为光滩。设海潮大上,仍及堆根,堆内雨水浸润,弥望葱茏,再西十余里,可蓄水莳秧矣。"[②]

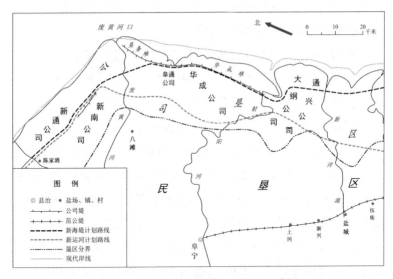

图7-8 20世纪初废黄河口堤工示意图

说明:根据鲍俊林《15—20世纪江苏海岸盐作地理与人地关系变迁》(上海:复旦大学出版社,2016年,第272页)改绘;底图根据江苏省测绘地理信息局制《盐城市地图》(2019年版)。

---

① 民国《阜宁县新志》卷九《水工志》。
② 同上。

据民国《阜宁县新志》载,废黄河三角洲一带主要公司堆情形如下①:

华成海堆： 民国六年(1917年)华成公司筑自射河北岸下环洋起,向北三十余里,折而西北十余里,过双洋至苇荡营新滩止,计长五十三里,堆高一丈,址阔六丈六尺,面阔一丈七尺,计费银二十余万元。堆外黄沙一片,卤气沮洳,居民称为光滩,设海潮大上,仍及堆根,堆内雨水浸润,弥望葱茏。

垦务堆： 苇荡既放领,领户以海堆未筑为忧,民国四年垦务督办杨士骢乃筑此堆,南与华成堆接,北至黄河南岸尖头洋止,计长三十三里,高八尺,址阔丈余,民国六年(1917年)竣工,居民称为杨公堆。其东外堆一道,与堆平行,北至盐圩止,又一道自马头口斜向东南,至新河口止。十余年无公款为之修筑,海潮冲刷,堆身日破,上宽仅二三尺,一经崩溃,全荡及民便河一带皆有斥卤之虑。

新堆： 北自谢家湾,南至八大家附近,为邑绅熊庆璜筹资建筑,居民今亦称熊家堆。

北堆： 南接垦务堆,直北至张家庄,居民合筑。

条洋堰： 西起双洋北岸庄家圩,经五案、六垛至谢家湾,长二十余里,久未修补,已失堰形。

竖堰： 在通济河西岸,南起赣港,北至黄河堆下,居民昔筑以御海潮,自垦务堆成,此堰不复修治。

三岸堆： 起淮河北岸四泓子,北至兵基,长约

① 民国《阜宁县新志》卷九《水工志》。

七里。

西辽堆：光绪三十年(1904 年)邑人程云三筑以御卤,今兼以障西来积潦,起三案,止二泓子。

新海堆：起西辽堆,西向经二泓子、龙尾、王家滩、大兴社,计长二十六里,又西经新通公司北部、庆日新公司东南隅,计长三十里,又西经裕通、大源两公司,南至三孔大闸入涟水县境,计长二十余里,邑人沈嘉英、王以昭、程云三、杨长庆、杨继山及各公司先后接筑,共长七十余里。自光绪三十年(1904 年)兴工,至民国六年(1917 年)始克藏事,民国十一年(1922 年)海啸,新通公司所筑堆毁于潮,熟地皆废。

新修海堤取得了一定的积极效果,盐垦公司大规模的水利工程建设,对于清洗土壤盐碱,挡住海潮十分有利,保证了垦区土壤改良,加快了植棉业的发展。[①] 但由于各公司各自为政,海堤规模仍然有限,标准较低,也缺乏通气连贯,加之堤闸建筑不坚,河沟浅薄而易淤积,限制了防潮御卤、排盐洗盐的效果。故苏北盐垦区在 1949 年前,仍然会常常出现水旱盐灾害,有大片抛荒现象,水利工程不完善是主要原因之一。[②]

此外,国民政府与抗日民主政府也有一定规模的堤工投入。民国二年(1913 年),国民政府为防海潮侵袭,始筑海堤,1933 年筑"公赈大堤"。同年,张謇等在余东、余中、余西 3 场及金荡等建大有晋公司,筑堤兴垦。经过多年兴筑,至 1926 年才最终筑成。1939 年发生特大海潮,沿海淹死万余人,1940 年地方士绅杨芷江

---

① 严学熙:《张謇与淮南盐垦公司》,《历史研究》1988 年第 3 期;孙家山:《苏北盐垦史初稿》,北京:农业出版社,1984 年,第 40—41 页。
② 参见孙家山:《苏北盐垦史初稿》,第 42 页。

等请求韩德勤(民国时期江苏省政府主席)批准省政府拨款20万元,筑成一矮小堤圩;是年8月夏又为海潮冲毁。1941年,抗日民主政府阜宁县县长宋乃德主持重修海堤,组织了1万多民工,从头罾至扁担港北,长达45千米,盐民感激宋县长,称其为"宋公堆"(或宋公堤)。①

整体上,到20世纪20—30年代,江苏沿海北部岸段除废黄河口三角洲有一部分公司堤与河堤外,大部分缺乏海堤保护;中部岸段范公堤以东大范围的海涂也都缺乏海堤保护;南部范公堤迫近岸线,海堤较为完整(图7-9)。不过,尽管有公司堤保护,但诸公司各自为政,投入规模小、质量差、标准低是普遍现象。张謇有鉴于此,乃议开新河、筑堤以期统一解决水利问题②,并开始推行全线海堤计划,希望将各公司堆、堤防接续而成全线海堤,特别是能够填补中部岸段的海堤空缺(图7-9):

> 及至民国,范公堤外竹港以北,滨海一带,设有遂济、通遂、大丰、裕华、泰和、大祐、通兴、大冈等盐垦公司,自筑围圩,并拟筑海堤,捍御咸潮,说者谓应自东台、角斜范堤起,向北沿海越筑新堤,联属各公司圩堤,迄于废黄河而止,作为第二重范公堤,亦数百年之计也。③

此外,张謇又倡开新运河,河线南起东台角斜镇,北向濒海,经盐城、阜宁境至废黄河,再北向延长至涟水县陈家港止,全长约

---

① 李醒、张豫光、王延榜:《宋公堤修筑始末》,盐城市政协文史资料研究委员会:《盐城文史资料选辑》(第1辑),文史资料研究委员会,1984年,第42—50页;江苏省地方志编纂委员会:《江苏省志·盐业志》,南京:江苏科学技术出版社,1997年,第50—51页。
② 民国《续修兴化县志》卷二《河渠三》,民国三十三年(1944)铅印本。
③ 武同举:《江苏水利全书》卷四三《江北海堤·范公堤》。

图 7 - 9　20 世纪初苏北堤工形势

说明：选自武同举《淮系全图》(局部)，载《江苏水利协会杂志》1926 年第 22 期。

270 千米(图 7 - 10)，并用开挖之土筑捍海大堤，于东岸以御海卤，筑沿河大道于西岸，以利陆运，于新河之西增凿东、西支渠，上接串场河，以承水源。且新河东侧疏浚通海各港汊，以畅宣泄，并就堤筑闸，以操纵下泄水量。新河距海路近，海港减短，疏浚后不易淤塞，内则水道脉络贯通，资以灌溉，外则出口畅顺，海潮不至。

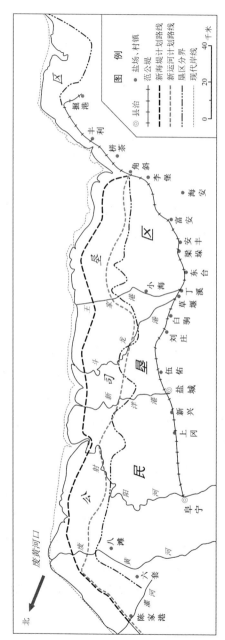

图 7–10 民国年间江苏新海堤计划及路线示意图

说明：据鲍俊林《15—20 世纪江苏海岸盐作地理与人地关系变迁》(上海：复旦大学出版社，2016 年版，第 275 页)改绘；底图根据江苏省测绘地理信息局制《盐城市地图》(2019 年版)。

但时局动荡、投入不足,全线海堤、运河计划未能实现。

直到 20 世纪中叶,在新一轮的围垦开发热潮下,江苏海岸全线海堤才最终筑成。20 世纪 50—60 年代,结合治理淮河,江苏沿海兴建了北起绣针河、南至长江口的沿海防潮堤闸工程体系。从 50 年代到 60 年代初,共用土方 5 000 万立方米,动员民工近百万人次。这一挡潮堤不含淮北盐场海堤,区别于堤外新围垦区堤,故称为老海堤,总长 572.6 千米。[①]

至此,从 12 世纪江苏历史海堤成型,到 20 世纪初废弃,前后经历 800 年,直到 20 世纪中叶形成新海堤,自然岸线最终成为人工岸线,范堤—闸河与潮墩也退出历史舞台,这是江苏海堤变迁史上的重大变化。

小结

自明代中叶范堤全线成型之后,范堤长期是江苏沿海重要的挡潮屏障。但海岸淤涨,制盐亭场向海迁移,导致避潮墩这种新的堤工形式出现,并在明清时期快速扩张。清末民初开始兴筑新海堤之前,避潮墩承担了江苏沿海重要的应急防御潮灾的作用,并主要分布在中部岸段。

潮墩是海堤的一种特殊形式,在从范堤向新海堤转变的过程中,潮墩起到了过渡作用。在盐民自发筑墩的基础上,江苏沿海潮墩经过明嘉靖年间、清乾隆年间以及光绪年间三次集中兴筑,又经过官办、官办商捐,再到民办民捐的三个阶段,成为明清时期江苏海涂防御潮灾的独特设施,塑造了新的堤工格局。相对于海堤,潮墩更好地兼顾了盐业生产的需要与海岸自然环境的变化,

---

① 江苏省志编辑委员会:《江苏省志·海涂开发志》,第 92 页。

特别是能够保证不破坏潮滩沉积环境与自然演替特征,稳定了海涂盐作环境,这种防潮工程形式的灵活性与适应性要远胜于位置固定的海堤。因此对于范堤以东的海涂盐作而言,潮墩是当时生产条件下一种很理想的防潮设施,为沿海防潮、减轻风暴潮损害,促进盐业生产稳定,发挥了重要历史作用。

　　清末光绪年间大规模扩建墩台是江苏沿海墩台发展的历史高潮。但伴随淮南盐区的垦进盐退、堤东农垦开发兴起,依赖潮墩系统防御的办法逐渐退出历史舞台,盐垦公司在濒海地带开始兴筑海堤,且全线海堤建设开始成为重要目标。沿海堤堰工程转入新的阶段,由筑墩转为建堤,范堤为中心的旧的海堤系统已被废弃。

第八章

历史堤工演变特征及驱动分析

第一节 历史堤工的时空分布特征

历史堤工资料根据武同举《江苏水利全书》、沿海各类方志以及光绪《重修两淮盐法志》等历史盐业文献整理,20 世纪初堤工资料主要依据民国年间沿海方志整理,形成历史堤工资料年表(见附录二)。根据堤工覆盖范围和频次,对江苏沿海不同岸段进行分别统计,揭示各岸段堤工的时空分布特征,反映差异化演变过程。

海堤建设是历史堤工的主要部分,过去一千年各岸段共有117 个筑堤记录,主要集中在 16 至 19 世纪,有 58 个筑堤记录(占总数的 49.6%)(表 8 - 1),16 世纪后期与 18 世纪中期则是历史时期两次重要的堤工高发期(图 8 - 1)。同时,南部岸段堤工累积频次最高,占各岸段的 43.6%,中部岸段为 41.0%,北部为15.4%(表 8 - 1)。以 1644 年区分,之前中部堤工(海堤)为48.8%,但其后仅为 26.3%;此外,清代中部岸段扩大了潮墩建设,占各岸段潮墩总数的 36.8%(表 8 - 2)。整体上,各岸段历史堤工的空间分布格局表现为:南部岸段(通州)最高,其次为中部的泰州段,最后为北部的海州段;这与三个岸段历史潮灾频次的空间分布特征一致,即表现为通州大于泰州、泰州又大于海州的整体特征(详见第三章)。

其中,明清时期,各岸段堤工记录分布的总体格局并没有变化,即南部岸段最高,中部岸段次之,北部岸段最少(表8-2),这种分布格局与风暴潮大致路径、各岸段脆弱性及潮灾分布特征具有一致性。不过,明代与清代相比,南部岸段从明代的13次增加到清代的19次,占比从41.9%显著增加到50%;中部岸段基本稳定,从11次增加为14次,占比也从35.5%增加到36.8%;相反,北部岸段减少,从明代的7次减少到清代的5次,占比也从22.6%减少为13.2%(表8-2)。

表8-1 10世纪以来江苏各岸段筑堤频次及分布(10a累积)

年代(公元)	南部岸段 (海安—启东)	中部岸段 (阜宁—海安)	北部岸段 (赣榆—阜宁)	合计
900				
910				
920				
930				
940		1		1
950				
960				
970		1		1
980				
990				
1000				
1010				
1020				

年代（公元）	南部岸段 （海安—启东）	中部岸段 （阜宁—海安）	北部岸段 （赣榆—阜宁）	合计
1030		1		1
1040				
1050	1			1
1060	1			1
1070				
1080	1			1
1090				
1100				
1110				
1120				
1130				
1140		1		1
1150				
1160	1	1		2
1170				
1180		3		3
1190				
1200		1		1
1210	1			1
1220	1			1
1230				
1240		1		1

年代(公元)	南部岸段 (海安—启东)	中部岸段 (阜宁—海安)	北部岸段 (赣榆—阜宁)	合计
1250				
1260				
1270				
1280		1		1
1290				
1300				
1310				
1320				
1330				
1340				
1350				
1360				
1370		1	1	2
1380				
1390	1			1
1400	1		1	2
1410				
1420	1			1
1430				
1440				
1450				
1460			1	1

续　表

年代(公元)	南部岸段 （海安—启东）	中部岸段 （阜宁—海安）	北部岸段 （赣榆—阜宁）	合计
1470				
1480	1	1		2
1490				
1500		1		1
1510			1	1
1520	1	1	1	3
1530				
1540		1		1
1550	2	1		3
1560				
1570	1			1
1580			2	2
1590	2	3		5
1600	1			1
1610				
1620	1	1		2
1630				
1640	1	1		2
1650				
1660	1			1
1670	1			1
1680				

续　表

年代(公元)	南部岸段 (海安—启东)	中部岸段 (阜宁—海安)	北部岸段 (赣榆—阜宁)	合计
1690				
1700			1	1
1710				
1720				
1730	2	3		5
1740	4	3		7
1750	1	2		3
1760	1	1		2
1770				
1780		1	1	2
1790				
1800	1	1		2
1810			1	1
1820			1	1
1830	1	1	1	3
1840		1		1
1850	1			1
1860	2			2
1870	1			1
1880				
1890	1	1		2
1900				

续　表

年代(公元)	南部岸段 (海安—启东)	中部岸段 (阜宁—海安)	北部岸段 (赣榆—阜宁)	合计
1910	2			2
1920	1	2		3
1930	1			1
1940	1			1
1950	1	2	1	4
1960	6	5	3	14
1970	2	2	1	5
1980	1	1	1	3
合计	51	48	18	117

注：不含置闸、筑墩；单次堤工涉及多个岸段时分别统计，见附录二《江苏沿海历史堤工年表》。

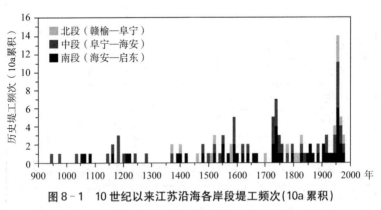

图 8-1　10 世纪以来江苏沿海各岸段堤工频次(10a 累积)

说明：根据表 8-1、鲍俊林等(2020)①改绘。

---

① Bao, J. L., Gao, S., Ge, J. X., Coastal engineering evolution in low-lying areas and adaptation practice since the eleventh century, Jiangsu Province, China, *Climatic Change*, 2020, 162：799-817.

表8-2　明清时期各岸段堤工记录比较(次)

年代	南部岸段	中部岸段	北部岸段	合计
明代	13 (41.9%)	11 (35.5%)	7 (22.6%)	31 (100%)
清代	19 (50%)	14 (36.8%)	5 (13.2%)	38 (100%)

说明：堤工记录根据表8-1整理,明代选取1370—1650年、清代选取1660—1910年数据。

以1494年黄河全流夺淮为分界线,可以将过去一千年江苏沿海堤工演变划分为以下若干阶段：

第一阶段为10—15世纪。江苏沿海开始修建人工海堤(常丰堰),主要以贝壳沙堤为基础。受中世纪暖期高海面的影响,近海地带受海潮侵袭,海堤不得不重建并向内陆迁移。11世纪中部沿海重建的海堤(泰州捍海堰),为了避免风暴潮的直接破坏,后退了约1千米。12世纪后期,为抵御海水侵蚀,江苏中部沿海海堤不断加高加固,经历了约5次向陆地迁移,总后退距离约8千米。该阶段堤工建设主要集中在中部、南部岸段(图8-2B),防护区主要是堤内的兴化、海陵两地,保护堤内农田、防御风暴潮灾害、防止海水入侵是海堤的主要功能。同时也能保护堤外盐民,这一阶段堤外盐场与海堤非常接近,盐民可以在较短时间内到达海堤,避免潮汐灾害的发生。标准较低、距离海岸线较近的土堤是这一时期堤工的基本特征,持续了5个世纪。

第二阶段为16—19世纪。该阶段江苏海岸开发以海盐生产为主,长期是全国海盐生产中心。在这一时期,堤工主要功能仍然是抵御风暴潮灾害。16世纪以后,随着海岸快速淤涨、传统盐业与滩涂垦殖扩大、向海迁移,大部分海堤逐渐远离海岸线(图

8-2C、D),但在明清官府推动下,潮墩作为一种特殊的堤防设施得到快速发展,堤墩兼用成为这一阶段堤工的重要特征,广泛分布的潮墩也成为江苏沿海传统海堤系统的重要组成部分。整体上,北部岸段以黄河尾闾的河堤建设为主,潮墩建设主要集中在中部岸段,南部岸段仍然以海堤增修为主。这种独特的"堤—墩"分工协作的海堤防御体系(图8-2C、D),是前工业化时期有限技术条件下响应海涂环境变化的产物。

第三阶段为19世纪末到20世纪中叶。该阶段江苏海岸废盐兴垦、垦进盐退,从长期的盐业区转变为农业区,海堤系统也随之发生改变。不断增加的滩涂开发需求,加上西方工程技术的影响,以及政府投入力度的加大,促使这一阶段本区堤工不断发展,并尝试在离海更近的新滩筑堤,最终在20世纪中叶形成了全岸线海堤(图8-2E、F),是江苏沿海千年海堤发展史的重要转折。另外一个重要变化是江苏沿海传统的潮墩被废弃,堤工活动再次以海堤为中心,并且一改以往长期旨在防御风暴潮的单一目的或功能,开始转变为兼顾防御风暴潮与滩涂围垦的多重功能,这是在海涂开发背景下堤工功能的新表现,也是过去一千年江苏海堤系统从传统向现代转变的重要转折。

总体上,三个岸段中,北部长期以河堤投入为主,中部海堤潮墩并存,且从海堤到墩台又再回到海堤,南部则以海堤投入为主(图8-2)。北部岸段受黄河影响,多洪水,因此以河堤建设为主;中部、南部多潮灾,同时中部海涂淤涨多于南部,因此中部以潮墩为主,南部以海堤为主(图8-2)。11—20世纪江苏沿海堤工经历复杂多样的形态上的变化,在历史时期防御潮灾中发挥了重大作用。不过,从结构与功能上看,并与后续发展作比较,在长达近一千年里,历史海堤并没有发生本质上的变化,只是在受灾、增修,再受灾、再增修的过程中延续,缺乏统一标准、统一规划,属于低标准土堤。

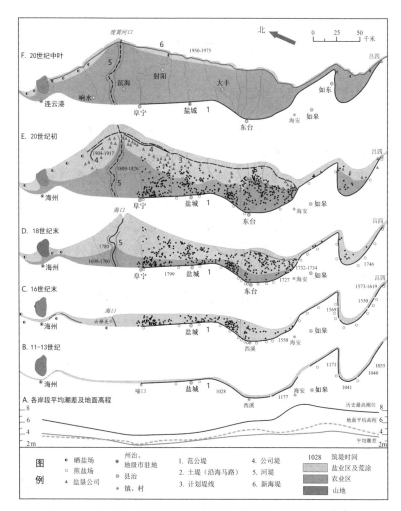

图 8-2　10 世纪以来江苏海岸堤工及土地利用变化综合示意图

说明：堤工变迁图根据鲍俊林等(2020)①改绘，潮位根据《江苏海岸带与海涂资源综合调查报告》(任美锷主编，海洋出版社，1986 年，第 27 页)编绘；地面高程为沿海各县平均地面高程。

① Bao，J. L.，Gao，S.，Ge，J. X.，Coastal engineering evolution in low-lying areas and adaptation practice since the eleventh century, Jiangsu Province, China, *Climatic Change*，2020，162，pp. 799 - 817.

第二节　历史堤工演变模式及关键驱动因素

1. 堤线迁移与堤工类型的差异

全新世以来江苏海岸形成了多道古贝壳沙堤,成为人工海堤发展的关键地质基础,在此基础上,从自然堤到人工堤,历史海堤堤线经历了长期演变,在海涂环境与历史开发的综合作用下不断向海迁移、差异化演变。但在迁移方向上一个基本特征是:8 到 20 世纪初,江苏沿海历史海堤堤线只有南北方向迁移,没有明显的东西方向迁移,即历史海堤循 10—13 世纪岸线发展并长期稳定在范堤一线。

在江苏历史海堤发展阶段(8 到 17 世纪初),主要表现为早期堤线的形成与延伸(不包括古代海州湾的海堤)。历史海堤出现次序是:首先是常丰堰(阜宁到盐城),然后是泰州捍海堰(盐城到海安),最后是通州段各海堤(海安到吕四)。这种分布的先后次序与各段地势高程紧密相关;阜宁到盐城地势最低,盐城到海安次之,海安到吕四最高。因此,江苏历史海堤的发展、扩张是沿着早期岸线(10—13 世纪)的地势由低向高延伸,自北向南发展,逐步形成连续堤线,并且延续到清末民初。此外,宋元至明代前期,范公堤的主要目的在于挡潮,因此堤线沿着海岸线延伸,增修,关键岸段加高加固,是这一时期的主要表现。

在范堤全线形成之后的阶段(17 世纪初到 20 世纪初),整体上,堤线稳定,历史堤工主要表现在增修重点或险工岸段海堤,而且历史堤工频次及险要地段与潮差或潮位相关。尽管难以确知历史上沿海各段潮差分布,但根据现代潮差分布资料,二者空间分布上仍能体现出很好的相关性,并在高潮位岸段形成重点堤工岸段。根据现代调查研究资料,弶港附近潮差最大,该岸段也形成了历史海堤险工岸段,建设频率很高,反映出潮差或潮位差异是海堤变迁的重要影响因素之一。

　　历史堤工的险要岸段在泰州段与通州段交界处,即角斜到栟茶一带,主要原因是海岸淤涨少、潮差大,海涂淤涨慢,长期受到侵蚀,在弶港镇到洋口镇之间形成了最高的地势,以及江苏沿海最大的一个内凹岸线。相应,如前所述,在废黄河口附近潮位低,口外是无潮点,因此废黄河三角洲形成了历史时期最大的外凸岸线特征(见第三章第二节)。历史时期这里分布有角斜、栟茶盐场,迫近海潮,频发潮袭,使得二场范堤不得不反复增修,并多次修筑夹堤与格堤。今天洋口镇到弶港镇之间的岸段仍然是辐射沙脊群中心,也是江苏沿海乃至全国潮差最大的地段。

　　随着黄淮异涨、明隆庆万历以后的下河水患加剧,范堤需要同时挡潮与泄洪,因此这一阶段多有设闸、增修工程,江苏海堤系统也形成了堤闸—引河模式(表8-3),延续到清代中叶,但整体上堤线仍然稳定。到乾隆年间,由于堤东海涂扩张已十分显著,北部与中部岸段大部分都远离海潮,因此范堤增修需求下降,兴筑避潮墩、疏浚引河海口成为中部岸段堤工的主要内容(表8-3)。

表8-3　江苏沿海历史堤工类型的时空差异

年代	岸段		
	北部 (赣榆至阜宁)	中部 (阜宁至海安)	南部 (海安至启东)
11—13世纪	部分旧堤堰	泰州捍海堰	
14—15世纪	河堤	海堤延伸、扩张	海堤延伸、扩张
16世纪中叶	河堤	海堤重修加固,兴筑潮墩、设闸	海堤重修加固

续　表

年代	岸段		
	北部 (赣榆至阜宁)	中部 (阜宁至海安)	南部 (海安至启东)
17 世纪末 18 世纪初	河堤	海堤重修加固、闸口重修、兴筑潮墩	海堤重修加固
18 世纪中叶	河堤与海堤	海堤重修加固、闸口新建重修、潮墩扩张、范堤开挖	海堤重修加固、部分潮墩重修
19 世纪末	河堤与海堤	兴筑潮墩、栽树,部分闸口重修加固	海堤重修加固、部分潮墩重修
20 世纪初到中叶	公司堤、新建海堤	新建海堤	公司堤、新建海堤

2. 工程区与防护区

历史时期苏北海堤的工程区始终位于地质相对稳定、坚实的范堤及古贝壳沙堤一线,显示了对土质的依赖。但新滩淤涨过程中,没有新的适宜地质出现,传统海堤向东迁移难以进行。同时,历史堤工的防护区则具有演变特征,一般来说,连续的堤线所保护的是堤内大片农业区及其聚落、人口。例如泰州捍海堰的兴筑目的就是保护兴化、海陵两地的安全,降低潮浸的直接破坏与影响。但由于堤线长期沿着 13—14 世纪岸线增修,并未向海迁移新建,因此,防护区仍然是以堤内的兴化等县地为主。但海涂东扩,范堤以东不少海涂远离潮水,潮浸频率下降,土壤脱盐,很多已经被私垦,这些私垦农业区难以获得范堤的直接保护。

范堤系统包括泰州段与通州段。从宋元时期泰州捍海堰到明末范堤全线贯通,一直发挥挡潮功能,但黄河夺淮后,堤东海涂的不断扩张,范堤事实上又成了里下河排泄积涝的阻碍。16 世纪中叶到 1855 年之间,里下河的排泄积涝问题一直在影响范堤堤身,直到光绪年间仍然在讨论排水问题。换言之,该阶段内,范堤特别是在泰州段,不仅发挥不了挡潮功能,反而还成为西水排泄的阻碍。但通州段由于迫近海水,且与里下河排水无关,因此仍然发挥正常的挡潮功能。

比较来看,中部岸段以范堤为核心的历史海堤系统,旨在保护堤西农业区,而以避潮墩为主的滩涂防护设施,旨在保护堤东滩涂盐业区,二者不重合。堤东特殊的盐业生产方式与滩涂环境降低了堤工新建的需求;南部岸段淤涨较小,迫近海潮,仍然直接利用海堤。因此,范堤防护区的范围在泰州段与通州段存在差异,前者防护区的边界随着海涂扩张、私垦扩大,已经越过范堤,后者仍在范堤一线。

江苏海岸历史堤工并不存自陆向海的东西方向上的迁移扩张,这与海涂快速扩张及传统堤工技术有关。海涂的快速淤涨对海堤向海迁移新建形成障碍,因为新滩土软,软土地基的承载力不足,在现代工程技术普及运用之前,特别是新淤潮滩很难新建海堤。此外,软性土基也决定了这里的海堤以斜坡式土堤结构为主,高程较低,底部长;优点是工艺简单,容易筑成,缺点是在大潮冲击下容易毁坏,往往大潮之后新建海堤经过数年之后防潮效果便显著下降。

3. 关键影响因素

潮差是海岸地貌演化与人类活动分布的重要影响因素。在较小尺度上滩涂地貌变化更可能受到潮差、波浪影响。今江苏南部沿岸平均潮差、地面高程都明显高于北部(图 8 - 2A)。[①] 尽管难以确定历史上沿海潮差分布是否与现代一致,但现代潮差与潮

---

① 任美锷主编:《江苏海岸带与海涂资源综合调查报告》,第 27 页。

滩淤涨及堤工变化也存在很好的相关性。潮差大的南部岸段淤涨最低,潮差弱的中部、北部岸段淤涨最显著。同时,南部岸段,历史上海堤与潮墩投入最高,潮灾也最少(图 8 - 2)。在平均潮差最高的东台至海安岸段,潮墩则更为密集,海堤建设也很早出现,还最先出现了第二道土堤(沿海马路)(图 8 - 2)。整体上,北部岸段淤涨突出,中部其次,南部淤涨最少,这与江苏沿海潮差南高北低一致。

堤工高程通常与平均高潮水位有关。14 世纪末以来,江苏沿海海水淹没的历史最高线达到海拔 4 米,[①]这也是江苏沿海堤工变迁的关键线。江苏中部海岸天然土堤(贝壳沙堤)高度约 4 米,范堤平均高程 4—5 米。[②] 16 世纪中期以后,范堤外的潮墩数量迅速增加,一般高度在地面以上 3—4 米,与范堤高度大致相同。乾隆年间兴筑潮墩又增加到地面以上 4—6 米。[③] 在江苏中部海岸,部分现有潮墩遗址的平均高度(相对地面)为 3—4 米[④],估计原平均高度约为 4.5 米。另外,1883 年大规模建设的潮墩,其平均相对地面高度为 3.04 米(约海拔 4 米)。[⑤] 19 世纪末江苏沿海潮位平均一般在 3—4 米之间。[⑥] 因此,潮墩高度略高于当时的平均年高潮位。整体上,11 世纪至 20 世纪,江苏沿海堤工(海堤、潮墩)高程不足 5 米。到 19 世纪末 20 世纪初,随着沿海的发展,新海堤也不断扩大,但仍然很少超过海拔 5 米,甚至低于

---

① 邓辉、王洪波:《1368—1911 年苏沪浙地区风暴潮分布的时空特征》,《地理研究》2015 年第 12 期。

② 凌申:《范公堤考略》,《盐城师范学院学报(人文社会科学版)》2001 年第 3 期。

③ 光绪《盐城县志》卷二《舆地志下》。

④ 《盐城潮墩》,《国家地理》2014 年第 7 期。

⑤ 光绪《重修两淮盐法志》卷三七,《续修四库全书》(第 842—845 册),上海:上海古籍出版社,2002 年。

⑥ 〔清〕朱正元辑:《江苏沿海图说》,马宁主编:《中国水利志丛刊》第 39 册,第 31—45 页。

潮墩高度。例如,民国年间盐垦公司修建的海堤和围堰一般只有2—3米的相对高度;1941年废黄河三角洲的一条长度为45千米的新建海堤,相对地面高度为3.3—4米。[①]

如前文所述,在中世纪晚期(10—14世纪),中国东部沿海区域相对海平面百年累积上升约为0.5米[②],且中世纪暖期最高海面与小冰期最低海面之差大致为1米以内的波动幅度(图8-3b)。同时,11—12世纪海堤高度(4—5米)与19世纪末潮墩的平均高度(3.04米)相比,也相差了约1米,这与中世纪暖期与小冰期的最高与最低海平面幅度之差基本一致。近七八百年来江苏沿海的海平面变化幅度接近0.5—1米,大于同期全球平均海面变化幅度。因此,江苏沿海作为亚太沿岸典型强潮区,对现代堤工的标准与要求也更高。20世纪中期开始,江苏海岸现代堤坝标高明显大于5米,大部分海堤平均标高为5—9米,比当地老海堤高出2—3米。[③]

基于历史气候变化的集成分析,主要根据PAGES2K与IPCC的北半球气温曲线[④],将其中典型的降温阶段分为若干相对冷期,相反的情形为相对暖期,并与潮灾、堤工频次分布比较,以反映其中的相关性(图8-3)。一方面,潮灾和海堤变化在不同

---

① 东台市地方志编辑委员会:《东台市志》,第165页。
② 谢志仁、袁林旺、闾国年等:《海面-地面系统变化——重建·监测·预估》,第172页。
③ 东台市地方志编辑委员会:《东台市志》,第193—195页;江苏省地方志编纂委员会:《江苏省志·水利志》,第169页。
④ PAGES 2k Consortium, Continental-scale temperature variability during the past two millennia, *Nature Geoscience*. 2013,(06):339-346; IPCC, Climate Change 2013: The Physical Science Basis, Contribution of Working Group I to the Fifth Assessment Report of the Intergovernmental Panel on Climate Change, Stocker, T. F., Qin, D., Plattner, G-K., et al. (eds.), Cambridge University Press, Cambridge, United Kingdom and New York, N. Y., USA, 2013.

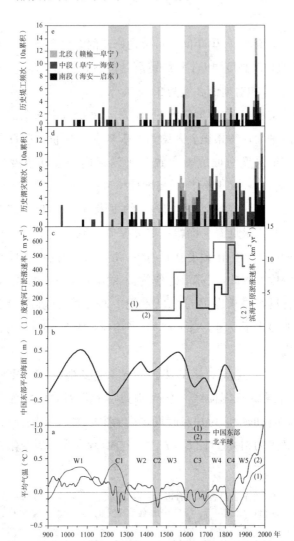

图 8-3 10 世纪以来中国东部气温、海平面与江苏海岸潮灾及堤工比较

说明：根据鲍俊林等（2020）①改绘。W1 到 W5 为暖期，C1 到 C4 为
冷期；历史堤工数据截至 1980 年，历史潮灾数据截至 2000 年。

① Bao, J. L., Gao, S., Ge, J. X., Coastal engineering evolution in low-lying areas and adaptation practice since the eleventh century, Jiangsu Province, China, *Climatic Change*, 2020, 162: 799 - 817.

的气候阶段保持了同步性。整体上冷期表现为低海平面,潮灾和堤工频次也相对较低,暖期则相反(图 8-3);海堤建设高峰往往出现在海平面上升时期。但随着沿海开发需求的增加,海堤建设高峰也会出现在海平面下降时期。[①]

　　首先,历史潮灾、堤工对气候—海面变化的响应存在差异。如第四章中所论,历史潮灾分布呈现了 16 世纪末、17 世纪中叶、18 世纪中叶、19 世纪中叶以及 20 世纪中叶的五次潮灾高发阶段,同时在 17 世纪初、18 世纪初、19 世纪初以及 20 世纪初,表现为四次基本连续的全岸段低发潮灾阶段(图 8-3d)。这些分布特征与北半球平均气温曲线、冷暖分期以及中国东部海平面保持了较好的同步性,信号特征之间的联系也较为明确(图 8-3)。但是与历史潮灾相比,百年尺度上历史堤工对气候—海面变化的响应不够敏感,在各冷暖期内的区别不如潮灾明显。

　　其次,比较历史潮灾与堤工的频次分布,一方面在空间分布上历史潮灾与历史堤工演变存在一致性,即南部岸段发生频率最高,中部岸段次之,北部岸段最低;另一方面二者时间分布特征整体上具有一致性,通过将各冷暖期内潮灾与堤工频次进行汇总,得出各阶段的发生比例(图 8-4),可见百年尺度上二者具有很好的同步性:C2、C3、C4 构成了小冰期的典型低温阶段,相应的堤工与潮灾频次下降;暖期阶段 W3、W4,堤工与潮灾很明显上升(图 8-3、8-4)。但二者在时间分布上也存在不一致现象,主要是 C3(17 世纪中期)与 W5(19 世纪后期)两个阶段,潮灾高发、堤工记录低。这两个阶段分别为明末清初与清末民初,朝代更迭之际沿海防灾设施往往长期废弛,堤工投入明显不足,即使遭遇

---

① 王文、谢志仁:《中国历史时期海面变化(Ⅰ)——塘工兴废与海面波动》,《河海大学学报(自然科学版)》1999 年第 4 期;王文、谢志仁:《中国历史时期海面变化(Ⅱ)——潮灾强弱与海面波动》,《河海大学学报(自然科学版)》1999 年第 5 期。

小规模潮灾,损失也很大。

因此,历史堤工与潮灾相比,对气候—海面响应较弱,且与潮灾变化在时间分布上也有差异,这些都反映了江苏海岸历史堤工响应的复杂性,即历史堤工会受到更多驱动因素的影响,表现出对多种影响因素的复杂响应。很大程度上,潮灾是推动重大筑堤活动的刺激因素,但历史堤工并不表现为对潮灾单一的、线性的响应,实际上还受到其他更为重要因素的影响,特别是海涂开发程度与土地利用变化的影响。

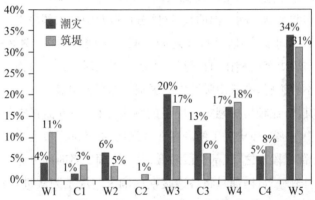

图 8-4   过去千年冷暖分期与江苏海岸潮灾及堤工分布比较

说明:历史潮灾与堤工数据根据表 4-2、表 8-1 整理,冷暖分期根据图 8-3,W1—W5 为暖期,C1—C4 为冷期;潮灾、堤工的比例即冷暖期内潮灾、堤工的记录数占其过去千年里记录总数之比。

小结

筑堤活动是沿海防御潮灾的传统措施,宋元以来江苏沿海形成了多样的堤工活动,包括海堤、潮墩、河堤以及闸河。明万历以后到清末,江苏沿海历史堤工总体格局是:中部以潮墩为主,北部废黄河三角洲以河堤为主,南部通州以范堤为主。同时中部也是设闸的焦点,是历史堤工分布与演变的重点岸段。面对万历以后挡潮与排涝的新矛盾,沿海堤工迎来巨大挑战,但通过设闸—浚河的方式,维持了平衡。

堤工策略上,受海涂扩张影响,在范堤重修加固与管护等方面,逐渐采取分段而治、突出重点、综合治理的办法。泰州段堤工从海堤转为潮墩,通州段仍以海堤为主,潮墩次之,海州仍以河堤为主。堤工频次分布上,通州大于泰州又大于海州,在空间分布格局上与沿海潮灾自南向北减少的分布特征一致。同时,江苏沿海历史堤工沿着 11—13 世纪海岸线,在地势上从低到高延伸,并在 17 世纪初形成全线范堤;但并未随着海岸扩张向海迁移,始终没有新建海堤,直到 20 世纪初。中世纪暖期背景下形成的海堤系统(堤线稳定在 11—13 世纪岸线)在小冰期阶段向"堤—墩"体系转变,堤工类型的多样性及分布表现出空间上的差异。结合江苏海岸历史堤工变迁的时空特征,虽然潮差、海岸淤涨、地形高程影响了历史堤工的路线选择与方向调整,但主要影响海堤变迁的因素是防护区的土地利用方式,即从盐业区向农业区的转变很大程度上是历史海堤系统演变的主要驱动因素。

第九章

海涂开发与历史土地利用变化

第一节 淮北岸段的海涂开发

1. 16—19 世纪废黄河三角洲的开发过程

废黄河三角洲在 16—19 世纪淤进速度明显加快,塑造了大面积海岸滩涂。滩地淤涨成陆为北部岸段的传统开发提供了丰富的土地资源,促进了三角洲盐业、农业的开发。盐作开发是三角洲重要土地利用方式之一,整体上三角洲盐作活动时空分布变迁特征表现为:盐作活动伴随海岸淤涨自西向东迁移,盐作重心由南向北转移,盐作技术从煎盐向晒盐转变。

自 13 世纪,废黄河口沿岸已设置官办盐场,进行海盐生产。先后分布有海口、莞渎、天赐、庙湾、中正、济南等盐场(图 9 - 1)。进入 16 世纪,三角洲快速淤涨,海口场废弃,主要分布有莞渎、天赐、庙湾盐场(图 9 - 1b)。同时,三角洲内盐业生产方式又呈现了北晒南煎的差异。虽然晒盐生产效率更高,但由于官府重煎轻晒,北部晒盐发展缓慢,南部煎盐生产在官府垄断支持下占据了大量荡地面积,发展较稳定。19 世纪后期,官府控制减弱,南部煎盐衰落,北部晒盐生产效率优势逐渐发挥,成为废黄河三角洲地区的盐作重心(图 9 - 1d、e)。

16 世纪中叶,废黄河三角洲北部沿岸出现了分池晒卤成盐的晒盐技术,是中国古代海盐生产的重大技术飞跃,这与三角洲的适宜条件,特别是大量粘土层的形成密不可分。[①] 分池晒卤成盐需要多道蒸发池,以及贮卤池、结晶池、蓄水池等设施,均与粘土层多寡密切相关,没有一定粘土层,很难有效发挥作用。在不同质地的土壤中,粘土保卤能力好,对大规模滩晒盐生产最为有利。此外,三角洲光热条件比较适宜。废黄河是中国南北气候的地理分界,降水量、日照时数分布上,以废黄河为界,北部光热条件更好,年均降水量低,小于 900 毫米;日照时数高,年均日照时数为 2 000—2 300 小时。[②] 因此,废黄河三角洲北侧沿岸滩地具备有利的自然环境条件,最为适宜晒盐生产,盐场也逐步扩大(图 9 - 1c、d、e)。

其中,莞渎场兴废是废黄河三角洲传统海盐生产变迁的代表。莞渎场于 1368 年设立,后因三角洲快速淤进,莞渎场逐渐远离海岸(图 9 - 1a、b),生产效率下降,16 世纪中叶莞渎场已经不产盐。虽然盐场不产盐,但盐场建制还存在,仍然需要缴纳盐课,只不过从实物改为货币,以农作等其他收入替代。1736 年中正场设立,长期不产盐的莞渎场合并到中正场,大部分土地随之转垦,旧场废弃(图 9 - 1c)。

济南场的兴起是废黄河三角洲传统盐业发展的重要转折。光绪三十三年(1907 年),淮南盐业生产日趋衰落[③],为接济淮南盐场,清廷在废黄河口北侧苇荡左营滩地兴建济南盐场(图 9 - 1e),修筑新式八卦盐滩 1000 余份,废黄河口以北岸段进入大

---

① 鲍俊林:《15—20 世纪江苏海岸盐作地理与人地关系变迁》,第 132、197—198 页;鲍俊林、高抒:《13 世纪以来中国海洋盐业动态演化及驱动因素》,《地理科学》2019 年第 4 期。

② 鲍俊林:《15—20 世纪江苏海岸盐作地理与人地关系变迁》,第 138—139 页。

③ 鲍俊林:《晚清淮南盐衰的历史地理分析》,《历史地理》第二十八辑,上海:上海人民出版社,2013 年,第 166—184 页。

规模滩晒盐阶段,也是淮北晒盐走向繁荣的重要起点。至 1913 年产 88 万担,占淮北总盐产量 17%。20 世纪 20—30 年代,经过扩建,其盐产已占淮北近 60%[①],随着晒盐规模扩张,废黄河三角洲北部滨海地带成为两淮盐业新的生产中心。

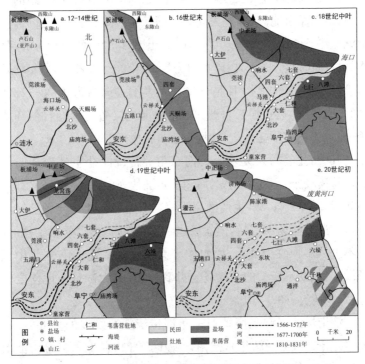

图 9-1 废黄河三角洲土地利用变迁示意图

说明:根据鲍俊林等(2016)[②]改绘。历史岸线参考江苏省 908 专项办公室编《江苏近海海洋综合调查与评价图集》(海洋出版社,2013 年,第 17 页)、张忍顺《苏北黄河三角洲及滨海平原的成陆过程》(《地理学报》1984 年第 2 期)。

① 鲍俊林:《15—20 世纪江苏海岸盐作地理与人地关系变迁》,上海:复旦大学出版社,2016 年,第 132—133 页。

② Bao, J. L., Gao, S., Environmental characteristics and land use pattern changes of the Old Huanghe River delta, eastern China, in the sixteenth to twentieth centuries, *Sustainability Science*, 2016, 11:695-709.

2. 盐退垦进与农业区的扩大

伴随盐作活动不断向海迁移，17世纪以后废黄河三角洲地区的农业开发也不断向东迁移、扩大，是江苏沿海北部岸段历史土地利用变化的重要表现。整体上，废黄河三角洲农作活动分布变迁表现为：伴随海岸淤涨而自西向东迁移，农作生产重心由北而南转移，大量农田由盐作灶地、苇荡营地转变而来。

一方面，民田与开垦逐渐占据主导。在滨海地带，已经开垦成熟的土地称为田（无论民田、灶地），尚未垦熟的即荡地。在云梯关以东新淤涨的三角洲荡地，农业区从无到有、从少到多，逐渐发展扩大。据嘉庆《海州直隶州志》载《海州民灶荡三界图》及图说：民田、灶地、苇荡营三者面积比例大致为70%、20%以及10%。①《海州民灶荡三界图》直观反映了民田与开垦活动已成为该区域主要的土地利用方式（图9-2），但民户、灶户及苇荡营之间的争地现象也很常见，"凡税课之入出，盐官主之；政刑则统一于有司，其疆址交错，营与灶争荡、灶与民争田"②。

另一方面，三角洲内大部分民田由灶地转变而来。因为盐场本身拥有不少农田，而且官府规定灶地课税一般低于民田，盐民也乐于开垦那些远离海潮、逐渐适宜耕作的草荡。根据嘉靖《两淮盐法志》所载，16世纪中叶莞渎场草荡面积为21万亩，灶地为4.28万亩，合计25.28万亩，灶地占16.93%。③到1736年并入中正场时，莞渎场草荡为30.58万亩，灶地虽无确切数字，但实际上已大部分转为垦地。同时，庙湾场草荡为8.24万亩，田地

---

① 嘉庆《海州直隶州志》卷一《食货图五》。
② 同上。
③ 嘉靖《两淮盐法志》卷三《地理志》。

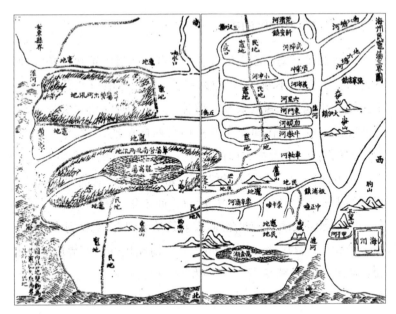

图 9-2 《海州民灶荡三界图》

说明：选自嘉庆《海州直隶州志》卷一《食货图五》。

2.51 万亩,田地占总面积 23.35％。[1] 明初(14 世纪末)庙湾盐场原额草荡为 17.42 万亩,至 18 世纪中期,有草荡 43.98 万亩,19 世纪中期,有草荡 44.86 万亩。[2] 实际上大量荡地逐渐转为农作用地,或被私垦(图 9-1c、d);与明初原额草荡比较,万历年间荡地已开垦 50％左右。[3] 私垦只要不危及盐作活动,一般不会引起官府重视。

伴随三角洲开发的推进,淤涨出的新滩涂往往成为拓垦之地。云梯关外南北两岸河堤附近,农业聚落也不断出现,并向海

---

① 嘉靖《两淮盐法志》卷三《地理志》。
② 光绪《重修两淮盐法志》卷二六《场灶门·草荡》。
③ 刘淼:《明清沿海荡地开发研究》,第 68—69 页。

延伸,北岸有二套、三套,以及十套等;南岸还有头巨、二巨,直到十巨(图 9 - 1)。黄河尾闾不断淤垫延伸,两侧滩地中大量低洼苇荡沼泽逐渐成为可耕地,例如北部马港河以东滩地,乾隆四十五年(1780 年)因洪水灾害,豁免税负之民田、灶地共 57. 63 万亩[①],足见云梯关以东耕地之多(图 9 - 1c、d)。

　　三角洲开发的变化与人口快速增长相关。在废黄河三角洲地区,虽然难以确定云梯关以东新淤三角洲范围人口,但由于三角洲及其周边地区与明清时期淮安府基本重合,故可以利用明清时期淮安府人口变化,反映三角洲人口规模变化与趋势。洪武二十六年(1393 年),淮安府为 81 万人[②],此后不断增长,1776 年为 263 万,三个世纪内人口规模显著上升,增加 2 倍以上(图 9 - 3),年平均增长率为 4. 8‰。至 1880 年为 357. 5 万,与 1776 年比较,年平均增长率为 9. 09‰。1953 年为 539. 6 万[③],与 1851 年的 329. 2 万比较,年平均增长率为 20. 62‰。

3. 苇荡营兴废

　　受淡水径流影响,黄河尾闾河道南北两岸发育了大量芦苇沼泽。对这一特殊资源的开发利用,是废黄河三角洲历史开发变迁的重要表现之一。有趣的是,虽然苇荡土地低盐宜垦,但自 17 世纪后期开始,官府对其采取高度垄断的管理方式,禁止民间开发利用。整体上,三角洲苇荡资源与土地利用变迁表现为:苇荡开发伴随海岸淤涨自西向东迁移;二是苇荡土地开发从清代长期禁垦到清末逐渐放垦。

　　为垄断黄河口滩地的丰富苇荡资源,康熙三十八年(1699

---

① 光绪《重修两淮盐法志》卷一四一《优恤门》。
② 曹树基:《中国人口史》(第 4 卷明时期),上海:复旦大学出版社,2002 年,第 452 页。
③ 曹树基:《中国人口史》(第 4 卷明时期),第 832 页。

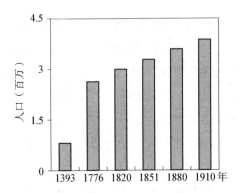

图 9-3 明清时期淮安府人口变化

说明：根据曹树基《中国人口史》(第 4 卷明时期)(上海：
复旦大学出版社,2002 年,第 452 页)、《中国人口史》(第 5 卷清
时期)(上海：复旦大学出版社,2002 年,第 832 页)整理。

年)设立苇荡营地,南北分设为苇荡左营与右营。[①] 黄河下游防
洪压力大,大量芦苇被储备,专用于河防工程,苇荡沼泽也被严禁
开垦利用。苇柴用途主要有二：一为沿海居炊等生活所资,二为
河工护岸堵决口加工埽工所用。为更好控制苇荡资源,苇荡营组
织非常严密,是一种非常特殊的军事化管理组织。设立时,苇荡
营原额步战守兵 1230 名,马 26 匹。雍正四年(1726 年)马战兵
100 名,步战兵 30 名,守兵 1 100 名。[②] 其后苇荡营逐渐缩减,光
绪初年仅有战兵 31 名,督率樵采守兵 542 名。[③]

自康熙三十八年(1699 年)设立苇荡营开始,随着三角洲淤
涨,苇荡营地面积不断扩大,具体表现为南岸(右营)面积扩大,北
岸(左营)逐渐缩小。[④] 18 世纪中叶,苇荡右营增至 50.65 万亩,

---

① 乾隆《淮安府志》卷一七《营制》。
② 同上。
③ 光绪《淮安府志》卷二六《军政》。
④ 李德楠：《"续涸新涨"：环境变迁与清代江南苇荡营的兴废》,《兰州学刊》2008 年
　第 1 期。

苇荡左营为 47. 48 万亩①；19 世纪初，左营约 50 万亩，右营增至70 万亩，此时苇荡营地共约 120 万亩。② 废黄河三角洲在 1128—1855 年间，云梯关以东共淤涨形成 7 160 平方千米土地（约 1074万亩）③，即苇荡营地面积最高时占到三角洲总淤涨土地面积的11. 2%。道光三年（1823 年），右营减少为 63. 8 万亩；清末，大量苇荡土地转垦，右营仅有荡地 37. 5 万亩。④ 光绪末年苇荡营地共85 万亩，占到三角洲总淤涨面积的 7. 9%，面积明显缩小。同时，苇荡营向海扩展，为方便管理，苇荡营驻地也向海迁移。雍正年间右营守备驻扎仁和镇（今滨海县城东北），左营守备驻扎大伊镇（今灌云县城）（图 9 - 1c）。进入 18 世纪，苇荡营地范围不断向东扩大、延伸，乾隆年间左营驻地从大伊镇东迁至龙窝荡，右营驻地从仁和镇东迁至六垛（图 9 - 1c、d）。

芦苇是苇荡营地主要的资源产出。康熙三十八年（1699 年）苇柴额产为 118 万束（一般每束约 17. 7 千克），雍正四年（1726 年）增至 150 万束，雍正十二年（1734 年）为 170 万束，雍正十三年（1735年）总额达到 245 万余束（图 9 - 4）。苇柴采割量在 19 世纪初以后进一步增加，嘉庆十四至十五年（1809—1810 年）苇荡右营采苇 388. 96 万束，左营采苇 286. 38 万束，除定额 245 万余束外，合计增采 429. 84 万束，相当于定额的近两倍。⑤ 嘉庆十五年（1810年），芦苇产量一度达到 675. 32 万束（约 11. 95 万吨）。1855 年黄河北归后，至 1861 年，河工无需柴料，苇荡土地不断放垦，芦苇产量

---

① 乾隆《淮安府志》卷一七《营制》。
② 〔清〕包世臣：《中衢一勺》卷一《筹河刍言》，光绪安吴四种本。
③ 张忍顺：《苏北黄河三角洲及滨海平原的成陆过程》，《地理学报》1984 年第 2 期。
④ 光绪《淮安府志》卷二六《军政》。
⑤ 〔清〕百龄《清理苇荡以济工需疏》，〔清〕贺长龄、魏源纂修：《清经世文编》卷一〇三《工政九》；〔清〕纪昀等纂修：《大清会典则例》卷一三二《工部·河工二》，清文渊阁四库全书本。

锐减,丰年约 100 万束,歉年 60—70 万束(图 9-4),苇荡产量下降、营地面积萎缩的原因是多方面的,包括转垦、低洼沼泽淤废、海潮浸渍、河防工程停止,不再需要芦柴等。

图 9-4 1699—1881 年废黄河三角洲苇荡营产量变化

说明:根据乾隆《淮安府志》卷一七《营制》、光绪《淮安府志》卷二六《军政》及鲍俊林(2016)[①]编绘。

芦苇多产自低洼沼泽荡地,由于河道南北两岸淤高,芦苇生境逐渐消失。同时云梯关外黄河南北河堤兴筑,也影响了苇荡沼泽的发育变化,特别是 19 世纪初对下游河堤增补兴筑后,南北苇荡土壤淡水来源明显减少,苇荡产量逐渐下降。不过,官府为稳定获得芦柴以供应河防需要,长期禁止苇荡开垦,随着苇荡面积扩大,显然闲置了大量可耕地资源。[②] 同时三角洲人口规模不断增加,苇荡转垦势必成为重要趋势。实际上,苇荡营地开发农作的趋势一直存在,康熙三十八年(1699 年)苇荡营设立后,曾因荡地淤垫,不产芦柴,于康熙五十年(1711 年)一概裁撤,荡地便分给兵丁领垦输租。之后由于河防需要,苇荡营于 1726 年恢复设置。乾隆三十九年(1774 年),苇荡左营转垦 8.32 万亩。嘉庆十

---

① Bao, J. L. , Gao, S. , Environmental characteristics and land use pattern changes of the Old Huanghe River delta, eastern China, in the sixteenth to twentieth centuries, *Sustainability Science*, 2016, 11: 695 - 709.

② 孙家山:《苏北盐垦史初稿》,北京:农业出版社,1984 年,第 18—24 页。

七年(1812 年)又"改定章程,裁营弁,以荡务归淮海道专理;防海事宜归庙湾游击统辖,海阜同知兼理荡务,守备督率弁兵樵采,每年共纳柴二百八十三万束有奇,额设守备一员"[①]。

1855 年黄河北归,已无河防之需。三角洲缺少大量淡水径流与泥沙沉积,由以往淤涨转为蚀退,这一重大转折引发了河口海岸生态系统的逆向演替,岸线侵蚀倒退,海潮浸渍,土壤盐分上升,多生长稀疏的獐毛草,不耐碱的植物很难生存,特别是芦苇荡生境发生显著不利变化,低洼沼泽潜水水矿化度上升,加剧了芦苇产量下降,不得不放荒。因此,咸丰年间苇荡营地开始大批放领,周边无地贫民,多移民来领种荡地。如 1856 年以后约有 17 万亩放垦,苇荡营面积进一步缩小。同治二年(1863 年),右营丈出不产芦苇滩地 5.2 万亩,两年后又丈出 3.8 万亩,全部招领放垦。1910 年前后,在废灶兴垦浪潮中,各营一律裁撤,荡地旋即全部放领转垦。至此,废黄河三角洲的苇荡营地全部废弃转垦。

第二节　淮南岸段的海涂开发

1. 传统海盐生产的发展

宋元以后,中国东南沿海开发加快,海盐产业逐渐规模化,位于江苏沿海的两淮盐场,长期是全国海盐生产中心。以废黄河为界,江苏沿海包括淮北、淮南两个盐区,统称为两淮盐区;其中,淮南盐区位于江苏海岸中南部、范堤以东,约相当于今天盐城、南通市范围。西汉时期(前 2 世纪)在古射阳县东部滨海地带设县,因

---

① 光绪《淮安府志》卷二六《军政》。

遍地皆为煮盐亭场、运盐河道,故称盐渎县[1],历代为海岸煎盐之所。[2] "汉煮海为盐,吴王濞立国广陵,招集亡命煮海为盐,盐所入辄以善价与民,此两淮盐利见于载籍之始。"[3]东晋安帝义熙年间(405—418年)更名为盐城。[4] 唐宋时期全国经济重心东移南迁,淮盐不断发展。宋代淮南包括海陵、利丰二监,管16盐场。[5]《宋史·食货志》载:"绍兴末年以来,泰州……一州之数过唐举天下之数矣","淮南有楚州盐城监,岁鬻四十一万七千余石,通州丰利监四十八万九千余石,泰州海陵监如皋仓、小海场六十五万六千余石。"[6]明代以后两淮盐区发展进入黄金时期,所属共有三十场盐课司(表9-1)。

表9-1 明代两淮盐场所属各盐课司

分司	盐课司	位置
泰州分司 (治泰州北关, 领盐课司十)	富安场盐课司	泰州宁海乡二十六都
	安丰场盐课司	泰州宁海乡二十六都
	何垛场盐课司	泰州东西乡三十五都
	梁垛场盐课司	泰州宁海乡三十二都
	东台场盐课司	泰州东西乡二十五都
	栟茶场盐课司	泰州宁海乡二十九都
	角斜场盐课司	泰州宁海乡二十九都
	丁溪场盐课司	泰州东西乡十五都

[1] 〔唐〕杜佑:《通典》卷一八一《州郡十一》。
[2] 〔明〕陈循等纂修:《寰宇通志》卷二〇《南京》。
[3] 嘉靖《惟扬志》卷九《盐政志》。
[4] 万历《盐城县志》卷一《地理志·沿革》。
[5] 〔宋〕乐史撰,王文楚等校:《太平寰宇记》卷一三〇《淮南道八》,中华书局,2007年,第2568—2570页。
[6] 《宋史》卷一八二《食货志·盐法》。

续　表

分司	盐课司	位置
	草堰场盐课司	泰州东西乡三十五都
	小海场盐课司	泰州东西乡三十五都
通州分司 （治通州， 领盐课司十）	丰利场盐课司	如皋县沿海乡一都
	马塘场盐课司	如皋县沿海乡一都
	掘港场盐课司	如皋县沿海乡一都
	石港场盐课司	通州西成乡
	西亭场盐课司	通州清濒乡
	金沙场盐课司	通州清濒乡
	余西场盐课司	通州清濒乡
	余中场盐课司	通州清濒乡
	余东场盐课司	通州清濒乡
	吕四场盐课司	通州仁和乡
淮安分司 （治淮安安东县， 领盐课司十）	白驹场盐课司	泰州东西乡三十五都
	刘庄场盐课司	泰州东西乡三十五都
	伍祐场盐课司	淮安山阳县羊寨乡
	新兴场盐课司	淮安盐城县新一二都
	庙湾场盐课司	淮安山阳县羊寨社
	莞渎场盐课司	淮安海州惠泽乡
	板浦场盐课司	淮安海州善行乡
	临洪场盐课司	淮安海州高桥都
	徐渎浦场盐课司	淮安海州东海第一乡
	兴庄团场盐课司	淮安海州赣榆县崇义乡三团

说明：嘉靖《惟扬志》卷九《盐政志》。

　　明至清初两淮盐区共有三十盐场,分别归通州、泰州、淮安三分司管辖,包括通州分司(上 10 场):丰利、马塘、掘港、石港、西亭、金沙、余西、余中、余东、吕四,泰州分司(中 10 场):富安、安丰、梁垛、栟茶、角斜、东台、何垛、丁溪、草堰、小海,淮安分司(下 10 场):白驹、刘庄、伍祐、新兴、庙湾、莞渎、板浦、徐渎(浦)、临洪、兴庄。另明代天赐场于弘治十三年(1500 年)并入庙湾(部分并入莞渎场)。清代两淮盐场陆续省并,到乾隆三十四年(1769 年)为 23 场。① 明中叶以后,淮北均为晒盐场,淮南均为煎盐场;嘉靖《惟扬志》载:"淮南二十五场则皆煎,淮北五场则皆晒。"②

　　明代淮盐主要采取集中的团灶生产,便于管理控制;后因海涂扩张,亭场迁移,逐渐转为散灶生产。"每盐场有团有灶,每灶有户有丁,数皆额设,每团里有总催……数亦有定。一团设总催十名,每名有甲首户丁……"③明代两淮盐场各团数不等,"共一百一十一团……泰州分司灶户四千七百一十二、灶丁一万三百一十四;通州分司灶户四千六百三十四、灶丁一万三千一十四;淮安分司灶户六千一百七十、灶丁一万四千七百二十二"④。

　　淮盐的发展为朝廷提供了大量盐课,"两淮为天下财赋之薮"⑤,"两淮之广,草之丰,卤之厚,皆甲于天下"⑥。"淮盐岁课七十万五千一百八十引,征银六十万两,可谓比他处独多矣。"⑦明初两淮各盐场岁办大引额 116.07 万引(约 23.2 万吨),

---

① 清代海州分司 3 场:板浦、中正、临兴;泰州分司 11 场:富安、安丰、梁垛、东台、何垛、丁溪、草堰、刘庄、伍祐、新兴、庙湾;通州分司 9 场:掘港、石港、西亭、金沙、余西、余东、吕四、角斜、栟茶。
② 嘉靖《惟扬志》卷九《盐政志》。
③ 同上。
④ 同上。
⑤ 〔清〕毕自严:《度支奏议》卷四,明崇祯刻本。
⑥ 〔清〕包世臣:《包世臣全集》,合肥:黄山书社,1993 年,第 135 页。
⑦ 〔明〕王士性撰,周振鹤点校:《五岳游草　广志绎》,《广志绎·两都》,第 215 页。

其中两淮为 35.2 万引(约 7.04 万吨)①,占全国的 30.3%。淮盐课入占全国 30.7%。② 万历年间淮盐迎来黄金时代,至乾隆时期,达到极盛。③ 清代"淮盐课额,甲于天下……淮盐以一隅,抵数省之课"④。康熙三年(1664 年)两淮岁入 177 万两,嘉庆八年(1803 年)达到 230 万两;平均估计,清代淮盐课额约占全国盐课的 49%。⑤ 至乾、嘉、道各朝淮盐年产量在 200 万引左右,约占全国年产盐总量的 33%、盐课收入的 40%—60%⑥,其中淮南盐区盐产规模又占到两淮总数 80% 以上⑦,形成全国海盐经济重心在两淮、两淮重心在淮南的整体格局。⑧

两淮盐场拥有全国最大的专销市场,淮南盐场销岸包括湘、鄂、西、皖四岸,即湖南、湖北、江西大部分府县以及安徽部分府县。道光以后,受社会经济萧条以及太平天国战事影响,长江航运受阻,淮南失去关键的两湖销岸(鄂、湘),销滞产壅,至咸丰八年(1858 年)盐产顿减⑨,淮南盐场遂陷入困境。经同治、光绪年间恢复发展,至宣统年间淮南盐产仍占七成左右。

清末民初,为保证两淮盐课,官府借淮北盐以接济淮南盐销不足,淮北盐产规模因此快速上升。1913 年,淮北盐产已占两淮

---

① 《明史》卷八〇《食货志·盐法》,一般每引 400 斤。
② 郭正忠:《中国盐业史》古代编,北京:人民出版社,1997 年,第 648 页。
③ 徐泓:《清代两淮盐场的研究》,台北:嘉新水泥公司文化基金会,1972 年,第104—105 页。
④ 〔清〕陶澍:《陶文毅公全集》卷一四,"复奏办理两淮盐务一时尚未得有把握折子"。
⑤ 陈锋:《清代盐政与盐税》,第 171 页。
⑥ 陈锋:《清代盐政与盐税》,第 171 页;吴海波:《清代两淮盐业重要性之定性与定量分析》,《四川理工学院学报(社会科学版)》2013 年第 2 期。
⑦ 鲍俊林:《15—20 世纪江苏海岸盐作地理与人地关系变迁》,第 72—76 页。
⑧ 鲍俊林、高抒:《13 世纪以来中国海洋盐业动态演变及驱动因素》,《地理科学》2019 年第 4 期。
⑨ 同治《淮南盐法纪略》卷一〇《杂案》。

五成以上。胡焕庸在《两淮水利盐垦实录》中概括道:"北盐渐盛,南盐渐衰,盖在清末已见其端倪矣。"民国年间废灶兴垦以后,淮北盐产已基本取代淮南,淮南六场产量合计尚不如淮北一场[①],两淮长期南重北轻的格局至此逆转。

淮南盐场长期沿用摊灰淋卤煎法生产,宋代已有成熟的"刺土成盐"的生产工艺。[②] 海水一般为 2 到 3°Bé,直接煎煮费时费燃料,因而制卤极重要。主要在近海傍潮的卤旺滩地开辟亭场,引潮浸灌、晒取盐分,收土淋卤[③],以便提高土壤盐度,制卤备煎,提高效率。因此,淮南盐场摊灰淋卤法生产工序包括开辟亭场、海潮浸灌、摊灰曝晒、淋灰取卤、煎卤成盐。明代中后期,两淮盐场长期南煎北晒。[④] 对淮南煎盐场来说,草丰卤足是必备条件;淮北晒盐则不需要荡草资源,除了卤水外,更需要光照、风力资源以及一定的粘土层分布。

淮南盐场的传统煎盐生产过程中需要荡草作为燃料。海涂产草"有红有白,皆含咸味,白者力尤厚,红可外售,而白有禁斫"[⑤],其中,"白草"即白茅,是草滩带的优势植物;"红草"或红茅为盐蒿草(即盐地碱蓬),分布在盐蒿滩,这两种荡草是两淮煎盐主要的燃料来源。[⑥] 为保障荡草供应,官府严格控制潮滩荡地资源,按亭配荡,"蓄草供煎","禁止私垦,法至严也"[⑦]。

此外,1128 年黄河夺淮,江苏海岸逐渐淤涨、"海势东迁",制

---

① 江苏省地方志编纂委员会:《江苏省志·盐业志》,第 97—98 页。1925 年淮北济南场为 24.6 万吨,而淮南六场共 5.8 万吨。
② 〔宋〕乐史撰,王文楚等校:《太平寰宇记》卷一三〇《淮南道八》,第 2569 页。
③ 〔元〕陈椿:《熬波图》卷上、下,景印文渊阁四库全书(第 662 册),第 314—362 页。
④ 淮北盐场在明后期之前是摊灰淋卤煎盐法生产。参见鲍俊林、高抒:《13 世纪以来中国海洋盐业动态演变及驱动因素》,《地理科学》2019 年第 4 期。
⑤ 周庆云:《盐法通志》卷三三《制法》。
⑥ 鲍俊林:《15—20 世纪江苏海岸盐作地理与人地关系变迁》,第 72—76 页。
⑦ 《清盐法志》卷一〇一《场产门二·草荡》。

盐亭场也随之不断向海迁移、"移亭就卤"。光绪八年（1882 年）
淮扬海道徐文达勘察："泰属各场去海皆远……煎亭灶皆在场治
七八十里、百数十里以外，远且有逾二三百里者。"①海涂淤长，两
淮大部分盐场都呈现东西分布的长条状，盐课司、场署、仓储设备、
日常交易一般在范堤上。亭场是淮盐基本生产单位，亭场与灶屋
一般都分布在濒海地带。根据潮浸频率由高到低（自海向陆），分
为上亭、中亭、下亭。亭灶多分布在新淤与草荡之间，潮墩位列附近，
灶舍略高出地面，以防潮浸。16 世纪末江苏沿海有 15 599 个煎盐亭
场（各盐场的基本生产单位），到 19 世纪初，共有 21 342 个亭场。②

　　整体上，在明清时期，盐业生产成为江苏海岸土地利用的主
要内容，与淮北沿岸相比，淮南沿岸的海盐生产规模更为显著，是
唐宋以来全国盐业生产中心。特别是在中部岸段，随海岸淤涨而
表现为不断向海迁移扩张，塑造了大面积滨海平原，为传统开发
提供了大量荡地资源。

2. 围垦扩张与土地利用的多样化

　　14—19 世纪，明清官府为垄断海岸盐业经济，对海岸土地严
格管制，长期禁止开垦海岸草荡。不过，受海岸生态要素演替规
律的作用，草滩土壤逐渐远离海水而脱盐淡化，不再适宜盐业生
产③，亭场不得不搬迁至离海更近的新淤滩地，原有的土地闲置。
伴随草滩面积不断扩大，人口增多，大量闲置的草滩势必吸引附近
居民私垦开发。明代弘治年间（1488—1505 年），中部盐场统计在
册的田地共 24.2 万亩。④　到嘉靖年间（1522—1566 年），已有田地

①　光绪《重修两淮盐法志》卷三七《场灶门·堤墩下》。
②　鲍俊林：《15—20 世纪江苏海岸盐作地理与人地关系变迁》，第 72—76 页。
③　陈邦本、方明等：《江苏海岸带土壤》，第 17 页。
④　弘治《两淮运司志》卷五、六《建置治革》。

43.7 万亩①,增长很快,其常见作物有豆、麦、稻以及其他杂粮。到 18 世纪中叶,江苏沿海中部范堤以东约有垦地 63.9 万亩。②

这一阶段,沿海开发与土地利用冲突一般集中在海岸线 10—30 千米范围内(图 9 - 5)。据嘉庆《两淮盐法志》,1761 年,江苏沿海耕地仅占土地总面积的 10.6%。在两个多世纪的时间里,耕地与草地的比例可能保持在相对稳定的 1∶9,即约 90% 的土地面积用于制盐活动。③ 到 19 世纪末,中部和南部岸段荡地面积为 4 370.5 平方千米,其中只有大约 2.3% 的土地充分用于海盐生产④,滩涂土地资源闲置,生产效率低。

清末民初,江苏沿海中部、南部岸段的垦作活动不断扩大,大规模的废灶兴垦使江苏沿海土地利用经历了一个快速的变化:一方面很多盐场消失;另一方面围垦扩大垦进盐退,土地利用转为农业化主导。1895 年,大生纱厂、通海垦牧公司在南通建立,这是民间投资在沿海开发中的首次大规模尝试,开启了一个以大规模围垦为主的土地利用新阶段。⑤ 1913 年至 1939 年,共成立了 70 多家盐垦公司,集中分布在距离海岸线 20 千米左右的地带,一般也称为新垦区,或公司垦区;与之对比的是西侧的老垦区或民垦区(图 7 - 10);盐垦公司筹集的资金主要用于盐场土地收购、海岸工程建设、土壤改良和作物研究等方面。⑥ 同时,由于第

---

① 嘉靖《两淮盐法志》卷三《地理志》。
② 孙家山:《苏北盐垦史初稿》,第 78 页。
③ 嘉庆《两淮盐法志》卷二七《场灶一·草荡》;鲍俊林:《15—20 世纪江苏海岸盐作地理与人地关系变迁》,第 217—218 页。
④ 孙家山:《苏北盐垦史初稿》,第 23—24 页;鲍俊林:《15—20 世纪江苏海岸盐作地理与人地关系变迁》,第 83—84 页。
⑤ 常宗虎:《南通现代化:1895—1938》,北京:中国社会科学出版社,1998 年,第 46—48 页。
⑥ 孙家山:《苏北盐垦史初稿》,第 38—45、92—112 页。

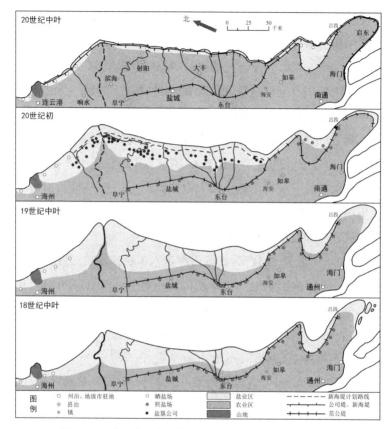

图9-5　清中叶以来江苏沿海历史土地利用变化示意图

说明：根据鲍俊林等（2019）改绘。底图根据谭其骧主编《中国历史地图集》第八册（清时期，16—17页）。

一次世界大战的影响，外国纺织品的衰落为中国棉纺织工业的崛起提供了机会，江苏沿海迅速成为中国棉纺织工业最重要的原料来源地和生产基地。1936年，21家主要垦殖公司的棉花田面积

---

① Bao J. L. ，Gao，S. ，Ge，J. X. ，Dynamic land use and its policy in response to environmental and social-economic changes in China：A case study of the Jiangsu coast（1750 – 2015），*Land Use Policy*，2019，82：169 – 180.

为 104.8 万亩,棉花总产量为 26 580 吨。[1] 这一阶段内,在土地利用结构上,种植用地占 50.4%,盐业用地占 6.3%,其他未利用地占 43.3%。[2] 尽管经历废灶兴垦、垦进盐退,但实际上此时江苏盐业产量仍占全国盐业总产量的 20% 左右,主要产自北部岸段,年平均产量为 22.5 万吨。[3]

到 20 世纪中期,随着大规模海堤的建设,在 1949 年至 1979 年期间,海堤总长度为 572.6 千米,围垦范围得以进一步扩大,其中缺乏保护的老盐场荒地也被大量围垦。[4] 在这一阶段,沿海开发集中在距离海岸线 10—20 千米范围内,该区域属于中等盐渍土地带,土壤改良、水利建设难度加大。

自 20 世纪 70 年代末,江苏沿海进入了快速发展的时代。20 世纪 80—90 年代,土地利用结构的比例进一步变化。沿海土地总面积为 823.5 万亩,其中耕地占 49.8%,盐场占 15.7%,未利用地占 34.5%。[5] 1992 年以后,江苏沿海经济快速发展。[6] 1995—2013 年,江苏沿海耕地面积稳定,占 78%—80%,滩地养殖面积占 8.5%—10%,建设用地占 3.2%—6.2%(从 2002 年的 687 平方千米快速增长到 2013 年的 1 354 平方千米)。[7] 特别是

---

[1] 孙家山:《苏北盐垦史初稿》,第 88—90 页。

[2] 赵赟:《苏皖土地利用方式与驱动力机制(1500—1937)》,复旦大学博士学位论文,2005 年,第 267 页。

[3] 江苏省地方志编辑委员会:《江苏省志·盐业志》,第 97—98 页。

[4] 江苏省地方志编辑委员会:《江苏省志·海涂开发志》,第 93—103 页。

[5] 吴传钧、蔡清泉:《中国海岸带土地利用》,北京:海洋出版社,1993 年,第 188 页。

[6] 车冰清、朱传耿、孟召宜、杜艳、沈正平:《江苏经济社会协调发展过程、格局及机制》,《地理研究》2012 年第 5 期;宁立新、周云凯、张启斌、张天宁、白秀玲:《近 19 年江苏海岸带地区土地利用变化特征》,《水土保持研究》2017 年第 4 期。

[7] 朱季文、季子修、蒋自巽、梁海棠:《江苏海岸带土地利用的特点》,《地理科学》1987 年第 2 期;张晓祥、唐彦君、严长清、徐盼、朱晨曦、戴煜暄:《近 30 年来江苏海岸带土地利用/覆被变化研究》,《海洋科学》2014 年第 9 期。

2009 年,江苏省沿海发展正式成为国家战略,沿海基础设施投资不断增强。[①] 与前一阶段相比,开始具有多样化特征,特别是水产养殖(海水养殖或水产养殖)和自然保护区成为重要的土地利用类型。1987 年,江苏沿海水产养殖面积约 109 万亩(包括海水和淡水)。[②] 为了保护湿地,1983—1997 年在盐城建立了两个国家级自然保护区[③],以保护珍稀鸟类和麋鹿。这是中国最大的滨海湿地自然保护区,总面积约 5 286 平方千米,1992 年成为联合国人与生物圈计划的保护区之一。[④]

第三节　潮滩环境及低密度盐作模式

1. 移亭就卤

明代官府对海岸传统盐业有着十分严格的控制,不得自行搬迁,实行集中化生产——团煎。但这种集中化生产形式,面对海岸快速淤涨,逐渐难以为继。16—17 世纪海岸扩张已十分明显,为适应海岸不断向海淤涨,此后大量亭场不得不向海迁移(图 9‐2),亭场分布由以往集中逐渐转为分散,团煎废弃,以散煎为主,有的亭场多次搬迁。这种独特的向东搬迁的盐作生态与适应海岸演化的过程在文献中称为"移亭就卤"[⑤]。

自黄河南徙夺淮入海,江苏沿海滩地逐渐淤进。进入 16 世

---

① 王玉、贾晓波、张文广、方淑波、姚懿函、安树青:《江苏海岸带土地利用变化及驱动力分析》,《长江流域资源与环境》2010 年第 S1 期。

② 江苏省地方志编辑委员会:《江苏省志·海涂开发志》,第 161 页。

③ 江苏省地方志编辑委员会:《江苏省志·海涂开发志》,第 224—226 页。

④ 王恺主编:《中国国家级自然保护区》(中),合肥:安徽科学技术出版社,2003 年,第 369、378 页。

⑤ 鲍俊林:《明清两淮盐场"移亭就卤"与淮盐兴衰研究》,《中国经济史研究》2016 年第 1 期。

纪，淤涨快速①，塑造了广袤的海涂滩地，这一重大地理环境变迁对两淮盐作活动产生了深远影响。草丰卤足是两淮煎法盐作活动的基本条件，虽各场荡地"每因淤沙外涨，腹内荡地土性渐淡，是以率多改荡为田，垦种杂粮"②，但"腹外"新淤荡地仍多卤旺，"滨海之新淤尽属斥卤，蓄草之外，不能种植……宜置亭而不虑其垦种"③。这是由于潮滩淤涨过程中，其生态要素表现出的规律性演替现象，即板沙滩逐渐向浮泥滩、光滩、盐蒿滩、草滩转变，在自然状态下，承前启后，循序渐进，不可超越或逆转④；旧亭场逐渐土卤淡薄，难以产盐，新淤荡地草卤条件较好。因此"海势东趋，多有移亭就卤"⑤，通过搬迁亭场到近海傍潮的草丰卤足之地，继续煎盐生产，成为两淮盐业生产活动适应潮滩环境变化的主要方式，也是区别于其他海盐产区的典型特征，自 12 世纪以来，这种独特的盐作生态，存在了数百年。⑥

　　宋以前，江苏海岸线长期稳定在范公堤（今通榆公路）一线附近⑦，煎盐亭场的位置也稳定在范堤附近。天圣年间（1023—1032 年）增修泰州捍海堰后，并经南宋与元代多次增筑，堤西土壤海浸频率逐渐降低，脱盐加快，亭场纳潮困难，煎盐生产难以持

---

① 张忍顺：《苏北黄河三角洲及滨海平原的成陆过程》，《地理学报》1984 年第 2 期。
② 嘉庆《两淮盐法志》卷二七《场灶一·草荡》。
③ 〔清〕丁日昌：《淮鹾摘要》卷一，沈云龙主编：《近代中国史料丛刊续编》第 77 辑，台北：文海出版社，1980 年，第 1243 页。
④ 陈邦本、方明等：《江苏海岸带土壤》，第 16 页。
⑤ 光绪《重修两淮盐法志》卷一四二《优恤门》。按：两淮盐场摊晒草灰制卤的场地称为"亭""场""亭场""灰亭"等；煎熬卤水成盐的灶屋称为"灶""舍"，故多将煎盐之地通称为"亭场""亭灶""盐灶"等。
⑥ 鲍俊林：《明清两淮盐场"移亭就卤"与淮盐兴衰研究》，《中国经济史研究》2016 年第 1 期。
⑦ 张忍顺：《苏北黄河三角洲及滨海平原的成陆过程》，《地理学报》1984 年第 2 期。

续。因此堤西亭灶搬迁至堤东。[①] 晚至明嘉靖年间(1522—1566
年),淮南诸盐场在堤西基本没有亭灶,据嘉靖《两淮盐法志》诸盐
场图,泰州、通州以及淮安三司诸盐场,其范堤以东均绘有煎舍、
潮墩等盐作活动标志物,堤西则没有。[②] 明末清初,海潮更远,堤
西旧亭场纳潮愈加困难,旧亭灶早已无法生产。据民国《续修盐城
县志》记载:"凡明以前之灶地多在范堤以西,今曰农灶,亦曰引田,
其地在明之季世已多垦辟。"[③]

　　到17—18世纪,"海势东迁"加快,团煎改为散煎[④],灶户"移
亭就卤"更为普遍,从卤淡老荡移至新淤卤旺荡地,是这一时期淮
南煎盐生产的重要特征。[⑤] 为适应海涂淤涨,维持盐业生产,各
场多以移笄亭场为振兴手段。"近来海势东趋,卤气日薄,宜劝各
垣商另移卤地笄置"[⑥],"旧时(余西)亭场距海较远,卤气轻淡,是
以渐移向外"[⑦]。除淮南诸盐场外,淮北盐场也是如此。自明代
中叶改晒,盐场主要依赖卤水远近,不再需要荡草,故"海势东
迁",仍有"移铺就卤"。如"中正场……滨海从前晒盐池面多坐落
中正、小浦、东大、东辛四瞳;道光季年,海势东迁,卤气日淡,于是
花垛废而中(正)、富(民)兴,盐池系移铺焉"[⑧],"海远滩高,卤气
不升,池面应行移铺"[⑨]。

---

① 鲍俊林:《15—20世纪江苏海岸盐作地理与人地关系变迁》,第109页。
② 嘉靖《两淮盐法志》卷一《图说》。
③ 民国《续修盐城县志》卷五《赋税·灶课》。
④ 民国《续修盐城县志》卷四《产殖·场灶》。
⑤ 鲍俊林:《明清两淮盐场"移亭就卤"与淮盐兴衰研究》,《中国经济史研究》2016年
　第1期。
⑥ 〔清〕丁日昌:《淮鹾摘要》卷一,沈云龙主编:《近代中国史料丛刊续编》第77辑,
　第1218页。
⑦ 光绪《重修两淮盐法志》卷一六《图说门·通属九场》。
⑧ 光绪《重修两淮盐法志》卷一八《图说门·海属三场》。
⑨ 光绪《重修两淮盐法志》卷三四《场灶门·盐色下》。

此外,"移亭就卤"与避潮墩密切相关,"潮墩之修废,灶丁之生命系焉"[①]。潮墩分布变化实际上也是淮盐适应"海势东迁"的重要反映。今盐城市境内的地名,往往与成陆初期盐、渔、农业或者微地貌、河道有密切关系,很有规律性。[②] 直到今日,仍有大量聚落、自然村名称带有"墩""灶""团"等字,保留了盐作活动的历史遗迹。[③] 潮墩伴随淮南盐业盛衰而兴废,随着盐灶东迁而东迁。[④] 这些含有"墩""团""灶"字自然村的空间分布,反映了明中期以后淮南部分盐场盐作活动的动态发展面貌,逐卤而进,不断东移。团灶集中且距离范公堤近,基本在嘉靖岸线以西,潮墩、散灶更为分散(图9-6)。

2. 亭场分布

亭场是江苏沿海传统盐业生产的基本单位,很大程度上草卤分布状况决定了亭场的位置与分布特征。受淤进型海涂生态要素演替规律的影响,淤进型岸段的主要分带自陆向海包括草滩、盐蒿滩、光滩,因此,一方面草卤条件具备,另一方面草卤空间分布呈现逐渐分离状态,草滩带主要提供了煎盐生产所用的燃料来源,而卤水资源主要来自光滩带土壤与近海咸潮,并伴随滩地淤进,草、卤逐渐分离,对亭场分布以及盐作活动产生

① 嘉庆《两淮盐法志》卷二八《场灶二》。
② 蒋炳兴:《盐城市综述》,南京:江苏科学技术出版社,1990年,第258、259页。
③ 张忍顺:《江苏沿海古墩台考》,《历史地理》第三辑,第54页;葛云健:《盐业对江苏城市聚落的形成与发展》,《浙江海洋文化与经济》第5辑,北京:海洋出版社,2011年,第108—110页。按:团、灶、总等为古代淮盐生产组织之名,后来多形成聚落,发展为村、镇,其名多沿用至今,十分普遍。如东台市内的南沈灶、头灶、四灶、北团、东团、西团、南团等。墩是海涂上人工堆起的土墩,主要用来避潮,也叫救命墩,以后形成聚落、村镇,仍以墩命名,例如张家墩、蔡家墩、三墩等。
④ 张忍顺:《江苏沿海古墩台考》,《历史地理》第三辑,第55—56页。

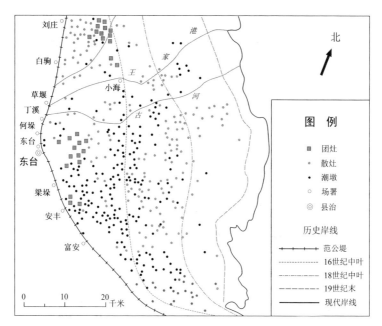

图9-6 明清时期江苏中部沿岸的盐灶及潮墩分布

说明：根据鲍俊林（《中国经济史研究》2016 年第 1 期）改绘。图中"团灶""散灶""潮墩"的空间分布，以含有"墩""团""灶"字自然村的分布为据；自然村以建湖、盐城、大丰、东台、海安、南通诸县地名录及地名图为准（1982 至 1985 年间由各县地名委员会编纂）。历史岸线参考张忍顺《苏北黄河三角洲及滨海平原的成陆过程》（《地理学报》1984 年第 2 期）、底图根据江苏省测绘地理信息局制《盐城市地图》（2019 年）。

了深刻影响。[①]

现代海滩生态类型分类中，草滩是指生长有多年盐生草甸植物的滩地，是淤进型海涂生态发育的最高阶段。[②] 故草滩主要指白茅群落。文献中常出现的"草荡""沙荡""淤荡"，又统称为"荡地"。"草荡"包含了现代分类中年潮淹没带的白茅草滩带与月潮

[①] 鲍俊林：《明清两淮盐场"移亭就卤"与淮盐兴衰研究》，《中国经济史研究》2016 年第 1 期。

[②] 陈邦本、方明等：《江苏海岸带土壤》，第 17 页。

淹没带的盐蒿草滩带,一般泛指白茅草滩以及盐蒿草滩、芦苇草滩等长草荡地,统称为"草荡"[1];"沙荡"主要指植被稀疏的光滩或者光沙不毛之滩地,多是新近淤涨而成,也是未来"蓄草供煎"之地。在演替作用下,"草荡"又是"沙荡""光沙"的进一步发展。"淤荡"则为淤涨中的"沙荡",植被稀疏。另外,依卤旺程度,亭场一般又分为上、中、下三亭,卤气淡薄为下亭,移笕新淤的为上亭或新亭,中间者为中亭。[2]

由于土壤盐分、植被等生态要素演替存在差异,白茅草滩带、盐蒿草滩带以及光滩,三者所提供的煎盐生产要素并不一致。白茅草滩带土壤已经脱盐淡化,卤水不足,但主要提供了煎盐所必需的大量荡草资源;盐蒿滩与光滩带土壤呈强积盐态,主要提供了煎盐生产的土卤来源,距离海潮更近,引潮浸渍摊场、晒灰、淋卤更为便利,但产草不旺盛。淤进型海涂年潮淹没带的白茅草滩,不仅剖面平均含盐量较低(2.1‰),而且0至5厘米的表土盐分低于剖面平均盐分,为稳定脱盐环境[3],有机质厚,盐分低,更适宜种植而非盐作活动。但盐蒿滩土壤含盐量为6‰至8‰,光滩更超过10‰,盐分含量最高[4],地面有少量植物覆盖,蒸发强烈,是潮间带的主要积盐地带。[5] 其地面光洁,杂草稀少,依潮傍海,正是卤旺之地,是适合亭场搬迁的新淤荡地。

蒿草密集分布的盐蒿滩一般不便铺设亭场。如《太平寰宇记》载:"若久不爬溜之地,锄去蒿草,益人牛自新耕犁,然后刺

---

[1] 鲍俊林:《明清两淮盐场"移亭就卤"与淮盐兴衰研究》,《中国经济史研究》2016年第1期。

[2] 光绪《重修两淮盐法志》卷二九《场灶门·盘鉴下》。

[3] 陈邦本、方明等:《江苏海岸带土壤》,第77页。

[4] 同上。

[5] 同上书,第20页。

取。"①又如富安场"……马路折而东皆光沙不毛之地,三十总灶列沙而居"②,吕四场"新淤丁荡,卤气充足,堪以建亭……该荡在于堤外,逼近海洋,潮汐相应,尽属斥卤,多系不毛,其中间有长草,亦甚茸细,不成片段"③。因此,新淤荡地是最为理想的铺设新亭之地(图9-7),即新亭场往往设置在盐蒿草稀疏分布带与光滩之间,主要在月潮淹没带内。明清《两淮盐法志》所载盐场图一般将亭场位置绘制在草荡与海潮之间,靠近新淤荡地;近潮傍海,又有通海潮沟可以利用(图9-8)。

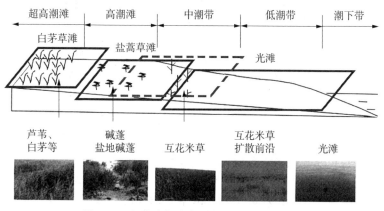

图9-7　江苏中部岸段现代潮滩环境示意图

说明:亭场主要分布在虚线方框区域(宜盐带),自海向陆,分别有上亭、中亭、下亭。滩涂向海淤涨,光滩、草滩也向海演替、迁移,宜盐带也随之向海迁移。历史时期海涂只包括光滩、盐蒿滩与草滩三类,不含互花米草带。

此外,亭场多密集分布在海拔3至4米左右(废黄河口零点,下同),该高程以下或以上均为亭场稀疏分布,这与潮滩高程以及

① 〔宋〕乐史撰,王文楚等点校:《太平寰宇记》卷一三〇《淮南道八》,第2569页。

② 嘉庆《两淮盐法志》卷五《图说下》。

③ 光绪《重修两淮盐法志》卷三〇《场灶门·亭池》。

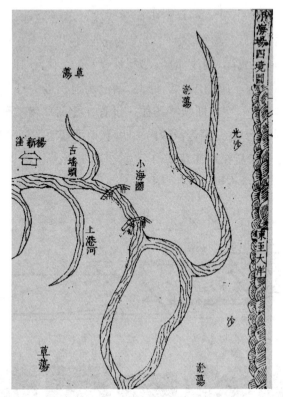

图 9-8 康熙《淮南中十场志》小海场图

潮位有关。[①] 从东台市典型淤长岸段的潮滩断面测量结果来看，白茅与獐茅组成的茅草群落，其下限高程为 3.52 米，略高于该区平均高潮位 3.5 米，属于高潮滩的上部。一年中仅在风暴潮时被淹没，潮浸率非常低；盐蒿群落上限为茅草群落的下限，下限为 3.36 米，略低于平均高潮位，潮浸率约为 20% 至 30%。[②] 清代

① 鲍俊林：《明清两淮盐场"移亭就卤"与淮盐兴衰研究》，《中国经济史研究》2016 年第 1 期。
② 沈永明、曾华、王辉、刘咏梅、陈子玉：《江苏典型淤长岸段潮滩盐生植被及其土壤肥力特征》，《生态学报》2005 年第 1 期。

《江苏沿海图说》载,通泰沿海朔望月时潮汐一般高度为一丈三尺,约 3 至 4 米之间。[①] 故沿海潮墩、煎盐灶墩均在此高度上下。

　　值得注意的是,虽然新淤荡地卤气更旺,但未必是最佳设亭选址,距离海岸越近固然越易获取咸潮,如果没有潮墩的保护,亭场冲坏、煎灶溺毁、灶丁淹毙的风险也更大。“海势东迁”,煎灶日趋分散,避潮墩密度与使用效率降低,在光绪年间大规模兴筑屋墩之前,旧有潮墩长期失修,“海势东趋,新涨沙滩,未设墩座,灶民移亭就卤,旧墩纵有存留等于虚设。光绪七年间飓风大作,海潮奔腾,趋避不及,概付沦胥”[②]。海潮侵袭与潮墩的缺乏一定程度上抑制了在月潮淹没带迫近海潮之处铺设新亭的冲动与可能,如梁垛场“马路东凡有亭灶,皆系附近潮墩见已修整,如遇大潮之期,尚能躲避,所有近海新淤地方,并无亭灶”[③]。

　　总之,亭场多密集分布在淤荡、草荡之间。往往老荡有旧亭场,多为下亭,远离海潮,卤气浅薄;新荡有新亭稀疏分布,草卤无缺,多为上亭,但潮灾风险也更大。前临海、后依草荡,循引潮河而居是多数亭场的共同特征。[④]

3. 亭场搬迁

　　16 至 19 世纪,淮盐亭灶因滩地外涨而不断东迁,但一方面由于海涂自然演替作用缓慢,另一方面人工引潮沟的普遍使用,故大部分亭场搬迁频率并不高。一般在土壤盐含量降低,修浚引潮沟的投入不断加大,产盐效率下滑,沦为低产区时,才有搬迁的动力。

------

① 〔清〕朱正元辑:《江苏沿海图说》,马宁主编:《中国水利志丛刊》(第 39 册),第 31—45 页。
② 光绪《重修两淮盐法志》卷三六《场灶门·堤墩上》。
③ 光绪《重修两淮盐法志》卷三七《场灶门·堤墩下》。
④ 鲍俊林:《15—20 世纪江苏海岸盐作地理与人地关系变迁》,第 116 页。

海涂生态要素的自然演替是缓慢的过程,实际上亭灶完全有时间适应,无需频频搬迁。不考虑灾害等其他因素以及引潮沟的影响,仅因"海势东迁"所致亭灶搬迁最短的时间间隔估计至少约十几年。[①] 因为受淤进型海涂生态要素演替规律制约,从不毛光沙到长草新荡(盐蒿草稀疏分布),一般需要 15—20 年。考虑到长江口淡水径流量大,近岸表层海水盐度低于苏北岸段[②],故江苏沿海滩地从光滩到盐蒿滩至少为 15—20 年以上。

在滩涂淤进较多的地区,亭场搬迁比较突出,如盐城新兴场北七灶有四移煎之名。[③] 嘉庆年间,东台场"马路之外光沙无草"[④],并没有亭场,到光绪年间,"沿海马路"以东有"北新亭""南新亭"。[⑤] 何垛场马路以东也有多个"新亭"[⑥],数十年里才有若干亭场搬迁。

尽管海岸东迁引发草卤分离,但充分利用引潮沟对亭场适应潮滩外涨至关重要,延长了亭场的生存期,是盐作活动对荡草、土卤、咸潮以及劳动力资源集约利用的集中体现,因为淤进型海涂潮滩宽阔,海潮与草滩带存在一定距离,少则数里,多则数十里甚至百里以上。同治年间丁日昌实地查勘,安丰场"乾隆中年以来至道光初年,马路以东得古淤七八里,新淤十余里,续淤又十余里,地方广阔,出草既多,兼卤气极厚,又东至海边光沙六七里,人皆以捕鱼为业"[⑦]。宽阔的淤荡,使得旧亭场远离海潮,潮浸频率

---

① 鲍俊林:《15—20 世纪江苏海岸盐作地理与人地关系变迁》,第 117 页。
② 薛鸿超、谢金赞等:《中国海岸带和海涂资源综合调查专业报告集·中国海岸带水文》,第 91 页。
③ 民国《续修盐城县志》卷五《赋税·场课》。
④ 嘉庆《东台县志》卷六《建制沿革》。
⑤ 光绪《重修两淮盐法志》卷一七《图说门·泰属十一场》。
⑥ 同上。
⑦ 〔清〕丁日昌:《淮鹾摘要》卷一,沈云龙主编:《近代中国史料丛刊续编》第 77 辑,第 1249 页。

降低,只有通过人工引潮方能维持盐作活动。如《最近盐场录》载:"(淮南)各场地面有串场河、引潮沟,不独得资蓄泄,亦可藉引碱潮,而运草运盐更为便利。若沟河不通,无从得潮,潮水不至,无从得卤水利。"①

20 世纪 60 年代前,江苏盐区都是采用引潮法纳潮。人工纳潮中或用自然港汊,或用人工开浚的引潮河。江苏沿海潮汐在农历上半月以十三日起水,至十八日止,下半月二十七日起水至初三止,每汛在这六天为大满,亭场皆被海水浸漫,潮退后的亭场土壤含盐分增加,灶民根据亭场位置,先高处后低处依次摊灰开晒。先晒上场,次晒中场,最后晒下场,每日下午收灰入淋,场地空了,再放海水浸漫,以便次日摊灰曝晒。② 以今天江苏岸段作参考,江苏沿海为正规半日潮,一个太阳日内有两个高潮与低潮。平均涨潮历时 3—4 小时,平均落潮历时 8—9 小时。③ 因此平均高潮线附近自然浸灌的条件比较优越,平均高潮线以上、年高潮线以下的亭场多利用潮水上涌充分纳潮,蓄积备用。

另外,官府对亭场的管制也会影响搬迁。为控制盐业生产,遏制私盐,官府并不鼓励"移亭就卤",反而竭力控制灶丁,编订保甲册,设立火伏法④,目的是从源头上控制盐业生产,稳定盐课。晚清两淮盐产下滑,亭场搬迁逐渐公开化。但光绪初年,为重振淮南盐场,仍规定亭场十年内禁止搬迁,以防止私设亭场,杜

---

① 民国《最近盐场录》,曹天生点校:《近代史资料》第 101 号,中国社会科学出版社,2001 年,第 4 页。
② 沈敏、卢正兴:《两淮制盐技术史话》,《盐业史研究》1994 年第 3 期。
③ 参见《江苏省志·盐业志》"1951—1987 年江苏沿海各闸潮汐要素表"(江苏省地方志编纂委员会主编,第 13 页)。
④ 陈诗启:《明代官手工业的研究》,武汉:湖北人民出版社,1958 年,第 140—145 页;徐泓:《清代两淮盐场的研究》,第 15—20、35 页;[日]佐伯富著,顾南、顾学稼译:《清代盐政之研究》,《盐业史研究》1993 年第 3 期,第 12—13 页。

绝私盐。[①] 不过到光绪末年,部分亭场不搬迁的话便难以生产,如石港场"旧时距海不远,今则海沙涨起数十里,变为沙坦,亭场距海既远,卤气不升,渐移向外,虽违例禁,实就时宜"[②]。

4. 盐作模式

传统海盐生产位于潮滩前沿,时刻面对海洋灾害影响,对滨海环境变化非常敏感。13 世纪到 19 世纪末,大规模煎盐活动在江苏中部沿海稳定下来。明代禁止亭场迁移,实行团煎、集中管理,禁止自由迁移。[③] 后因海岸扩张,集中式生产模式不可持续。尽管违反官府禁令,但灶户仍前往濒海新淤卤旺之地,继续制盐,亭场因此不断向海迁移。特别是 17—18 世纪,大量亭场迁移近海,广泛分布在新涨滩涂,以今东台、大丰沿岸最为明显,盐场最为集中。

自陆向海,潮滩平均宽度距离是 10—20 千米,是大多数亭场迁移距离的 3 到 5 倍。然而,各个场署仍然停留在原来位置,即范公堤上。场署为各场管理机构,亭场是基本生产单元,二者之间的分离,导致盐场宽度逐渐增长,各盐场内距离不一,大致 5—50 千米不等。整体上,为适应海岸扩张,在高度动态的潮滩环境下,传统海盐生产活动从明代团煎到清代转变为散煎方式,逐渐呈现出一种低密度模式。

16 世纪中叶,江苏中部岸段各场共有亭场 9 844 个,19 世纪初共有 16 814 个,19 世纪末共有 7 143 个(表 9-2)。尽管有很多

① 光绪《重修两淮盐法志》卷二九《场灶门·盘鳖下》载:"此次清查亭灶,拟刊发简明门牌,随时稽查也……上亭宜以双鳖计额,使无余盐透私;中亭宜以单鳖计额,使其不至受累,查无门牌之处,即系私亭……定案后,十年之内不准再有移笆亭场。"
② 光绪《重修两淮盐法志》卷一六《图说门·通属九场》。
③ 鲍俊林:《15—20 世纪江苏海岸盐作地理与人地关系变迁》,第 109—111 页。

亭场,但空间分布特征显示出低密度的土地利用模式。根据历史
文献,16 到 19 世纪,平均每平方千米草荡拥有的亭场数量从 5.3
个下降为 4.2 个(表 9‑2),这是从团煎转向散煎,众多亭场不得
不分散在潮滩上的反映。同时,从灶户来看,19 世纪末各场共有
灶户 44.58 万,平均每平方千米草荡中有灶户 142.3 人,如果按
亭场计算,则每个亭场平均有灶户 140.7 人(表 9‑3)。因此,这
种低密度、分散的传统海盐生产模式,实际上就是以家庭为基础
的小生产单位,是一种典型的低密度分布的劳动密集型生产方
式,依赖大量荡地和劳动力资源;它们在潮滩上的响应行为,与海
涂扩张、向海迁移密切相关。

表 9‑2　明清时期江苏沿海中部盐场亭场数量与密度变化①

中部盐场	数量(个)			密度(个/平方千米草荡)	
	16 世纪中	19 世纪初	19 世纪末	16 世纪	19 世纪
富安	3 116	1 209	350	12.3	1.4
安丰	850	2 702	1 124	4.5	6.0
梁垛	1 329	1 477	279	10.4	2.2
东台(含何垛)	883	3 067	1 042	3.0	3.5
丁溪(含小海)	175	1 310	649	0.6	2.1
草堰(含白驹)	1 288	1 091	619	5.7	2.7

---

① Bao, J. L., Gao, S., Ge, J. X., Salt and wetland: traditional development
landscape, land use changes and environmental adaptation on the central Jiangsu
coast, China, 1450‑1900, *Wetlands*, 2019,(39): 1089‑1102.

续　表

中部盐场	数量(个)			密度(个/平方千米草荡)	
	16世纪中	19世纪初	19世纪末	16世纪	19世纪
刘庄	582	479	296	3.8	1.9
伍祐	523	3 513	1 660	3.4	10.7
新兴	274	1 884	1 062	2.8	10.9
庙湾(含天赐)	824	82	62	6.8	0.5
合计	9 844	16 814	7 143		
平均				5.3	4.2

注：各场草荡面积根据表9-4。

表9-3　19世纪末江苏中部岸段灶户数量与密度①

中部盐场	数量(千人)	密度(人/平方千米草荡)	密度(人/亭场)
富安	44.0	151.8	125.6
安丰	48.4	211.9	43.1
梁垛	20.5	156.9	73.4
东台(含何垛)	49.8	135.4	47.8
丁溪(含小海)	48.5	106.2	74.7
草堰(含白驹)	30.5	84.1	49.3
刘庄	23.7	115.0	80.2

① Bao, J. L., Gao, S., Ge, J. X., Salt and wetland: traditional development landscape, land use changes and environmental adaptation on the central Jiangsu coast, China, 1450-1900, *Wetlands*, 2019, (39): 1089-1102.

续 表

中部盐场	数量(千人)	密度(人/平方千米草荡)	密度(人/亭场)
伍祐	80.1	216.1	48.2
新兴	49.6	78.9	46.7
庙湾（含天赐）	50.7	166.5	817.9
合计	445.8		
平均	44.6	142.3	140.7

注：各场草荡面积根据表9-4。

表9-4 明清时期江苏沿海中部各场荡地面积变化(km²)①

中部盐场	16世纪末原额荡地面积	17—19世纪新涨荡地面积	19世纪末荡地总面积	增长
富安	252.4	37.3	289.7	14.8%
安丰	187.8	40.7	228.5	21.7%
梁垛	127.2	3.3	130.5	2.6%
东台（含何垛）	295.0	72.7	367.7	24.6%
丁溪（含小海）	309.7	146.7	456.4	47.4%
草堰（含白驹）	227.1	135.3	362.4	59.6%
刘庄	152.5	54.0	206.5	35.4%
伍祐	155.8	214.7	370.5	137.8%
新兴	97.2	532.0	629.2	547.3%

① Bao, J. L., Gao, S., Ge, J. X., Salt and wetland: traditional development landscape, land use changes and environmental adaptation on the central Jiangsu coast, China, 1450-1900, *Wetlands*, 2019, (39): 1089-1102.

续　表

中部盐场	16 世纪末原额荡地面积	17—19 世纪新涨荡地面积	19 世纪末荡地总面积	增长
庙湾（含天赐）	121.9	182.7	304.6	149.8%
合计	1 926.6	1 419.4	3 346	73.7%

5. 潮滩沉积环境与湿地系统

海涂低密度的传统盐作模式与潮滩沉积环境及其湿地系统密切相关，为维持潮滩制盐活动，官府与灶民主动允许潮汐有规律的浸渍潮滩。反映在防御风暴潮的堤工需求上，也是选择潮墩而不是海堤。这在很大程度上保持了潮滩原本的生态面貌，即这种传统制盐活动对潮滩环境的干扰非常有限。

在江苏中部岸段的各盐场，充分利用潮沟系统，是历史时期海涂开发的一个典型特征。潮沟是潮水进出潮滩滩面的通道，是滩面与海洋进行物质沟通的通道，开阔的淤泥质潮滩最利于潮沟发育。潮沟一般发端于潮滩向陆一侧的中上部，止于低潮线，是滩面涨落潮水汇聚冲刷的结果。[①]明清时期，海涂盐作活动长期依赖潮滩自然水系，特别是潮水沟，以自然港汊、潮汐通道为主，或者是人工化的潮水沟，如灶河。在废灶兴垦与条田化过程中，大量天然港汊才消失。

有了沟通海潮的潮沟系统，潮来时漫及各场，便于引导蓄备利用，潮落时便潴留在亭场的摊场里。有些潮沟近海一端非常宽阔，在江苏弶港和小洋口附近潮滩的一些潮沟下段曾宽达数百

---

① 夏东兴等：《海岸带地貌学》，北京：海洋出版社，2014 年，第 53—54 页；张忍顺、王雪瑜：《江苏省淤泥质海岸潮沟系统》，《地理学报》1991 年第 2 期。

米,甚至超过 1 到 2 千米,而且一直延伸到潮下带。① 在没有海堤的干扰下,潮沟系统往往在滩面自由发育,可达数十千米。在盐场图中,潮沟往往与灶河连通,可以一直延伸到范公堤附近。据康熙《两淮盐法志》各盐场图,可以发现,通州分司诸盐场范公堤以外都没有潮沟描绘,但泰州分司诸盐场以及淮安分司部分盐场(即中部岸段),在范公堤以东的滩面(诸盐场内)普遍绘制有发达的潮沟水系,特别是草堰、小海、白驹、新兴、庙湾场。

翻检史料,在场图中,这些港汊绝大部分都是二级形式,多曲折的形状。通海为河,通河为港,垂直于海岸线一级一般称为"河",垂直于"河"称为"港",以庙湾场最为典型(图 9－9)。这正是现代滩涂潮沟水系的反映。简单的潮沟形态单调、分汊少,多形成于坡度较大的潮滩;江苏淤泥质滩涂平缓,潮沟发育弯曲多,常见分汊(图 9－10)。这些天然潮沟、港汊在长期利用过程中,逐渐稳定,甚至扩大为运河、灶河。

潮沟利用需要及时疏浚,因为涨潮携带泥沙而来,落潮时容易淤积在港汊内,加上滩涂向海淤涨,很多潮沟港汊逐渐淤废。也有一些较大的潮沟后来保留下来,加上人工修整,最终成为较大的主要河道或运河。但明代后期,中部灶河长期得不到正常疏浚。加上亭场逐渐远离海岸,河道淤塞,修浚投入增大,引潮艰难。"灶河,亭民之命脉也,在团则赖以淋晒,在场则赖以装运,但地系沙土,其性善走,又形势浅狭,易致淤垫,逾月不雨,河流立枯,淋晒既艰,装运复苦,驾以牛车劳费数倍",故定例五年一浚,但"万历中未经挑浚者三十余年,几成平陆"②。这种情况下,依

---

① 张忍顺、王雪瑜:《江苏省淤泥质海岸潮沟系统》,《地理学报》1991 年第 2 期;汪亚平、高抒、张忍顺:《论盐沼—潮沟系统的地貌动力响应》,《科学通报》1998 年第 21 期。

② 嘉庆《东台县志》卷一〇《水利》。

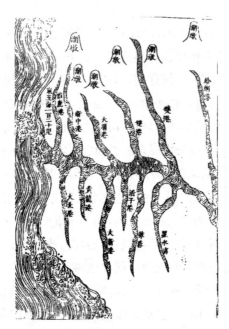

图9-9 康熙《两淮盐法志》庙湾场图

说明：选自康熙《两淮盐法志》，吴相湘主
编：《中国史学丛书》，台北：台湾学生书局，
1966年，第125页。

赖人工引潮将受到很大阻碍。因此，尽管潮沟是引河与灶河及其
海口的重要天然基础，但特点是涨潮快、落潮慢，容易淤积，需要
定期疏浚。

这在旧亭场中比较常见，因为亭场的引潮沟随着滩涂淤涨不
断延长，其河口处由于海潮周期性淤积，泥沙顶托，极易淤塞，疏
浚工作繁重，一旦荒废，不能引潮，便影响了盐产效率，因此引潮
沟虽能满足纳潮需求，但需要投入大量劳动力资源加以维护，故
"每为沙泥壅涨淤塞，每岁亦须频频捞洗以深之"[1]，"无三年不浚

---

[1] 〔元〕陈椿：《熬波图》卷上，景印文渊阁四库全书（第662册），台北：台湾商务印书
馆，1986年，第322页。

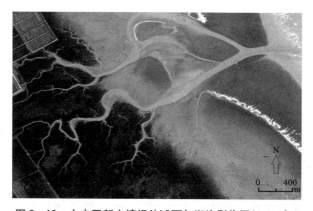

图 9-10　大丰区新丰镇堤外滩面与潮沟影像图(2005 年)

说明：选自 2005 年江苏省遥感图像（江苏省地理信息公共服务平台——天地图·江苏）(http://jiangsu.tianditu.gov.cn/server/index)。

之沟，无十年不挑之河"[1]，"冬令潮枯水涸，责令一律挑修，其通海口门尤宜疏浚，务使潮流四达，卤旺盐丰"[2]。而且及时维护与修浚的人工投入也相当艰巨，工作异常艰辛，如《熬波图》所形容："潮来沟水满，潮落三寸泥，十日泥三尺，沟与两岸无高低，长柄枚桶短柄锹，开深八尺过人头，但得朝朝水满沟，一生甘作泥中鳅。"[3]

小结

从盐业区向农业区转变是江苏海涂历史开发与土地利用的关键变化，这一长期演变格局是在海涂扩张演替推动下的缓慢盐退垦进的过程。盐业区与农业区的边界从模糊到清晰，农业区作

① 周庆云：《盐法通志》卷三七《场产十三·产数》，民国三年（1914 年）文明书局铅印本。

② 〔清〕朱寿朋：《东华续录·光绪朝(218)》，上海古籍出版社，2008 年，第 730 页。

③ 〔元〕陈椿：《熬波图》卷上，景印文渊阁四库全书（第 662 册），第 327 页。

为历史海堤防护区,它的分布决定了海堤投入的方向与重点增修的岸段。而盐业区受海涂扩张的影响,又形成了与潮墩的紧密关系。

范堤以东海涂作为明清时期全国盐业生产中心区域,即使建造与维护了海堤系统用来防潮防洪,但整体上盐业区是允许潮水规律性淹没滨海地带(包括大面积的光滩以及盐蒿滩),从而保持海涂的盐沼沉积特征、土壤盐分及其水盐平衡。换言之,人们主动保护了海涂上支持传统海盐生产的自然条件。反之,这种土地开发方式也导致了对历史堤工的需求差异,即以潮墩作为应急设施,放弃或不允许连续海堤的新建。但维持滩涂的定期潮侵也带来巨大的隐患,增加了传统盐业生产对海岸风险的暴露度与脆弱性,清代以后潮灾频率与灾情明显上升。

海涂扩张淤涨以及生态环境的演替,使滩涂盐业生产活动也不断向海迁移,经历从明代集中式生产(团煎)到清代的分散式生产(散煎),由此形成了低密度的滩涂盐业模式。这种生产模式对堤工需求在不同岸段存在差异。在中部岸段,历史堤工转为以潮墩为主,潮墩得到快速扩张,成为应对潮患的主要方式。

第十章

土地利用政策及海岸管理制度的变化

第一节　16—19 世纪的传统海岸管理

1. 蓄草供煎：海涂资源管理制度

明清时期，官府并未设置现代意义上的旨在协调管理海岸资源的专门机构。不过，在江苏海岸，为强化对海岸盐业生产的垄断控制，官府也构建了严密的、自上而下的管理组织以维持沿海盐业生产秩序。其职能范围主要包括保障盐业生产、新淤荡地管理、水利兴筑、打击私盐以及私垦（图 10 - 1）。这一独特的管理系统在限定盐产区、组织盐民生产、防止私盐透漏等方面，发挥了重要作用。

其中，户部是最高管理部门，通过两江总督与两淮盐政实现二级管理，其下再设两淮盐运司，负责淮盐生产与转运，并分设三个分司，即海州、泰州与通州分司，分别负责江苏沿海北部、中部以及南部的各个盐场。三分司下面各包含多个盐场，每个盐场设立一个盐课司，专门负责一个盐场的征税及其管理。如清代中期海州设 3 个盐课司，泰州为 11 个，通州为 9 个（图 10 - 1）。每个盐课司或盐场下面包含一定数目的亭场或灶团（盐场最基本的组织单位）。朝廷通过该行政体系牢牢地控制了海岸带盐业生产活

动。同时,该系统与周边州县等地方行政组织相比具有相当大的
行政独立性,两淮运司、分司以及各场司,并不受周边州县辖制,
是专门负责海岸盐业生产与征税管理的行政体系,对海岸土地利
用与自然资源管理享有高度垄断权。

需要注意的是,尽管该行政管理体系主要为了控制和管理海
岸盐业生产,但实际上对海岸开发及灾害应对等很多方面都有着
深远影响。这种管理体制的核心内容是为了保障盐业生产的稳
定与盐课收入,因此明清江苏海岸管理的具体方式与措施,便集
中反映在这套盐业行政管理体系中,特别是在保障海盐生产、打
击私盐、禁止私垦、维护水利工程等方面,均发挥了重要作用。①

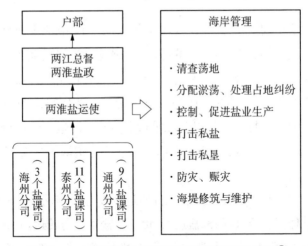

图 10 - 1 明清时期江苏海岸传统管理体制示意图②

---

① 历史时期沿海还有用于军事防御性质的管理体系及其重要设施,也属于广义历史
海岸管理的一部分,本章暂不讨论。

② Bao, J. L., Gao, S., Traditional coastal management practices and land use changes during the 16 - 20th centuries, Jiangsu Province, China, *Ocean & Coastal Management*, 2016,124: 10 - 21.

在现代海岸综合管理组织系统中,更多强调了上下层级或地方政府组织之间的垂直集成与区域协调。不同的是,在历史上江苏沿海,这一自上而下的、纵向的海岸行政管理组织,更多体现了垄断地方资源的需求,或抑制地方多样性产业发展的目的;对海岸自然资源利用与社会经济发展产生了重要影响,强化了土地利用方式中重盐轻垦的政策,导致江苏海岸社会经济长期以盐业生产为中心。

　　荡地资源的管理是这一套体制的核心内容之一。江苏沿海滩涂资源丰富,包括多样盐沼、草地与新涨沙地等不同类型。自明初起,官府便力图将沿海土地资源和海洋资源的开发利用,纳入朝廷的控制之下。面对江苏海岸长期快速淤涨与丰富的自然资源,如何控制海岸自然资源并维护海盐生产,是明清官府在江苏海岸管理的核心目标。因此,为控制两淮盐业,明清官府长期施行重盐轻垦的土地利用政策,限制开垦。该政策首先垄断沿海滩涂资源,然后由官府统一分配,并严格规定使用途径,即用于盐业生产,禁止开垦种植。在文献中该制度被称为蓄草供煎制度。正是在这种垄断办法下,淮盐获得大量资源,快速发展,成为全国海盐生产中心。

　　蓄草供煎政策规定:"不准典卖灶地,不准私垦荡草,不准出境,皆为煎盐计也。"[1]后由于荡地私垦,影响荡草生产,道光七年(1827 年)官府颁令"各灶户将私垦之荡照旧放荒外,再查各场荡地,如有私垦成熟者……立即犁毁,押令放荒"[2]。同时,为维持荡草的稳定供应,还规定了《拦草章程》,积极打击越境贩卖荡草。[3] 这一特殊的土地利用政策对滩涂利用方式产生了重要影

① 民国《阜宁县新志》卷五《财政志·盐法》,台北:成文出版社,1975 年,第 534 页。
② 周庆云:《盐法通志》卷二七《场产三·物地三》,第 7—8 页。
③ 光绪《重修两淮盐法志》卷二六《场灶门·草荡》。

响,即重视盐作,但限制开垦。① 海涂开发活动中被严禁占用荡草资源,例如光绪末年两淮运司赵滨彦认为通海垦牧公司占用了盐场草滩,导致荡草日绌,因此定例此后除了通海垦牧公司外,"严禁他场,不得再垦一亩"②。直到宣统三年(1911 年)仍要求"淮南各场境内窑座、槽房一律查禁,以重煎产"③。此外,官府也强化对其他生产资料、煎盐生产工具以及劳动力的控制,包括利用灶籍、保甲制度、火伏法,控制灶丁队伍、严格规定生产流程。④ 特别是对关键的盘鐅、池面等生产资料都有定例,"盘铁原有定额,亭池原有定口,非灶户所能私专置造也"⑤。

蓄草供煎制度是传统时期江苏海岸土地利用与管理政策的集中反映,这种独特的分配海岸土地资源方式,导致了江苏海岸数百年内形成了重盐轻垦的海岸产业形态,促进了盐业生产的繁盛发展,也抑制了其他产业发展空间。⑥ 通过强化蓄草供煎制度、设立严密的行政管理体系,包括对劳动力资源、滩涂资源的管理以及水利管理等方面,因此,以蓄草供煎政策为中心,明清官府实际上构建了一种特殊的海岸资源管理方式。这种传统海岸管理方式是官府主导的,是由一些具体生产管理制度组成的,以户部、两淮盐政为直接管理机构,直到两淮各亭场的垂直管理体制。

---

① Bao, J. L., Gao, S., Ge, J. X., Dynamic land use and its policy in response to environmental and social-economic changes in China: A case study of the Jiangsu coast (1750 - 2015), *Land Use Policy*, 2019,(82): 169 - 180.

② 张謇:《宣告掘港场荡地历史及所规划》,张謇研究中心、南通市图书馆编:《张謇全集》(第 3 卷),南京:江苏古籍出版社,1994 年,第 796 页。

③ 盐务署纂:《清盐法志》卷一〇一《场产门二·草荡》,民国九年(1920 年)印本,第 10 页。

④ 徐泓:《清代两淮盐场的研究》,第 15—20、35 页。

⑤ 〔明〕庞尚鹏:《清理盐法疏》,〔明〕陈子龙编:《明经世文编》卷三五七《庞中丞摘稿一》,中华书局,1962 年,第 3842 页。

⑥ 鲍俊林:《15—20 世纪江苏海岸盐作地理与人地关系变迁》,第 290—294 页。

总之,蓄草供煎制度是历史时期江苏海岸管理与土地利用政策的核心。该制度以维护官府主导的盐业生产利益为中心,对海岸自然资源进行垄断配置,通过官府统一分配海岸自然资源,包括对海岸草地的圈禁控制,对新淤滩涂的清丈登记等,对盐业生产劳动力的控制与管理,对私垦的管理及对海岸灾害的救济与水利设施的投入等方面。

2. 海岸农业开发

明清官府为保证两淮盐业生产,长期禁止海岸滩涂开垦,推行蓄草供煎制度。然而江苏海岸带属于淤进型海涂,受演替作用影响,大量宜垦草滩带不断增多,但不得随意开垦,引发大量可耕地资源闲置。[①] 整体而言,在重盐轻垦的政策下,江苏海岸土地的农业开发经历了从禁垦到放垦的历史转变。即16至19世纪末,为禁垦阶段,19世纪末才转入放垦阶段。

一方面,伴随海岸人口增长,大量可耕地资源吸引了附近的灶户、民户私垦,官府虽然长期禁垦,但私垦一直存在,且不断扩大,以江苏中部盐场为例,如前文所述明代弘治年间(1488—1505年)《两淮运司志》载:泰州分司(富安至庙湾场)有田地共24.2万亩。到嘉靖年间(1522—1566年),富安至庙湾场共有田地43.7万亩,数十年内增长约2倍,土地垦作扩大明显。又据光绪《重修两淮盐法志》载,官府查得1745年以前富安至庙湾等场,已有垦地面积共63.9万亩。

另一方面,随着江苏沿海盐业生产规模扩大,到乾隆十年(1745年),官府认为长期以来私垦不断扩大已经危及盐业的正常发展。因此,1761—1762年,清廷决定对土地面积最多、私垦

---

① 孙家山:《苏北盐垦史初稿》,第23—24页。

最多的泰州分司各场进行一次集中清理。此次公开清丈,对远离海岸的垦熟土地予以认定,但同时对新近私垦仍采取强制退垦放荒措施,重新明确了各场盐作的用地范围。但各场上报的耕地面积远大于官府实际丈量与认可的面积。例如丁溪场上报垦熟地13.6万亩,而官府实丈熟地仅为6.15万亩,即官府只认可了上报面积的45.2%为农业用地,其余的54.8%仍确定为盐业用地。[①] 此外,官府也对清丈后的耕地征收一定优惠的土地税,给予法律地位,同时弱化盐垦矛盾。自乾隆二十七年(1762年)开始征收,每亩征收银2分5厘。至嘉庆年间(1796—1820年),当时周边地区田赋为每亩征银4分8厘,而对盐场田地仍为每亩2分7厘,数十年间基本不变。[②]

虽然私垦规模不断扩大,但仍然十分有限。例如嘉靖《两淮盐法志》载,16世纪中叶,江苏沿海盐场总土地面积为842.4万亩。其中草地750.5万亩,田地91.9万亩,田地占盐场土地总面积的10.9%。到1761年清查中部盐场,垦地面积占盐场土地总面积的10.6%,比例基本未变。另据乾隆与嘉庆年间《两淮盐法志》记载,富安至庙湾的中部11个盐场所属荡地总面积为325.7万亩(不含伍祐场),按照1761年清丈的耕地面积计算,则18世纪中后期耕地面积占到十一场土地总面积的约18.2%。农业用地比例虽有一定增加,但大量海岸土地仍然被限制在盐业活动中,未能充分开发。如前一章所述,19世纪末中部和南部海岸的草地总面积为4370.5平方千米[③],只有2.3%被盐业充分

---

① 鲍俊林:《15—20世纪江苏海岸盐作地理与人地关系变迁》,第217页。
② 嘉庆《东台县志》卷一六《赋税》;鲍俊林:《15—20世纪江苏海岸盐作地理与人地关系变迁》,第218页。
③ 鲍俊林:《15—20世纪江苏海岸盐作地理与人地关系变迁》,第83—84页。

利用。①

至 19 世纪后期，淮盐逐渐衰落，滩涂开垦的需求不断增加。特别是部分盐场远离海岸，产盐效率下降，草地往往被盐民私垦。以往的海岸管理政策实际上已经难以为继。一方面，开始在局部盐场放垦。例如光绪年间（1875—1908 年）对泰州分司部分难以产盐的土地报废转垦，并颁布了《报废章程》六条。② 光绪二十三年（1897 年）对"两淮场田变通丈垦"③。光绪二十六年（1900年），选择新兴、伍祐二场作为试点，开始公开放垦。但另一方面，为了应付脆弱的财政状况，清廷仍然需要仰赖江苏海岸的盐税收入，尽管蓄草供煎制度在 19 世纪末已经不合时宜，但仍然被大力强化，没有根本改变。道光年间（1821—1850 年）颁布的《拦草章程》④，直到半个多世纪后仍然被执行，禁止流通与贩运出场，稳定盐场的草料需求。

到 20 世纪初，官府垄断的海岸管理体制随之消失，江苏海岸大量可耕地资源才被大规模放垦，以往以盐业为主的土地利用结构转为以农业开发为主。1914 年在江苏海岸设立淮南垦务局，并颁布《垦荒章程》⑤，掀起了海岸大规模有组织的海涂围垦活动，海岸带农作活动围绕废灶兴垦进入了有计划、有组织的重垦轻盐阶段。

3. 盐作劳动力与荡地资源

为控制淮盐生产，官府对盐业生产劳动力资源以及滩涂变

---

① 孙家山：《苏北盐垦史初稿》，第 23—24 页。
② 光绪《重修两淮盐法志》卷二九《场灶门》。
③ 《清盐法志》卷一〇一《草荡》。
④ 光绪《重修两淮盐法志》卷二六《场灶门》。
⑤ 孙家山：《苏北盐垦史初稿》，第 25—27 页。

化情况非常关注。其中,对盐业生产的劳动力长期施行强制劳役的灶户制度。明代为稳定盐产额,将这一源自唐代的劳役制度进一步强化,并在黄册上将大部分灶户转为灶籍,固定了这类劳动力的煎盐生产的义务劳役性质。该制度规定这种特殊的劳役世代相承,不得轻易变更。[①] 故各场灶户均有一定之固定额数,例如两淮三十盐场原额设灶户共计 67 946 丁,并且每隔若干年清查一次。[②] 明成化九年(1473 年)以后,又定为十年清查一次,明嘉靖十二年(1533 年),又改为五年一次,不同时期的盐场劳动力数量一般都被记录在案,以供官府及时掌握海盐生产情况。到明万历末年(16 世纪末)以后,盐税从原来的实物形式转变为货币形式,故盐民不必再自行生产盐,灶户制度因此由世袭的强制劳役制度转变为自由职业,但世袭灶籍尚未明文废除。[③]

明末清初,战乱导致灶户流失甚多,为加快恢复盐业生产,清政府开始清查灶籍,打算重新严格执行强制劳役的世袭灶户制度,但最终未能实现。到乾隆后期,灶户与民户已经没有区别,制盐不再是一种义务,而是一种自由职业,人皆可制盐。盐场因此不易控制,私煎、私晒不断增多。除了灶户制度外,官府在海岸区域内也设置了保甲制度,以便组织灶民,使其相互监督稽查,防止私盐流出,维持盐场治安,强化了对盐场基层组织与社会生产活动的控制。[④]

此外,由于江苏海岸长期淤涨,为掌握海岸土地资源动态,官

---

① 徐泓:《清代两淮盐场的研究》,第 15—19 页。
② 康熙《两淮盐法志》卷三《场考》。按:乾隆《两淮盐法志》卷一七《灶丁》载:"南北两淮原额灶户一万五千一十六户,额定灶丁三万二百五十四丁。"
③ 徐泓:《清代两淮盐场的研究》,第 17—18 页。
④ 同上。

府也长期对其及时核查，以便分配，防止滩涂被私自侵占利用，以保证盐业生产所需。"旧例五年一次审核丁荡，查消长，清乘除，均肥瘠，别无荒残荡地可用。"①在此基础上，清代加强了清查荡地资源的管理，统一登记在册，绝大部分均划拨给各盐场，草荡资料在清代各部《两淮盐法志》中均有详细记载。这些新涨滩与草荡涂被细分为沙荡、草荡等不同类型，大部分植被稀疏的沙荡要等到植被茂密后，专门作为煎盐的草薪来源地。如《盐法通志》记载了原额草荡、沙荡与历次新淤荡地亩数，淮南各场荡地总面积为655.6万亩②，历次新淤荡地合计占原额草荡的59.3％。同时，海岸草滩面积明显增大，可耕地资源不断增多，新淤荡地资源往往被争抢。官府清查后一般通过缴纳税款以便认领，没有缴税的则不承认其私占权利。总之，官府强化对海岸荡地的管理和定期核查，目的是巩固蓄草供煎制度，打击私垦，维护海盐生产活动的主导地位。

4. 灾害应对

采取综合措施防灾减灾、应对海岸灾害是明清官府在沿海地区的重要社会功能③，也是传统海岸管理的重要内容之一。作为海涂前缘的传统生产活动，江苏沿海传统海盐生产逼近海潮，时刻面临潮侵与洪涝灾害风险。特别是在16—19世纪，随着江苏沿海地区盐业向海扩张、快速发展，这里发生自然灾害的风险也显著上升。在16—19世纪发生的167次主要风暴潮事件中，平

---

① 光绪《两淮盐法志》卷二六《草荡》。
② 《盐法通志》卷二七《场产三·物地三》。
③ 冯贤亮：《清代江南沿海的潮灾与乡村社会》，《史林》2005年第1期；赵赟：《清代苏北沿海的潮灾与风险防范》，《中国农史》2009年第4期；张崇旺：《明清时期两淮盐区的潮灾及其防治》，《安徽大学学报（哲学社会科学版）》2019年第3期；鞠明库：《论明代海盐产区的荒政建设》，《中国史研究》2020年第4期。

均每 3 年就有一次较大灾情。[1]

　　不过,在以盐业生产为中心的海岸管理体系中,对滨海灾害的应对,根本目的在于维护两淮盐业生产活动的稳定与延续,不妨碍盐课。换言之,尽管潮灾应对确实受到高度重视,但维持两淮盐场的稳定、减少灾害损失、尽快恢复生产,才是盐场救灾的主要目的。例如,在光绪《重修两淮盐法志》中专门开辟《优恤门》记录官府救济灶民的善举,但在开头也点出了救济的目的所在:“滨海斥卤之乡,地号不毛,居人煮盐为生,用代耕耨,一遇旱涝,则举室饥号,是惟救死之不赡,遑问赋税哉!”[2]这种灾害应对及管理方式,一方面具有突出的被动性,另一方面很大程度上也影响了堤工建设与维护的效率。

　　如第四章所述,潮灾最常见的损失是溺人、毁房、坏堤堰或海塘、淹盐场与农田等,以及疫情等次生灾害。历史上官府确实有很多救济措施,往往采取一些补救措施来减轻灾害的损害,包括补充生产资料,减少税收,以及一些捐赠救济。如国家层面的应对措施包括赈济、抚恤、蠲免、修筑海堤、祭祀神灵和迁徙灾民等。[3] 一般短期应急措施包括官府发放实物救济与生产资金借贷等,长期措施集中在堤工设施的投入上。不过,在以稳定盐业生产为目的的前提下,灾害救济在这种自上而下的海岸管理体系中往往是临时应急的方式,难以有效应对潮灾;灾前应对少,灾后应对居多,且缺少预警或长期预防措施,针对盐业再生产的扶助

① 王骊萌、张福青、鹿化煜:《最近 2000 年江苏沿海风暴潮灾害的特征》,《灾害学》1997 年第 4 期。

② 光绪《两淮盐法志》卷一四一《优恤门·恤灶上》。

③ 谢行焱、谢宏维:《明代沿海地区的风暴潮灾与国家应对机制》,《鄱阳湖学刊》2012 年第 2 期;张崇旺:《明清时期两淮盐区的潮灾及其防治》,《安徽大学学报(哲学社会科学版)》2019 年第 3 期;鞠明库:《论明代海盐产区的荒政建设》,《中国史研究》2020 年第 4 期。

措施也明显不足。

　　除救济外,加强海岸工程的建设与管理应当是灾害应对的重要方面。如第五、六章所述,在低密度盐业生产与被动应对潮灾的影响下,数个世纪内堤防建设维护实际上都处于一种低效的重复循环之中。在长达近一千年里,江苏沿海历史海堤从结构与功能上并没有本质上的变化,这些低标准土堤在受灾、增修,再受灾,再增修的过程中延续,缺乏统一标准与规划。本应当是灾前应对、预防,但多数情况下都是迫不得已之举,往往在年久失修之后,迫不得已才集中重修一次。特别是灾后损失巨大、危及盐课,才会引起朝廷重视,才有压力去动帑举办大工,毕竟依靠民办或商捐报效举办都是远远不够的。

　　同时,建立海堤管理制度是保障海堤功能、延续寿命的重要措施。范堤要持续发挥作用,只有不断的定期加修维护,对关键岸段进行管护很必要,以避免潮水冲毁或人为破坏。不仅需要集中的大规模重修,也需要日常的培土保养。但这些管护制度并不连贯,效果不佳。实际上,堤墩体系不足以应对较大潮侵,甚至一般规模的潮侵都会损失巨大,因为缺乏较为成熟的灾害预警制度。两淮场地"洪潮时泛,淹没草荡田庐灶户,时时惊徙,靡有定栖"[1]。一旦受灾,往往伤亡惨重。如万历十年(1582 年)七月"海州……各(盐)场海啸,淹田禾,淌人畜,坏屋舍无算"[2]。换言之,在以管控淮盐为目的的管理机制上,灾前预防预警、防灾建设不是重点,也不是首位目标;即使史书中有大量灾情灾害记载,对海岸潜在的巨大风险仍然缺乏高度重视,无法形成长期的规律性认识,也缺少对各岸段的地理特征及其潜在灾害风险差异的调查分

---

① 康熙《两淮盐法志》卷一《祥异》,台北:学生书局,第 58 页。
② 光绪《盐城县志》卷一八《祥异》,光绪二十一年刻本。

析,往往习惯于灾后救济及其善举的宣扬。

此外,如第六、八章所述,在历史堤工重修与管理过程中,还存在多头管理、权责不明的问题,或者敷衍推诿现象。特别是在范堤堤身与闸座的管护、河道疏浚等方面,河员与场员之间往往存在矛盾,且多为补一时之缺漏,久之又失效。如乾隆十九年(1754年)盐政吉庆就认为以往堡夫归治河官员管理,效果不佳。"各场范堤堡夫向系责成河员查核催督,因汛员离堤遥远,积土无有实效。"[①]又如闸官职责在河员与场员职责交集地带中摇摆,在漕运、盐政、河政层面始终没有得到很好的协调。例如同治八年(1869年)方浚颐授两淮盐运使,也表达了自己对淮扬地区多次设闸与筑堤难有成效的感受,认为淮扬治水之难,根本在于"治河通病,唯不谙水利者贸贸然言之,故曰有治人,无治法。治水之道易,而实难"[②]。

第二节　19世纪末传统海岸管理方式转变

到19世纪末,随着人口的增长和沿海环境的变化,传统海岸管理体制逐渐变得不可持续,无法满足多元化发展的需要。为了保持对沿海资源的控制,清政府开始改变原来限制沿海土地开发的政策,允许私人投资土地开垦,传统管理方式开始迎来新的转变。

到19世纪末20世纪初,伴随传统管理体制的衰败、废灶兴垦的出现,滩涂围垦开发成为江苏沿海主要的土地利用方式。其中,"南通模式"就是探索地方自治与开发的试点项目。

---

① 光绪《重修两淮盐法志》卷三六《场灶门·堤墩上》。
② 〔清〕方浚颐:《书淮扬水利图说暨淮扬水利论后》,见沈云龙主编:《近代中国史料丛刊》第49辑《二知轩文存》,第629—631页。

在这个项目中,清末民初南通地方政府获得了更多自主权,包括促进海岸带发展,吸引民间资本参与海岸带围垦,规划建设海堤,开展滩涂资源调查等。[①] 这是中国沿海地方经营方式由传统向现代转变的关键时期,为地方政府和民间资本开发土地资源以及参与海岸管理提供了重要机遇。在"南通模式"中,地方集团和个体资本家以全新的管理体制和地方设计的结构,成为沿海开发的主导力量[②];当地在资源利用和沿海开发方面也有了更多的主动性。

1895 年,大生纱厂与通海垦牧公司在南通成立,标志江苏沿海迎来新的开发阶段。但这一时期的地方自治还很有限,大规模的土地开垦仍被严格禁止,土地利用政策并没有发生根本性的变化。1914—1915 年以后,地方政府积极推动了该地区的大规模开发,鼓励民间资本投资。特别是建立了以江苏省政府和淮南垦务局为主要管理机构的沿海管理新体制(图 10 - 2)。

同时,地方政府被授予了更多自治权,负责沿海开发管理、地方治安、土壤改良和围垦、规划海岸工程方案以及制定地方性法规(图 10 - 2)。这包括淮南垦务局在东台县成立,制定回购荡地的章程、条例规范,促进沿海土地围垦;开始允许大量私人资本投资于滩涂围垦。1913—1939 年,江苏沿海地区出现了 70 家左右的盐垦公司[③],大部分为有限公司的形式,成为沿海开发的主体,长期禁垦转为放垦,旧的盐业区快速向农业区转变。

与以往管理政策相比,该阶段以围垦为主的土地开发明显有利于沿海资源的多样化利用。因此,淮南盐场所在的沿海土地逐渐从传统盐业生产转变为农业生产的中心。特别是这些地区的

---

① 常宗虎:《南通现代化:1895—1938》,第 185—208 页。
② 同上。
③ 孙家山:《苏北盐垦史初稿》,第 32—37 页。

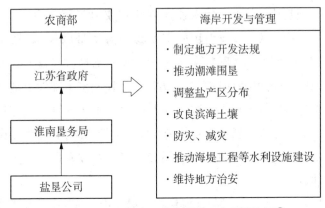

图 10-2　20 世纪初江苏海岸管理体制示意图[①]

棉花种植迅速发展。1936 年,约有 21 家大型盐垦公司共拥有棉花种植面积 70 万公顷。与淮南相比,淮北沿岸成为江苏沿海新的产盐中心,也是当时中国产盐最多的地区之一,年产量 22 万—45 万吨。[②] 与此同时,渔业也得到了快速发展。1905 年,江浙渔业公司在上海成立,这是中国近代海洋渔业的开始。到 1922 年,大约有 4 000 名渔民和 660 艘渔船,年捕鱼量接近 1 500 吨。[③] 此外,各盐垦公司加大了海堤建设投入。不过,以地方主导的管理方式也存在很多问题,例如缺乏统一的管理,仓促的投资也容易导致收益问题。特别是不同盐垦公司在修建海堤过程中,明显缺乏统一的规划和建设标准,往往各自为政,难以发挥保护沿海社区和预防风暴潮灾害的作用。[④]

① Bao, J. L., Gao, S., Ge, J. X., Centralization and decentralization: Coastal management pattern changes since the late 19th century, Jiangsu Province, China, *Marine Policy*, 2019, 109: 103705.
② 江苏省地方志编辑委员会:《江苏省志·盐业志》,第 97—98 页。
③ 中国经济年鉴编辑委员会:《中国经济年鉴续编》,张研等编:《民国史料丛刊》第 970 册,郑州:大象出版社,2009 年,第 153 页。
④ 孙家山:《苏北盐垦史初稿》,第 42—45 页。

小结

以维持淮盐生产为目标形成的传统海岸管理制度,缺乏积极的潮灾风险管理意识,深刻影响了海涂土地利用方式、堤工策略及灾害应对方式。作为全国盐业生产中心,范堤以东海涂长期被允许潮汐定期浸渍以便维持盐沼沉积特征以及海盐生产的自然环境,增加了传统盐业生产对海岸风险的暴露度与脆弱性,潮灾频率与灾情明显上升,并导致盐区开发表现为低密度模式。同时,尽管应急防潮、灾后救济过程中刺激了海堤的短期大规模投入,但风暴潮并非堤工演变的主要因素;从长期来看,塑造历史海堤系统演变的是防护区土地利用及海岸管理制度的变化。堤东盐业区与堤西农业区在土地利用、灾害应对及堤工建设方面存在差异,盐业区大量荡地长期禁止转为农业区,依赖堤—墩防御体系;但最终在废灶兴垦期间,土地利用政策的改变才加快了旧盐业区的废弃、萎缩以及海涂农业区的发展,相应地,新农业区也开始建立以新海堤为主的防潮体系。

附录一：江苏沿海历史潮灾年表①

时间 （年）	历史 纪年	地点	天文潮 （农历）	气象潮及灾情摘录	资料来源
1119～ 1125	北宋宣 和年间			水势奔冲、淹没田地 周三百余里	嘉庆《东台县 志》
1171	南宋乾 道七年	通、泰、楚 三州		海潮复冲击（范堤） 二千余丈……泰之 损者独多	嘉庆《东台县 志》
1180	南宋淳 熙七年	盐城		海飓大作	光绪《盐城县 志》
1234	南宋端 平元年	泰州		泰州风潮逆猛，损捍 海堰 400 余丈	嘉庆《东台县 志》
1341	元至正 元年	通、泰州		海潮涌溢，溺死 1600 余人	嘉靖《重修如 皋县志》

① 参考今人辑录资料，并根据明清各部《两淮盐法志》、江苏沿海各县历代地方志补
充整理，考订各年资料，删去重复或不确切的记录。采用的今人辑录资料包括《江
苏省近两千年洪涝旱潮灾害年表》(江苏省革命委员会水利局，1976 年)、《华东地
区近五百年气候历史资料》(上海等省市气象局、中央气象研究所，1978 年)、《中
国历代灾害性海潮史料》(陆人骥著，海洋出版社，1984 年)、《清代淮河流域洪涝档
案史料》(水利电力部水管司、水利水电科学研究院编，中华书局，1988 年)、《南通
盐业志》所载《盐区历代自然灾害》(凤凰出版社，2012 年，第 774—779 页)，并对明
清时期的史料记录进行了考订。潮灾识别主要参考阎俊岳等在《中国近海气候》
(科学出版社，1993 年，第 572—573 页)、高建国在《中国潮灾近五百年来活动图象
的研究》(《海洋通报》1984 年第 2 期)中使用的标准，另本表也包括干旱卤潮倒灌
的记录。20 世纪资料根据《江苏省近两千年洪涝旱潮灾害年表》、《中国气象灾害
大典》(江苏卷 1950—2000 年)(气象出版社，2008 年)、《中国风暴潮灾害史料集》
(1949—2009 年)(海洋出版社，2015 年)、《长江三角洲自然灾害录》(刘昌森等编
著，同济大学出版社，2015 年)、孙宝兵《地方志载明清时期苏沪沿海地区风暴潮灾
一览表》(见《明清时期江苏沿海地区的风暴潮灾与社会反应》，广西师范大学硕士
学位论文，2007 年)整理。

续　表

时间（年）	历史纪年	地点	天文潮（农历）	气象潮及灾情摘录	资料来源
1368	明洪武元年	海州		东海潮水浸田	《江苏水利全书》
1389	明洪武二十二年	通州	七月	海潮涨溢，坏捍海堰，漂溺吕四等场盐丁三万余口；通州七月海溢捍海堤，溺死盐丁无算。如皋，七月海溢，坏堤堰，盐丁溺死无算	万历《通州志》、嘉靖《两淮盐法志》（二十三年）
1394	明洪武二十七年			潮决，淹没3万余人	嘉庆《两淮盐法志》、隆庆《海州志》
1411	明永乐九年	通州		海溢堤圮，自海门至盐城百三十里	光绪《盐城县志》
1467	明成化三年	通州	七月	海溢，坏堤海堰69处，溺死吕四等场盐丁274人。如皋，七月海水涨，坏堤	万历《通州志》、嘉靖《两淮盐法志》（二年）
1471	明成化七年	通州		潮发，死者200余人	《续行水金鉴》
1512	明正德七年	泰州、通州	七月十八日	夜大风海溢，没场亭庐舍，人死千计。通州风雨大作，海潮漂没官民庐舍，溺死男妇3000余口	道光《泰州志》、嘉靖《两淮盐法志》
1514	明正德九年	盐城		海溢，海滨居民漂溺十之七	光绪《盐城县志》
1522	明嘉靖元年	通州、泰州、阜宁	七月	阜宁海潮溢，死人无算。大风海溢、民庐漂没。彻夜海潮涌溢，灶舍、盐丁漂没，莫知所在	道光《泰州志》、嘉靖《两淮盐法志》

时间 (年)	历史 纪年	地点	天文潮 (农历)	气象潮及灾情摘录	资料来源
1539	明嘉靖十八年	通州、泰州、盐城、阜宁、如皋	闰七月三日	通州海水骤溢高二丈余，溺死民灶男妇29 000 余口，漂没官民庐舍畜产不可胜计。如皋海水骤溢二丈余，民多漂溺死。盐城东北风大起……海大溢，民畜溺死，庐舍漂没无算。阜宁闰七月海溢，溺死万余人	万历《通州志》、嘉庆《如皋县志》、民国《阜宁县新志》、嘉靖《两淮盐法志》
1550	明嘉靖二十九年			潮变	乾隆《通州志》
1569	明隆庆三年	通州、如皋	七月	通州风雨暴至海溢，漂没庐舍，溺死者众。如皋大水海溢高二丈余，城市中以舟行，溺人无算	万历《通州志》、嘉庆《如皋县志》
1577	明万历五年	阜宁		海涨，坏范公堤，死人无算	民国《阜宁县新志》
1582	明万历十年	盐城、海州、通州、阜宁	七月十三日	盐城大风雨，海州、盐城各场海啸，淹田禾，淌人畜，坏屋舍无算。阜宁海啸，盐丁多溺死。通州七月乙巳夜大风，海潮泛溢，漂溺民舍，人多死者	光绪《盐城县志》、民国《阜宁县新志》
1631—1633	明崇祯四年、五年、六年			洪水冲决范堤	民国《阜宁县新志》

续　表

时间 (年)	历史 纪年	地点	天文潮 (农历)	气象潮及灾情摘录	资料来源
1644	清顺治 元年	盐城	六月	海溢	嘉庆《东台县志》
1645	清顺治 二年	盐城	六月	海溢	嘉庆《东台县志》
1647	清顺治 四年	如皋		海溢,淹没人口庐舍无算	乾隆《如皋县志》
1650	清顺治 七年	海州	七月	海水啸	嘉庆《赣榆县志》
1654	清顺治 十一年	通州	六月二 十二日	海潮涨,死者以万计	嘉庆《东台县志》
1660	清顺治 十七年	海州	七月	海啸、大水	嘉庆《赣榆县志》
1661	清顺治 十八年	盐城	五月、 七月	海潮,淹没庐舍无算	嘉庆《东台县志》
1664	清康熙 三年	通州	七月	海潮涨上	乾隆《如皋县志》
1665	清康熙 四年	盐城	七月	海啸入城,人畜庐舍漂溺无算	乾隆《盐城县志》
1666	清康熙 五年	通州,吕四场		荡地冲没大半,又兼潮灾男妇淹没,仅存百余丁	光绪《重修两淮盐法志》
1668	清康熙 七年	海州	六月	海潮大上,飓风	嘉庆《海州直隶州志》
1670	清康熙 九年	海州,莞渎场	七月	河决,沿海民多溺死	康熙《江南通志》
1691	清康熙 三十年	通州	六月	海潮暴溢,溺死无数	乾隆《直隶通州志》

续 表

时间 (年)	历史 纪年	地点	天文潮 (农历)	气象潮及灾情摘录	资料来源
1696	清康熙三十五年	通州、如皋		海潮,溺人无算	乾隆《如皋县志》
1722	清康熙六十一年		六月	海州海溢	嘉庆《海州直隶州志》
1724	清雍正二年	通、泰、淮三分司共29场	七月	悉被潮淹,溺死约49558人,受灾人口约8万	光绪《重修两淮盐法志》
1730	清雍正八年	通、泰、淮三分司共21场受灾	六月二十一二等日	沿海风潮,通州分司所属西亭、丰利、掘港、金沙、余西、余东6场,泰州分司栟茶、角斜、小海、草堰、丁溪5场,淮安分司白驹、刘庄、伍祐、新兴、庙湾、板浦、徐淮、莞淮、临洪、兴庄10场被灾,内庙湾、莞淮、临洪3场尤重,受灾人口约5万	光绪《重修两淮盐法志》
1732	清雍正十年	通、泰、淮三分司共25场受灾	七月十六、七、八等日	风潮淹漫	光绪《重修两淮盐法志》
1734	清雍正十二年	盐城		海潮溢	嘉庆《东台县志》
1736	清乾隆元年	淮安分司板浦、徐淮、莞淮3场,东台	六、七月	猝被潮灾	光绪《重修两淮盐法志》、嘉庆《东台县志》

续　表

时间 (年)	历史 纪年	地点	天文潮 (农历)	气象潮及灾情摘录	资料来源
1739	清乾隆 四年	庙湾、板浦、徐渎、莞渎、中正、临兴		春旱、夏潮灾,荡地盐池被淹	光绪《重修两淮盐法志》
1740	清乾隆 五年	淮安分司各场	七月	海潮泛滥淹没	光绪《重修两淮盐法志》
1741	清乾隆 六年	盐城	七月	咸潮伤禾	光绪《盐城县志》
1745	清乾隆 十年	淮安分司、泰州分司		水灾,黄河水满溢,海潮上涌,亭场庐舍荡田淹没	光绪《重修两淮盐法志》
1747	清乾隆 十二年	通、泰、淮三分司25场	七月	风潮淹没	光绪《重修两淮盐法志》
1749	清乾隆 十四年	东台	秋	大雨,湖海高涨,田禾淹没	嘉庆《东台县志》
1754	清乾隆 十九年	通属部分盐场	八月	亭场被淹,人口溺死	光绪《重修两淮盐法志》
1755	清乾隆 二十年	通、泰、海三分司各场	七月	海潮涌入,各场被淹	光绪《重修两淮盐法志》
1759	清乾隆 二十四年	通、泰、海三属大部分盐场	八月	风潮淹没亭场	光绪《重修两淮盐法志》
1772	清乾隆 三十七年	东台	秋	大风、海溢	嘉庆《东台县志》
1778	清乾隆 四十三年	通、泰、海各场		潮灾	光绪《重修两淮盐法志》

时间 (年)	历史 纪年	地点	天文潮 (农历)	气象潮及灾情摘录	资料来源
1781	清乾隆 四十六 年	通、泰、海 各场	六月	风暴潮灾,淹没田庐	光绪《重修两 淮盐法志》
1794	清乾隆 五十九 年	泰州、海 州各场	六、七月	风暴潮灾,西水下 泄,淹没	光绪《重修两 淮盐法志》
1799	清嘉庆 四年	通、泰、海 各场	七月	潮灾	光绪《重修两 淮盐法志》
1804	清嘉庆 九年	海属各场、 泰属盐场	七月	海潮泛溢	光绪《重修两 淮盐法志》
1805	清嘉庆 十年	东台	六月	大风雨,海潮溢,漂 没庐舍	嘉庆《东台县 志》
1835	清道光 十五年	泰州各场	七月	潮涨冲决何垛场范 公堤。乾隆年间有 规定:泰州南五场沿 堤土坝,每年七八月 大汛之时,可以相机 启闭。其他时间不 得随意开启	武同举《江苏 水利全书》
1846	清道光 二十六 年	阜宁	七月	大风海潮,淹死人畜 无算	光绪《阜宁县 志》
1848	清道光 二十八 年	东台	夏	大风潮涨,漂没亭灶 庐田 (潮汛)漫过马路七 八里,然并未损伤丁 口,亦无人上墩避潮	光绪《东台采 访见闻录》、光 绪《重修两淮 盐法志》
1851	清咸丰 元年	如皋		风潮大作	同治《如皋县 续志》

续　表

时间(年)	历史纪年	地点	天文潮(农历)	气象潮及灾情摘录	资料来源
1852	清咸丰二年	如皋		掘港场海溢	民国《如皋县志》
1856	清咸丰六年	东台		东台角斜海潮涨溢,决范堤。八月卤潮入兴化境,禾苗皆枯	光绪《东台采访见闻录》
1858	清咸丰八年	如皋		海潮泛涨,堤身冲决	同治《如皋县续志》
1867	清同治六年	如皋		飓风猝起,丰利场堤堰被冲刷	同治《如皋县续志》
1873	清同治十二年	阜宁	五月	卤潮大上,漫民田	光绪《阜宁县志》
1875	清光绪元年	阜宁	七月	大风海啸,淹没田禾	光绪《阜宁县志》
1876	清光绪二年	阜宁	春	旱,卤潮内灌至马家荡、宝应境	光绪《阜宁县志》
1877	清光绪三年	庙湾	正月	被旱、被潮,农煎困苦	光绪《重修两淮盐法志》
1879	清光绪五年	阜宁	六月	大风海潮淹没农田等	光绪《阜宁县志》
1881	清光绪七年	阜宁、盐城	六月、八月	各场猝遭风潮,受灾颇重。六月海啸,二十二日潮头突高丈余,淹毙亭民五千余名、船户三百余人。八月海啸,初三日至初五日海潮汹涌,灾极重	光绪《重修两淮盐法志》、民国《阜宁县新志》

时间 (年)	历史 纪年	地点	天文潮 (农历)	气象潮及灾情摘录	资料来源
1882	清光绪 八年	阜宁	秋	海啸,毁民田。海潮 没湖,筑避潮墩	民国《阜宁县 新志》
1883	清光绪 九年	阜宁	正月、 六月	伍、新、庙等场猝被 风潮。 六月十九日海啸浸 田	光绪《重修两 淮盐法志》、 民国《阜宁县 新志》
1888	清光绪 十四年	盐城	夏	大旱,咸潮逆灌	光绪《盐城县 志》
1891	清光绪 十七年	盐城		旱,卤水伤禾	光绪《盐城县 志》
1892	清光绪 十八年	盐城		旱,卤水伤禾	光绪《盐城县 志》
1893	清光绪 十九年	盐城		咸潮渡闸	《淮系年表》
1899	清光绪 二十五 年	盐城	夏	旱,咸潮内灌	民国《续修盐 城县志》
1900	清光绪 二十六 年	阜宁		旱,蝗,卤潮至	民国《阜宁县 新志》
1914	民国三 年	盐城、阜宁		盐城县大旱,咸潮内 灌。阜宁县九月卤 潮倒灌	民国《续修盐 城县志》、民国 《阜宁县志》
1917	民国六 年	盐城各县	春夏	大旱,卤水倒灌,兴、 盐各县堵筑通海各 口闸坝	《江苏水利全 书》
1920	民国九 年	阜宁		旱,咸潮倒灌	民国《阜宁县 新志》

续　表

时间（年）	历史纪年	地点	天文潮（农历）	气象潮及灾情摘录	资料来源
1922	民国十一年	阜宁		海啸，坏新海堆。居民多毁，套子河两岸滩地之既垦者，至是亦成斥卤	民国《阜宁县新志》
1924	民国十三年	阜宁		卤潮倒灌，至冬始退	民国《阜宁县新志》
1925	民国十四年	盐城		射阳口盐潮倒灌	民国《续修盐城县志》
1928	民国十七年	盐城	夏	旱，卤潮倒灌	民国《续修盐城县志》
1929	民国十八年	盐城	夏	大旱，马尾坝决，卤潮内灌。阜宁夏旱，蝗，卤潮倒灌，海潮涨漫	民国《续修盐城县志》、民国《阜宁县新志》
1930	民国十九年	阜宁		卤潮倒灌	民国《阜宁县新志》
1939	民国二十八年	盐城	七月	大潮漫决，射阳河北岸至陈家港沿海公司堤地区，全为潮水吞没，单双洋及大喇叭等地即淹死13000多人	《滨海县水利调查报告》（1939年），转引自《淮河水利简史》，第371页
1941	民国三十年	东台		盐垦区新农乡因海潮决堤，潮水侵入三仓河	《长江三角洲自然灾害录》
1949		东台、大丰		海潮到达盐垦区北，大丰潮涨溢，在无海堤处上滩，淹地三万六千亩	《大丰县水利调查报告》

附录二:江苏沿海历史堤工年表①

时间(年)	历史纪年	堤工资料摘录	资料来源
550—559	北齐天保年间	于(海州)东带海而起长堰,外遏咸潮,内引淡水	《北齐书·杜弼传》
585	隋开皇五年	东海县筑万金坝。去东海城东北七十里,南北长四里,东西阔三丈	隆庆《海州志》
589	隋开皇九年	海州捍海堰有二,皆在州东北。《寰宇记》:西捍海堰在东海县北三里,南接谢禄山,北至石城山,南北长六十三里,高五尺,隋开皇九年县令张孝征造	《大清一统志·海州直隶州》《太平寰宇记》
595	隋开皇十五年	又东捍海堰,在东海县东北三里,西南接苍梧山,东北至巨平山,长三十九里,隋开皇十五年县令元暖造,外足以捍海潮,内足以贮山水,大获灌溉	《大清一统志·海州直隶州》、《太平寰宇记》、隆庆《海州志》
726	唐开元十四年	胸山东二十里有永安堤,北接山,环城长七里,以捍海潮。开元二十四年刺史杜令昭所筑	《唐书·地理志》
766—779	唐大历元年至十四年	淮南黜陟使李承筑(捍海堰),北起盐城,南抵海陵,长一百四十二里。由于堤成以后,抵御风潮,堤内谷物常丰,故又称常丰堰	《新唐书·食货志》《宋史·河渠志》

---

① 本表堤工包括海堤、潮墩及闸座的新建、重修。清代以前堤工资料根据武同举《江苏水利全书》卷四三《江北海堤·范公堤》以及沿海各县地方志等文献整理;1733年至1883年的堤工资料,未标明出处的即依据光绪《重修两淮盐法志》卷三六至三七《场灶门·堤墩》整理;20世纪初堤工资料根据民国年间沿海地方志、孙家山《苏北盐垦史初稿》(农业出版社,1984年)整理;1949年以后堤工资料据《江苏省水利建设统计资料汇编》(江苏省水利厅,1983年)整理。

时间(年)	历史纪年	堤工资料摘录	资料来源
937—942	南吴天祚三年（南唐昇元元年）至南唐昇元六年	修筑捍海堰	嘉庆《两淮盐法志》
968—975	北宋乾德六年至开宝八年	知泰州事王文佑增修捍海堰	嘉庆《东台县志》引《晏溪志》
1027—1028	北宋天圣五年至六年	筑泰州捍海堰，全长 25 696 丈，计 171 里	《范仲淹全集》、万历《淮安府志》、民国《阜宁县新志》
1041—1048	北宋庆历年间	庆历中知通州狄遵礼修海堰，北起石港，经西亭、金沙，南至余西场，堤东即为马蹄形海湾，宋以后渐成陆地	光绪《通州直隶州志》
1055	北宋至和中	宋至和中（海门）知县沈兴宗以海涨病民，筑堤七十里，西接范堤以障卤潮	嘉靖《海门县志》
1068—1077	北宋熙宁元年至十年	通州州判徐勋修筑捍海堰	光绪《通州直隶州志》
1157	南宋绍兴二十七年	筑通泰楚三州捍海堰	《宋史·高宗本纪》
1171	南宋乾道七年	泰州知州徐子寅筑皇岸，经海安县旧场镇，如东县洋口、环港、长沙镇到掘港镇，西抵九总桥	嘉庆《东台县志》
1174—1175	南宋淳熙元年至二年	知泰州事张子正请也，就旧基形势修筑，其盐场灶所又别为堤岸，以避潮汐，而防废坏，即今马路	嘉庆《东台县志》

时间(年)	历史纪年	堤工资料摘录	资料来源
1175—1177	南宋淳熙二年至四年	桑子河堰，北起富安，南抵李堡，长"三十五里"，为知泰州魏钦绪接替张子正所筑	《崇祯泰州志》、嘉庆《东台县志》
1179	南宋淳熙六年	建广惠砣，在盐城东门外(旧名白波湫)	《读史方舆纪要》
1181	南宋淳熙八年	诏随时修捍海堰	《宋史·河渠志》
1194	南宋绍熙五年	重修广惠砣	光绪《盐城县志》
1195	南宋庆元元年	海陵令陈之纲修捍海堰	《淮系年表》
1208—1224	南宋嘉定元年至十七年	如皋县魏甫元修筑捍海堰	嘉庆《两淮盐法志》
1234	南宋端平元年	泰州风潮逆猛，损害海堰 400 余丈，逾年修筑	嘉庆《东台县志》
1280	元至元十七年	兴化尹詹士龙修捍海堰 300 余里	咸丰《兴化县志》
1367	元至正二十七年	筑捍海堰 5 000 余丈	嘉庆《东台县志》
1368	明洪武元年	东海潮水浸田，筑堰，东西五十里，名王公堰	嘉庆《海州直隶州志》
1390	明洪武二十三年	修筑通州捍海堰	嘉庆《两淮盐法志》
1394	明洪武二十七年	潮决，淹没 3 万余人。吕四场修筑捍海堰。重筑东海县万金坝	嘉庆《两淮盐法志》、隆庆《海州志》
1396	明洪武二十九年	重修广惠砣。建大通砣，在盐城县治北门外三里(即天妃口)	光绪《盐城县志》、万历《盐城县志》、嘉庆《大清一统志》

续　表

时间(年)	历史纪年	堤工资料摘录	资料来源
1412	明永乐十年	修筑海门县捍潮堤岸，一万八千余丈	《行水金鉴》
1452	明景泰三年	淮安知府修捍海堰	《读史方舆纪要》
1471	明成化七年	潮发，死者200余人。修筑捍海堰	《续行水金鉴》
1472	明成化八年	修建白驹中闸	咸丰《兴化县志》
1477	明成化十三年	修筑通州捍海堰。《高宗本修捍海堰记》云1466年、1471年两度海潮冲击，海堰坏损，缺口72处。1477年再修	嘉庆《两淮盐法志》
1480	明成化十六年	杨公堤(堰)。巡按杨澄建，州治东北起灵济庙下迤至西溪镇一万一千七百八十丈趾。(另民国《阜宁县新志》：成化十五年二月巡盐御史杨澄筑泰州堤百余里，六十日而成，植以万柳，民甚宜之，因呼为杨公堤)	崇祯《泰州志》
1484	明成化二十年	修白驹(中)闸	嘉靖《两淮盐法志》咸丰《重修兴化县志》
1499	明弘治十二年	修捍海堰	《续行水金鉴》
1503	明弘治十六年	重修东海县万金坝	隆庆《海州志》
1512	明正德七年	各场修筑捍海堰。巡盐御史刘绎行淮扬二府及三十盐场，起夫六千名修筑	嘉庆《东台县志》、乾隆《两淮盐法志》、光绪《通州直隶州志》、《天下郡国利病书》

时间(年)	历史纪年	堤工资料摘录	资料来源
1538	明嘉靖十七年	盐城县丞胡龇修捍海堰	万历《盐城县志》
1539	明嘉靖十八年	运使郑漳请于御史吴悌,创避潮墩于各团,灶业赖以复焉	《古今鹾略》、嘉靖《两淮盐法志》
1540	明嘉靖十九年	巡盐御史焦涟增筑(避潮墩)220余所。 海门县修海堤,自余西至吕四	嘉靖《两淮盐法志》、光绪《通州直隶州志》
1542	明嘉靖二十一年	增筑通州捍海堰。多创墩台。工省利大	光绪《通州直隶州志》
1550	明嘉靖二十九年	大修吕四至草堰等场捍海堰。巡盐御史杨选"檄续修捍海堤",堤址在海门王浩镇至刘浩镇一线	乾隆《通州志》
1569	明隆庆三年	包公堤,通州盐判包柽芳所筑。"堤自彭家缺(今彭家滩)直接石港。"包柽芳见"各灶煎烧荡户在堤外者十居七八,若自彭家口直接石港,十五六里,虽为费颇多,筑堤本以捍卫……遂议修外堤,曰包公堤"	光绪《通州直隶州志》、光绪《盐城县志》
1572	明隆庆六年	徽商程继敬重修万金坝	嘉庆《海州直隶州志》
	明万历年间(年份不详)	万历年间海州州判唐伯元修筑大村堰	嘉庆《海州直隶州志》
	明万历年间(年份不详)	万历年间海门县姜天麟建造,运司判官李澜督造,俗称"新岸"。堤外有非字港、二漾口、大横口、夹港,俱北通海。据"海门县新旧总图",这道新岸在沈堤之北约五里,东起吕四场,西到余中场	顺治《海门县志》

续　表

时间(年)	历史纪年	堤工资料摘录	资料来源
1576	明万历四年	淮安知府邵元哲应盐城知县杜善教的请求建石硋闸	《续行水金鉴》
1582	明万历十年	总漕都御史凌云翼题准修筑范公堤、建泄水涵洞水渠 17 处、石闸一座	《行水金鉴》
	明万历年间（年份不详）	石港新堤。"(皇岸)南接北港新堤。"堤北起五总附近，南抵货隆与沈堤相接	万历《通州志》
1583	明万历十一年	泰州分司修筑各场范公堤，建丁溪闸、白驹闸。漕河尚书凌云翼委知县杨瑞云、运判宋子春大修捍海堰	《续行水金鉴》、咸丰《重修兴化县志》、雍正《江南通志》、康熙《淮南中十场志》、民国《阜宁县新志》
1587	明万历十五年	巡抚都御史杨一魁委盐城令曹大咸修复各场捍海堰，从庙湾沙浦头起，历盐城、兴化、泰州、如皋、通州，共长五百八十二里，沿堤土墩四十三座，土墩皆当要处，以便取土补缺，闸洞八	光绪《盐城县志》
1588	明万历十六年	建小海闸、草堰闸（丁溪闸北为小海闸，又北为草堰闸）	咸丰《重修兴化县志》
1591	明万历十九年	修建草堰闸、小海闸、丁溪闸	咸丰《重修兴化县志》
1596	明万历二十四年	通州人陈大立修范公堤 40 余丈	光绪《通州直隶州志》

续 表

时间(年)	历史纪年	堤工资料摘录	资料来源
1615	明万历四十三年	两淮巡盐御史谢正蒙(谢中吉)、淮安知府詹士龙主持重修范公堤,自吕四至庙湾共800里。会计费金三千两有奇,费石二千条有奇,费畚锸夫十万工有奇	嘉庆《两淮盐法志》、嘉庆《东台县志》、康熙《淮南中十场志》、光绪《重修两淮盐法志》
1622	明天启二年	修丁溪、草堰、小海、白驹、刘庄五闸	咸丰《重修兴化县志》
1631—1633	明崇祯四年至六年	洪水冲决范公堤,动帑修筑	光绪《盐城县志》
1652	清顺治九年	修通州捍海堤岸	光绪《通州直隶州志》
1665	清康熙四年	歙人黄家珮、黄家珣、黄儌鸠众重修,不费朝廷一钱而八百里全堤兴复如故	民国《阜宁县新志》
1670	清康熙九年	修筑通州范公堤	光绪《通州直隶州志》
1696—1700	清康熙三十五年至三十九年	黄河岸南北修筑大堤	
1724	清雍正二年	明末清初战乱,范公堤久不修筑,残缺甚多。是年,山阳、盐城、兴化等泰州诸县,海潮漫过范公堤,伤毁场庐人畜,奉旨修筑	《行水金鉴》
1727	清雍正五年	修筑范公堤,自泰州东台场三里湾至兴化刘庄场止,一万一千丈	《续行水金鉴》
1729	清雍正七年	建刘庄青龙闸,盐城北草堰闸、上冈闸、北海堰闸。重修石砑闸一座,天妃口建闸10座	《续行水金鉴》、嘉庆《大清一统志》、光绪《盐城县志》

续 表

时间(年)	历史纪年	堤工资料摘录	资料来源
1732	清雍正十年	江南河道总督嵇曾筠修筑范公堤。泰州栟茶、角斜 2 场旧堤移进四五里,建越堤一道	《续行水金鉴》
1733	清雍正十一年	修范公堤,栟茶、角斜二场建新补旧,动用运库银二万余两,其余未修之工,灶户、盐总自行葺补。同年九月,河督嵇曾筠奏修范堤,草堰应修 612 丈,小海场应修 103 丈,丁溪场应修 432 丈,刘庄场应修 245 丈,新兴场应修 60 余丈,自二三尺至五六尺不等,估银三千余两	《续行水金鉴》、光绪《重修两淮盐法志》、嘉庆《东台县志》
1734—1735	清雍正十二年至十三年	修补草堰、小海、丁溪、刘庄、新兴场范堤。又于栟茶地方比旧堤移进三四里许,另筑新越堤一道,保卫民灶,计筑栟茶场新堤工长 5357 丈,又接筑丰利场新堤工长 380 丈	嘉庆《东台县志》、嘉靖《两淮盐法志》
	约清乾隆年间(年份不详)	李家堡堤。李家堡自角斜至老鹳嘴、富安界,长 2100 丈。北接桑子河堰,向东延伸至角斜镇内	嘉庆《东台县志》
1736	清乾隆元年	丰利场大使修筑黄沙洋越堤。黄沙洋口在东台栟茶场如皋丰利场接界处	嘉庆《如皋县志》、嘉庆《东台县志》、光绪《通州直隶州志》
1737	清乾隆二年	建刘庄大团闸	《续行水金鉴》
1739	清乾隆四年	建天妃闸,乾隆六年竣工	光绪《盐城县志》

时间(年)	历史纪年	堤工资料摘录	资料来源
1740	清乾隆五年	修筑栟茶角斜二场范公堤残缺。加筑格堤。建设涵洞。移建北草堰闸于串场河东岸、移建上冈闸于范堤东(串场河东岸)	《续行水金鉴》、光绪《盐城县志》
1741	清乾隆六年	总办江南水利工程大理寺卿汪漋等疏请修补泰、兴、盐、阜四州县内范堤残缺……动支商捐银两,部复准其动给兴修。重修石砬闸	乾隆《两淮盐法志》、光绪《盐城县志》
1742	清乾隆七年	挖决范公堤泄水,后还筑	《续行水金鉴》
1744	清乾隆九年	修筑天妃越闸	光绪《盐城县志》
1746	清乾隆十一年	修筑范公堤,增建沿海避潮墩;通、泰修建墩台148座	光绪《通州直隶州志》
1747	清乾隆十二年	议增建85座潮墩。修筑范公堤1244丈2尺。建小海越闸、苇港闸、白驹一里墩闸、刘庄八灶闸、大团闸、天妃越闸。建掘港场七总涵洞一座,长沙庙涵洞一座。如皋李家堡西建永兴闸	《清会典事例》、《续行水金鉴》、光绪《通州直隶州志》
1753	清乾隆十八年	开挖范公堤,宣泄积水,后还筑	《续行水金鉴》
1755	清乾隆二十年	开挖范公堤缺口53处,启放东台盐场各坝,水平即闭,防止海潮倒灌	嘉庆《两淮盐法志》
1757	清乾隆二十二年	重修石砬闸、天妃闸、天妃越闸	光绪《盐城县志》
1758	清乾隆二十三年	修筑范公堤缺口,永禁挖堤放水	《续行水金鉴》

续 表

时间(年)	历史纪年	堤工资料摘录	资料来源
1759	清乾隆二十四年	修筑通泰二州范公堤	《续行水金鉴》
1775	清乾隆四十年	徐文灿修筑长堤 12 里,横截海洪,称徐公堤	道光《海门厅志》
1777	清乾隆四十二年	丰利场小洋口设石闸。因土性浮松,改建三孔石涵洞一座。小洋口即黄沙洋口	嘉庆《两淮盐法志》
1780	清乾隆四十五年	修筑淮北马港堤	
1799	清嘉庆四年	修筑范公堤,并豁除丰利掘港等场堡夫积土	光绪《通州直隶州志》
1801	清嘉庆六年	东台场改建严家坝、孙家坝为滚水石坝。何垛场土坝也改为滚水石坝。重修天妃闸、天妃越闸	嘉庆《两淮盐法志》、光绪《盐城县志》
1806—1808	清嘉庆十一年至十三年	河湖异涨,漕堤屡决。照乾隆例,开挖范公堤宣泄积水,还筑,以防海溢	《续行水金鉴》
1809—1826	清嘉庆十四年至道光六年	黄河尾闾南北大堤多次维修增筑	民国《阜宁县新志》、光绪《淮安府志》
1827	清道光七年	修筑范公堤,并修通海各闸座	《清会典事例》
1847	清道光二十七年	修筑掘港场堤堰	同治《如皋县续志》
1851	清咸丰元年	如皋县风潮大作,修堤堰	同治《如皋县续志》
1858	清咸丰八年	海潮泛涨,堤身冲决。丰利场大使请修	同治《如皋县续志》

时间(年)	历史纪年	堤工资料摘录	资料来源
1867	清同治六年	如皋县飓风猝起。丰利场堤堰被冲刷,大使会同知县请修	同治《如皋县续志》
1868	清同治七年	丰利、栟茶交界处三孔石涵洞,年久失修。丰利环港石涵,不能泄水。是年重建	同治《如皋县续志》
1883	清光绪九年	淮南各属修筑范公堤,先后呈报完工。计角斜、栟茶、丰利、掘港等场,共长1万1千7百82丈	《左恪靖侯奏稿续编》
1893	清光绪十九年	重修盐城天妃越闸。天妃闸筑坝代闸,二十年(1894年)再修	光绪《盐城县志》
1894	清光绪二十年	重修盐城天妃正越闸。筑西辽堆,兼以障西来积潦,起三案止二泓子	光绪《盐城县志》、民国《阜宁县新志》
1901	清光绪二十七年	海门,通海垦牧公司,48千米	
1905	清光绪三十一年	启东杨家沙、惠安沙东北(今永和、大丰、东海乡一带),兴筑海堤围垦造田	
1915—1917	民国四年至六年	垦务堆,民国四年垦务督办杨士骢乃筑此堆,南与华成堆接,北至黄河南岸尖头洋止,计长33里,高8尺,址阔丈余,民国六年竣工,居民称为杨公堆。其东外堆一道,与堆平行,北至盐圩止,又一道自马头口斜向东南至新河口止	民国《阜宁县新志》

续　表

时间(年)	历史纪年	堤工资料摘录	资料来源
1917	民国六年	华成海堆,华成公司筑,自射阳河北岸下环洋起,向北30余里,折而西北10余里,过双洋至苇荡营新滩止,计长53里。堆高1丈,地阔6丈6尺,面阔1丈7尺	民国《阜宁县新志》
1904—1917	清光绪三十年至民国六年	新海堆,灌河以南,废黄河北,起西辽堆西,向经二泓子、龙尾、王家滩、大兴社,计长26里;又西经新通公司北部、庆日新公司东南隅,计长30里;又西经裕通、大源两公司,南至三孔大闸入涟水县境,计长20余里。邑人沈嘉英、王以昭、程云三、杨长庆、杨继山及各公司先后接筑,共长70余里	民国《阜宁县新志》
1918	民国七年	大豫公司兴筑。南起遥望港北至观通站,30千米	
1926	民国十五年	海门大有晋公司堤筑成。北自遥望港,南至新岸,35千米	
1932	民国二十一年	启东境内的海堤基本形成,寅阳沿海一带	
1941	民国三十年	修筑宋公堆(堤),北堤全长57里,底宽18公尺,顶宽2.5米,高3米,坡度2∶3;南堤长38里,底宽20米,顶宽5米,高3—5米	《盐城文史资料选辑》(第1辑),1984年
1950		废黄河至南通,425.8千米,至1957年完成	
1949—1957		射阳大丰,新建90千米,一线海堤	《江苏省志·水利志》

时间(年)	历史纪年	堤工资料摘录	资料来源
1958—1972		各县兴建围垦堤,包括垦区堤、盐场堤;中部海岸新建 105 千米,二线海堤	《江苏省志·水利志》《江苏省志·海涂开发志》
20 世纪 70—80 年代		修护 183.3 千米,护坡 94 千米,水泥护坡 19 千米,挡浪石墙 36 千米	《江苏省志·水利志》《江苏省志·海涂开发志》

参考文献

一、基本资料

1. 盐法志

弘治《两淮运司志》，于浩辑：《稀见明清经济史料丛刊》第 2 辑第 25 册，北京：国家图书馆出版社，2012 年。

嘉靖《两淮盐法志》，《北京图书馆古籍珍本丛刊》第 58 册，北京：书目文献出版社，1997 年。

康熙《淮南中十场志》，于浩辑：《稀见明清经济史料丛刊》第 2 辑第 33—34 册，北京：国家图书馆出版社，2012 年。

康熙《两淮盐法志》，吴相湘主编：《中国史学丛书》，台北：学生书局，1966 年。

雍正《两淮盐法志》，于浩辑：《稀见明清经济史料丛刊》第 1 辑第 1—3 册，北京：国家图书馆出版社，2009 年。

乾隆《两淮盐法志》，于浩辑：《稀见明清经济史料丛刊》第 1 辑第 4—9 册，北京：国家图书馆出版社，2009 年。

嘉庆《两淮盐法志》，于浩辑：《稀见明清经济史料丛刊》第 2 辑第 26—33 册，北京：国家图书馆出版社，2012 年。

道光《两淮盐法议》，于浩辑：《稀见明清经济史料丛刊》第 1 辑第 15 册，北京：国家图书馆出版社，2009 年。

同治《淮南盐法纪略》，于浩辑：《稀见明清经济史料丛刊》第 1 辑第 9—11 册，北京：国家图书馆出版社，2009 年。

光绪《重修两淮盐法志》，顾廷龙主编：《续修四库全书》第 842—845 册，上海：上海古籍出版社，2002 年。

〔元〕陈椿：《熬波图》，北京：中国书店出版社，2018 年。

〔明〕朱廷立：《盐政志》，《北京图书馆古籍珍本丛刊》第 58 册，北京：书目文献出版社,1997年。

〔明〕汪砢玉:《古今鹾略》,顾廷龙主编:《续修四库全书》(史部·政书类)第839册,上海:上海古籍出版社,2002年。

〔清〕方浚师:《鹾政备览》,于浩辑:《稀见明清经济史料丛刊》第2辑第39册,北京:国家图书馆出版社,2012年。

〔清〕丁日昌:《淮鹾摘要》,〔清〕温廷敬编:《丁中丞政书》,沈云龙主编:《近代中国史料丛刊续编》第77辑,台北:文海出版社,1980年。

〔清〕李澄:《淮鹾备要》,于浩辑:《稀见明清经济史料丛刊》第1辑第4—9册,北京:国家图书馆出版社,2009年。

〔清〕陆费垓:《淮鹾分类新编》,《北京图书馆古籍珍本丛刊》第57册,北京:书目文献出版社,1997年。

〔清〕方浚颐等:《淮南盐法纪略》,于浩辑:《稀见明清经济史料丛刊》第1辑第9—11册,北京:国家图书馆出版社,2009年。

〔清〕傅泽洪、黎世序等主编,郑元庆等纂辑:《行水金鉴·续行水金鉴》,南京:凤凰出版社,2011年。

〔清〕王守基:《盐法议略》,北京:中华书局,1991年。

张茂炯:《清盐法志》,于浩辑:《稀见明清经济史料丛刊》第2辑,北京:国家图书馆出版社,2012年。

周庆云:《盐法通志》,于浩辑:《稀见明清经济史料丛刊》第2辑第1—15册,北京:国家图书馆出版社,2012年。

盐务署盐务稽核总所:《中国盐政实录》,沈云龙主编:《近代中国史料丛刊》三编第88辑第871册,台北:文海出版社,1999年。

2. 旧方志

嘉靖《惟扬志》,江苏省地方志编纂委员会办公室编:《江苏历代方志全书·扬州府部》(第1册,影印本),南京:凤凰出版社,2017年。

正德《淮安府志》,江苏省地方志编纂委员会办公室编:《江苏历代方志全书·淮安府部》(第1—2册,影印本),南京:凤凰出版社,2018年。

嘉靖《海门县志》,江苏省地方志编纂委员会办公室编:《江苏历代方志全书·直隶州(厅)部》(第48册,影印本),南京:凤凰出版社,2018年。

嘉靖《重修如皋县志》,《天一阁藏历代方志汇刊》(145),北京:国家图书馆出版社,2017年。

隆庆《海州志》,江苏省地方志编纂委员会办公室编:《江苏历代方志全书·直隶州(厅)部》(第14—15册,影印本),南京:凤凰出版社,2018年。

万历《赣榆县志》,江苏省地方志编纂委员会办公室编:《江苏历代方志全书·直隶州(厅)部》(第19册,影印本),南京:凤凰出版社,2018年。

万历《淮安府志》,《天一阁藏明代方志选刊续编》(8),上海:上海书店出版社,1990年。

万历《兴化县新志》,台北:成文出版社,1983年。

万历《扬州府志》,《北京图书馆古籍珍本丛刊》(25),北京:书目文献出版社,1991年。

万历《盐城县志》,江苏省地方志编纂委员会办公室编:《江苏历代方志全书·淮安府部》(第15册,影印本),南京:凤凰出版社,2018年。

万历《通州志》,《天一阁藏明代方志选刊》(10),上海:上海古籍书店,1981年。

崇祯《泰州志》,明崇祯刻本。

〔明〕陈循等纂修:《寰宇通志》,北京:书目文献出版社,2014年。

顺治《海门县志》,江苏省地方志编纂委员会办公室编:《江苏历代方志全书·直隶州(厅)部》(第48—49册,影印本),南京:凤凰出版社,2018年。

康熙《安东县志》,江苏省地方志编纂委员会办公室编:《江苏历代方志全书·淮安府部》(第27册,影印本),南京:凤凰出版社,2018年。

康熙《重修赣榆县志》,江苏省地方志编纂委员会办公室编:《江苏历代方志全书·直隶州(厅)部》(第19册,影印本),南京:凤凰出版社,2018年。

康熙《海州志》,江苏省地方志编纂委员会办公室编:《江苏历代方志全书·直隶州(厅)部》(第15册,影印本),南京:凤凰出版社,2018年。

康熙《淮安府志》,江苏省地方志编纂委员会办公室编:《江苏历代方志全书·淮安府部》(第5—7册,影印本),南京:凤凰出版社,2018年。

康熙《江南通志》,江苏省地方志编纂委员会办公室编:《江苏历代方志全书·省部》(第2—4册,影印本),南京:凤凰出版社,2018年。

康熙《兴化县志》,江苏省地方志编纂委员会办公室编:《江苏历代方志全书·扬州府部》(第50册,影印本),南京:凤凰出版社,2017年。

康熙《扬州府志》,江苏省地方志编纂委员会办公室编:《江苏历代方志全书·扬州府部》(第2—9册,影印本),南京:凤凰出版社,2018年。

雍正《安东县志》,江苏省地方志编纂委员会办公室编:《江苏历代方志全书·淮安府部》(第27—29册,影印本),南京:凤凰出版社,2018年。

雍正《扬州府志》,江苏省地方志编纂委员会办公室编:《江苏历代方志全书·扬州府部》(第10—15册,影印本),南京:凤凰出版社,2018年。

乾隆《江南通志》,江苏省地方志编纂委员会办公室编:《江苏历代方志全书·省部》(第5—10册,影印本),南京:凤凰出版社,2018年。

乾隆《淮安府志》,江苏省地方志编纂委员会办公室编:《江苏历代方志全书·淮安府部》(第8—9册,影印本),南京:凤凰出版社,2018年。

乾隆《盐城县志》，江苏省地方志编纂委员会办公室编：《江苏历代方志全书·淮安府部》（第16—17册，影印本），南京：凤凰出版社，2018年。

嘉庆《东台县志》，江苏省地方志编纂委员会办公室编：《江苏历代方志全书·扬州府部》（第52册，影印本），南京：凤凰出版社，2018年。

嘉庆《海门县志》，江苏省地方志编纂委员会办公室编：《江苏历代方志全书·直隶州（厅）部》（第49—50册，影印本），南京：凤凰出版社，2018年。

嘉庆《扬州府图经》，江苏省地方志编纂委员会办公室编：《江苏历代方志全书·直隶州（厅）部》（第18册，影印本），南京：凤凰出版社，2018年。

嘉庆《增修赣榆县志》，江苏省地方志编纂委员会办公室编：《江苏历代方志全书·直隶州（厅）部》（第20册，影印本），南京：凤凰出版社，2018年。

嘉庆《如皋县志》，江苏省地方志编纂委员会办公室编：《江苏历代方志全书·直隶州（厅）部》（第41册，影印本），南京：凤凰出版社，2018年。

嘉庆《两淮金沙场志》，《中国地方志集成·乡镇志专辑》（16），上海：上海书店出版社，1992年。

嘉庆《海州直隶州志》，《中国地方志集成·江苏府县志辑》（64），南京：江苏古籍出版社，1991年。

道光《海门县志》，江苏省地方志编纂委员会办公室编：《江苏历代方志全书·直隶州（厅）部》（第50册，影印本），南京：凤凰出版社，2018年。

道光《静海乡志》，江苏省地方志编纂委员会办公室编：《江苏历代方志全书·直隶州（厅）部》（第50册，影印本），南京：凤凰出版社，2018年。

道光《如皋县续志》，江苏省地方志编纂委员会办公室编：《江苏历代方志全书·直隶州（厅）部》（第42册，影印本），南京：凤凰出版社，2018年。

道光《泰州志》，江苏省地方志编纂委员会办公室编：《江苏历代方志全书·扬州府部》（第55册，影印本），南京：凤凰出版社，2017年。

咸丰《重修兴化县志》，江苏省地方志编纂委员会办公室编：《江苏历代方志全书·扬州府部》（第50册，影印本），南京：凤凰出版社，2017年。

嘉庆《大清一统志》，上海：商务印书馆，1934年。

同治《续纂扬州府志》，江苏省地方志编纂委员会办公室编：《江苏历代方志全书·直隶州（厅）部》（第18册，影印本），南京：凤凰出版社，2018年。

光绪《淮安府志》，江苏省地方志编纂委员会办公室编：《江苏历代方志全书·淮安府部》（第9—10册，影印本），南京：凤凰出版社，2018年。

光绪《通州直隶州志》，江苏省地方志编纂委员会办公室编：《江苏历代方志全书·直隶州（厅）部》（第34册，影印本），南京：凤凰出版社，2018年。

光绪《盐城县志》，江苏省地方志编纂委员会办公室编：《江苏历代方志全书·淮安府部》（第17册，影印本），南京：凤凰出版社，2018年。

光绪《海门厅图志》,《中国地方志集成·江苏府县志辑》(53),南京:江苏古籍出版社,1991 年。

光绪《赣榆县志》,江苏省地方志编纂委员会办公室编:《江苏历代方志全书·直隶州(厅)部》(第 20 册,影印本),南京:凤凰出版社,2018 年。

光绪《东台采访见闻录》,江苏省地方志编纂委员会办公室编:《江苏历代方志全书·扬州府部》(第 52—53 册),南京:凤凰出版社,2018 年。

〔清〕杜琳等修,元成等续纂:《淮关统志》,台北:成文出版社,1970 年。

〔清〕佚名:《吕四场志》,《中国地方志集成、乡镇志专辑》(16),上海:上海书店出版社,1992 年。

〔清〕乔绍传:《古朐考略》,江苏省地方志编纂委员会办公室编:《江苏历代方志全书·直隶州(厅)部》(第 16 册,影印本),南京:凤凰出版社,2018 年。

〔清〕王宗筠:《西溪镇志》,《中国地方志集成、乡镇志专辑》(16),上海:上海书店出版社,1992 年。

〔清〕丁鹿寿:《通海垦牧乡志》,《中国地方志集成、乡镇志专辑》(16),上海:上海书店出版社,1992 年。

〔清〕阮元修:《(嘉庆)扬州府图经》,扬州:江苏广陵古籍刻印社,1981 年。

民国《赣榆县续志》,江苏省地方志编纂委员会办公室编:《江苏历代方志全书·直隶州(厅)部》(第 20 册,影印本),南京:凤凰出版社,2018 年。

民国《海门县图志》,《中国地方志集成·江苏府县志辑》(53),南京:江苏古籍出版社,1991 年。

民国《阜宁县新志》,《中国地方志集成·江苏府县志辑》(60),南京:江苏古籍出版社,1991 年。

民国《南通县图志》,《中国地方志集成·江苏府县志辑》(53),南京:江苏古籍出版社,1991 年。

李长傅:《江苏省地志》,〔民国二十五年(1936 年)铅印本〕,台北:成文出版社,1983 年。

东台市地方志编辑委员会:《东台旧志九种》,南京:凤凰出版社,2020 年。

3. 水利图志、民国资料

〔明〕佚名:《淮南水利考》,明万历年间刻本。

〔明〕朱国盛:《南河全考》,马宁主编:《中国水利志丛刊》(第 32 册),扬州:广陵书社,2006 年。

〔明〕朱国盛:《南河志》,马宁主编:《中国水利志丛刊》(第 33—34 册),扬州:广陵书社,2006 年。

〔清〕佚名:《通泰海各场图说》,马宁主编:《中国水利志丛刊》(第 38 册),扬州：广陵书社，2006年。

〔清〕冯道立：《淮扬水利图说》，清道光十九年刻本。

〔清〕傅泽洪辑：《行水金鉴》，上海：商务印书馆，1937年。

〔清〕李庆云：《江苏水利图说》，马宁主编：《中国水利志丛刊》（第38册），扬州：广陵书社，2006年。

〔清〕黎世序，潘世恩等纂：《续行水金鉴》，上海：商务印书馆，1937年。

〔清〕朱铉：《河漕备考》，清抄本。

〔清〕陈寿彭：《新译中国江海险要图说》，1907年。

〔清〕李世禄叙述：《修防琐志》，台北：文海出版社，1970年。

〔清〕李庆云：《续纂江苏水利全案正编》，水利工程局，清光绪十五年刻本。

〔清〕李庆云：《江苏海塘新志》，马宁主编：《中国水利志丛刊》（第40册），扬州：广陵书社，2006年。

〔清〕康基田：《河渠纪闻》，中国水利工程学会，1936年。

〔清〕孙应科编：《下河水利新编》，马宁主编：《中国水利志丛刊》（第39册），扬州：广陵书社，2006年。

〔清〕诸可宝辑：《江苏全省舆图》，台北：成文出版社，1974年。

〔清〕朱榴辑：《下河集要备考》，马宁主编：《中国水利志丛刊》（第38册），扬州：广陵书社，2006年。

〔清〕朱正元辑：《江苏沿海图说》，台北：成文出版社，1974年。

〔清〕佚名：乾隆《黄河南河图》，美国国会图书馆藏。

武同举：《淮系年表全编》，1929年。

武同举：《江苏水利全书》，南京水利实验处，1944年。

〔英〕金约翰辑：《海道图说》，上海：上海书局，1896年。

督办江苏运河工程总局：《下河归海水道图》，《督办江苏运河工程局季刊》1921年第6期。

胡焕庸：《两淮盐垦水利实录》，中央大学出版组发行部，1934年。

杨文鼎编，何兆年校：《中国防洪治河法汇编》，建国印刷所，1936年。

江北运河工程局编：《江苏江北运河工程局汇刊》，江北运河工程局，1928年。

朱焕尧：《江苏各县清代水旱灾表》，《江苏省立国学图学馆年刊》1934年第7卷。

李旭旦：《两淮考察记(15)》，《中央日报》1934年8月25日。

宗受于：《淮河流域地理与导淮问题》，南京：钟山书局，1933年。

4. 文集、汇编、通史等

〔唐〕杜佑：《通典》，北京：中华书局，2016年。

〔宋〕范仲淹撰;李勇先、刘琳、王蓉贵点校:《范仲淹全集》,北京:中华书局,
　　2020 年。

〔宋〕楼钥:《攻媿集》,北京:中华书局,1985 年。

〔宋〕乐史撰,王文楚等点校:《太平寰宇记》,北京:中华书局,2007 年。

〔宋〕欧阳修、宋祁:《新唐书》,北京:中华书局,1975 年。

〔明〕徐光启撰,王重民辑校:《徐光启集》上,上海:上海古籍出版社,
　　1984 年。

〔明〕陈子龙编:《明经世文编》,北京:中华书局,1962 年。

〔明〕马麟修,〔清〕杜琳等重修,〔清〕李如枚等续修,荀德麟等点校:《续纂淮
　　关统志》,北京:方志出版社,2006 年。

〔明〕王士性撰,周振鹤点校:《五岳游草　广志绎》,北京:中华书局,
　　2006 年。

〔明〕吴悌:《吴疏山先生遗集》,沈乃文主编:《明别集丛刊》(第 2 辑,第 80
　　册),合肥:黄山书社,2016 年。

〔清〕陈宏谋:《培远堂偶存稿》,《清代诗文集汇编》编纂委员会编:《清代诗
　　文集汇编》,上海:上海古籍出版社,2010 年。

〔清〕纪昀等纂修:《大清会典则例》,清文渊阁四库全书本。

〔清〕方浚颐:《二知轩文存》,沈云龙主编:《近代中国史料丛刊》(第 49 辑),
　　台北:文海出版社,1966 年。

〔清〕葛士浚:《皇朝经世文续编》,沈云龙主编:《近代中国史料丛刊》第 741
　　册,台北:文海出版社,1966 年。

〔清〕贺长龄、魏源:《清经世文编》,北京:中华书局,1992 年。

〔清〕顾祖禹撰,贺次君、施和金点校:《读史方舆纪要》,北京:中华书局,
　　2005 年。

〔清〕计东:《改亭诗文集》,清乾隆十三年刻本。

〔清〕王庆云:《石渠余纪》,北京:北京古籍出版社,1985 年。

〔清〕托津等:《钦定大清会典事例》,台北:文海出版社,1992 年。

〔清〕王先谦、朱寿朋:《东华录/东华续录》,上海:上海古籍出版社,
　　2008 年。

〔清〕严如煜辑:《洋防辑要》(第 1 辑),台北:学生书局,1975 年。

〔清〕俞思谦:《海潮辑说》,北京:中华书局,1985 年。

〔清〕朱枟辑:《国朝奏疏》,清抄本。

〔清〕左宗棠:《左恪靖侯奏稿初编/续编/三编》,顾廷龙主编:《续修四库全
　　书》,第 502—504 册,上海:上海古籍出版社,2002 年。

赵尔巽等:《清史稿》,北京:中华书局,1977 年。

5. 辑录资料、调查报告

陈吉余主编:《中国海岸带和海涂资源综合调查专业报告集·中国海岸带地貌》,北京:海洋出版社,1996年。

江苏省水利厅:《江苏省水利建设统计资料汇编》,江苏省水利厅,1983年。

江苏省革命委员会水利局编:《江苏省近两千年洪涝旱潮灾害年表》,江苏省革命委员会水利局,1976年。

陆人骥:《中国历代灾害性海潮史料》,北京:海洋出版社,1984年。

江苏省908专项办公室编:《江苏近海海洋综合调查与评价总报告》,北京:科学出版社,2012年。

江苏省908专项办公室编:《江苏近海海洋综合调查与评价图集》,北京:海洋出版社,2013年。

江苏省科学技术委员会、中国科学院南京地理与湖泊研究所、江苏省海岸带和海涂资源综合考察队主编:《江苏省海岸带自然资源地图集》,北京:科学出版社,1988年。

刘育成主编:《中国土地资源调查数据集》,全国土地资源调查办公室,2000年。

国家海洋局规划政策研究室、全国海岸带和海涂资源综合调查领导小组办公室编:《海洋和海岸带区域经济研究》,北京:海洋出版社,1991年。

任美锷主编:《江苏省海岸带和海涂资源综合调查报告》,北京:海洋出版社,1986年。

宋达泉主编:《中国海岸带和海涂资源综合调查专业报告集·中国海岸带土壤》,北京:海洋出版社,1996年。

上海、江苏、安徽、浙江、江西、福建省(市)气象局,中央气象局研究所编:《华东地区近五百年气候历史资料》,上海气象局,1978年。

国家海洋局、国家测绘局:《中国海岸带和海洋资源综合调查图集(江苏省分册)》,1988年。

水利电力部水管司、水利水电科学研究院编:《清代淮河流域洪涝档案史料》,北京:中华书局,1988年。

薛鸿超、谢金赞等:《中国海岸带和海涂资源综合调查专业报告集·中国海岸带水文》,北京:海洋出版社,1996年。

于福江、董剑希、叶琳等:《中国风暴潮灾害史料集(1949—2009)》上,北京:海洋出版社,2015年。

于福江、董剑希、叶琳等:《中国风暴潮灾害史料集(1949—2009)》下,北京:海洋出版社,2015年。

张德二、蒋光美等:《中国三千年气象记录总集》,南京:凤凰出版社、江苏教育出版社,2004年。

《中国海岸带地质》编写组:《中国海岸带和海涂资源综合调查专业报告集·中国海岸带地质》,北京:海洋出版社,1993年。

中国古代潮汐史料整理研究组编:《中国古代潮汐论著选译》,北京:科学出版社,1980年。

中国古代潮汐史料整理研究组编:《中国古代潮汐资料汇编·海塘(第四分册)(征求意见稿)》,1978年。

中国古代潮汐史料整理研究组编:《中国古代潮汐资料汇编·潮灾(第五分册上)(征求意见稿)》,1978年。

中国古代潮汐史料整理研究组编:《中国古代潮汐资料汇编·潮灾(第五分册下)(征求意见稿)》,1978年。

6. 新方志、地名录、文史资料

东台市地方志编纂委员会:《东台市志》,南京:江苏科学技术出版社,1994年。

大丰市地方志编纂委员会:《大丰市志》,北京:方志出版社,2006年。

赣榆县县志编纂委员会:《赣榆县志》,北京:中华书局,1997年。

灌南县地方志编纂委员会:《灌南县志》,南京:江苏古籍出版社,1995年。

灌云县地方志编纂委员会:《灌云县志》,北京:方志出版社,1999年。

海门市地方志编纂委员会:《海门县志》,南京:江苏科学技术出版社,1996年。

连云港市地方志编纂委员会:《连云港市志》(上、中、下),北京:方志出版社,2000年。

南通市地方志编纂委员会:《南通市志》(上、中、下),上海:上海社会科学院出版社,2000年。

《启东县志》编纂委员会:《启东县志》,北京:中华书局,1993年。

响水县地方志编纂委员会:《响水县志》,南京:江苏古籍出版社,1996年。

射阳县地方志编纂委员会:《射阳县志》,南京:江苏科学技术出版社,1997年。

盐城市地方志编纂委员会:《盐城市志》,南京:江苏科学技术出版社,1998年。

江苏省地方志编纂委员会:《江苏省志·海涂开发志》,南京:江苏古籍出版社,1995年。

江苏省地方志编纂委员会:《江苏省志·盐业志》,南京:江苏科学技术出版社,1997年。

江苏省地方志编纂委员会:《江苏省志·人口志》,北京:方志出版社,

1999 年。

江苏省地方志编纂委员会：《江苏省志·地理志》，南京：江苏古籍出版社，1999 年。

江苏省地方志编纂委员会：《江苏省志·水利志》，南京：江苏古籍出版社，2001 年。

江苏省地方志编纂委员会：《江苏省志·土壤志》，南京：江苏古籍出版社，2001 年。

江苏省如东县大豫镇人民政府编：《大豫镇志》（上、下），北京：方志出版社，2016 年。

滨海县水利志编纂委员会：《滨海县水利志》，南京：江苏古籍出版社，1997 年。

大丰市水利志编纂委员会：《大丰市水利志》，北京：方志出版社，2009 年。

东台市水利志编纂委员会：《东台市水利志》，南京：河海大学出版社，1998 年。

海门市水利志编纂委员会：《海门市水利志》，北京：方志出版社，2014 年。

滨海县地名委员会：《江苏省滨海县地名录》，滨海县地名委员会，1983 年。

东台县地名委员会：《江苏省东台县地名录》，东台县地名委员会，1983 年。

海安县地名委员会：《江苏省海安县地名录》，海安县地名委员会，1983 年。

海门县地名委员会：《江苏省海门县地名录》，海门县地名委员会，1983 年。

灌南县地名委员会：《江苏省灌南县地名录》，灌南县地名委员会，1983 年。

灌云县地名委员会：《江苏省灌云县地名录》，灌云县地名委员会，1983 年。

南通县地名委员会：《江苏省南通县地名录》，南通县地名委员会，1983 年。

如东县地名委员会：《江苏省如东县地名录》，如东县地名委员会，1982 年。

射阳县地名委员会：《江苏省射阳县地名录》，射阳县地名委员会，1983 年。

响水县地名委员会：《江苏省响水县地名录》，响水县地名委员会，1983 年。

盐城县地名委员会：《江苏省盐城县地名录》，盐城县地名委员会，1983 年。

盐城市政协文史资料研究委员会：《盐城文史资料选辑》（第 1 辑），盐城市政协文史资料研究委员会，1984 年。

大丰县政协文史资料研究委员会：《大丰县文史资料》（第 7 辑：盐垦史专辑），大丰县政协文史资料研究委员会，1987 年。

大丰县政协文史资料研究委员会：《大丰县文史资料》（第 9 辑：盐垦史专辑二），大丰县政协文史资料研究委员会，1989 年。

大丰县政协文史资料研究委员会：《大丰县文史资料》（第 10 辑：水事今昔专辑），大丰县政协文史资料研究委员会，1992 年。

7. 公报、在线资料

国家发展与改革委员会：《国家适应气候变化战略》，2013 年，http://www. gov. cn/zwgk/2013-12/09/content_2544880. htm。

自然资源部海洋预警监测司：《2019 年中国海平面公报》，2020 年，http://www. mnr. gov. cn/sj/sjfw/hy/gbgg/zghpmgb/。

自然资源部海洋预警监测司：《2019 年中国海洋灾害公报》，2020 年，http://www. mnr. gov. cn/sj/sjfw/hy/gbgg/zghyzhgb/。

自然资源部海洋战略规划与经济司：《2019 年中国海洋经济统计公报》，2020 年，http://www. mnr. gov. cn/sj/sjfw/hy/gbgg/zghyjjtjgb/。

国家发展改革委、水利部：《全国海堤建设方案》，2017 年，http://www. gov. cn/xinwen/2017-08/21/content_5219341. htm。

生态环境部：《中国应对气候变化的政策与行动(2019 年报告)》，2019 年。

江苏省地理信息公共服务平台(天地图·江苏)，http://jiangsu. tianditu. gov. cn/server/index。

二、研究文献
1. 中文编著

鲍俊林：《15—20 世纪江苏海岸盐作地理与人地关系变迁》，上海：复旦大学出版社，2016 年。

常瑞芳：《海岸工程环境》，青岛：青岛海洋大学出版社，1997 年。

常宗虎：《南通现代化：1895—1938》，北京：中国社会科学出版社，1998 年。

曹树基著，葛剑雄主编：《中国人口史》(明、清时期，第 4—5 册)，上海：复旦大学出版社，2002 年。

陈邦本、方明等：《江苏海岸带土壤》，南京：河海大学出版社，1988 年。

陈锋：《清代盐政与盐税》，武汉：武汉大学出版社，2013 年。

陈可锋、曾成杰、王乃瑞：《南黄海辐射沙脊群动力地貌过程研究》，南京：河海大学出版社，2019 年。

陈吉余：《海塘——中国海岸变迁和海塘工程》，北京：人民出版社，2000 年。

陈金渊：《南通成陆》，苏州：苏州大学出版社，2010 年。

陈联寿、丁一汇：《西太平洋台风概论》，北京：科学出版社，1979 年。

崔恒昇：《中国古今地理通名汇释》，合肥：黄山书社，2003 年。

戴文葆：《射水纪闻》，石家庄：河北教育出版社，2005 年。

丁长清主编，刘佛丁等编写：《民国盐务史稿》，北京：人民出版社，1990 年。

丁长清、唐仁粤主编：《中国盐业史》(近代当代编)，北京：人民出版社，

1997 年。

方堃、王颖、梁春晖编著：《中国沿海疆域历史图录》，合肥：黄山书社，2017 年。

方修琦：《历史气候变化对中国社会经济的影响》，北京：科学出版社，2019 年。

冯士筰：《风暴潮导论》，北京：科学出版社，1982 年。

傅刚编著：《海洋气象学》，青岛：中国海洋大学出版社，2018 年。

高抒、李家彪主编：《中国边缘海的形成演化》，北京：海洋出版社，2002 年。

葛全胜等：《中国历朝气候变化》，北京：科学出版社，2010 年。

古道编委会：《清代地图集汇编·江苏全省地图》，西安：西安地图出版社，2005 年。

国家海洋局海洋发展战略研究所课题组：《中国海洋发展报告（2010）》，北京：海洋出版社，2010 年。

国家发展和改革委员会、国家海洋局：《中国海洋经济发展报告（2015）》，北京：海洋出版社，2015 年。

郭炳火、黄振宗、刘广远等编著：《中国近海及邻近海域海洋环境》，北京：海洋出版社，2004 年。

郭正忠：《中国盐业史》（古代编），北京：人民出版社，1997 年。

韩昭庆：《黄淮关系及其演变过程研究——黄河长期夺淮期间淮北平原湖泊、水系的变迁和背景》，上海：复旦大学出版社，1999 年。

河北塘沽盐业专科学校：《海盐生产工艺学》，北京：轻工业出版社，1960 年。

贺松林：《海岸工程与环境概论》，北京：海洋出版社，2003 年。

何维凝编：《中国盐书目录》，沈云龙主编：《近代中国史料丛刊续辑》第 16 辑，台北：文海出版社，1975 年。

侯杨方著，葛剑雄主编：《中国人口史：1910—1953 年》（第 6 卷），上海：复旦大学出版社，2001 年。

胡焕庸编著：《淮河水道志》（1952 年初稿），水利电力部治淮委员会淮河志编纂办公室，1986 年。

胡一三、宋玉杰、杨国顺等：《黄河堤防》，郑州：黄河水利出版社，2012 年。

淮河流域水资源与水利工程问题研究课题组编著：《淮河流域水资源与水利工程问题研究》，北京：中国水利水电出版社，2016 年。

黄公勉、杨金森：《中国历史海洋经济地理》，北京：海洋出版社，1985 年。

黄顺力：《海洋迷思——中国海洋观的传统与变迁》，南昌：江西高校出版社，1999 年。

季君勉编著：《盐垦区耕作法》，上海：中华书局，1950 年。

方修琦、苏筠、郑景云等：《历史气候变化对中国社会经济的影响》，北京：科
　　学出版社，2019 年。

江苏省农业厅编：《江苏农业发展史略》，南京：江苏科学技术出版社，
　　1992 年。

《江苏省气候变化评估报告》编写委员会：《江苏省气候变化评估报告》，北
　　京：气象出版社，2017 年。

江苏省植物研究所：《江苏植物志》，南京：江苏人民出版社，1977 年。

江苏省水利厅：《江苏沿海闸下港道淤积防治对策研究》，北京：海洋出版
　　社，2007 年。

江苏省水利厅、江苏省全方地图应用开发中心编制：《江苏省水利地图集》，
　　福州：福建省地图出版社，1996 年。

江苏水利史志编纂委员会编纂办公室：《江苏水利史志资料选辑》，1984 年。

江苏省统计局：《江苏统计年鉴（2016）》，北京：中国统计出版社，2016 年。

江苏省统计局、国家统计局江苏调查总队：《江苏统计年鉴（2020）》，北京：
　　中国统计出版社，2020 年。

夏鸣主编：《江苏五十年 1949—1999》，北京：中国统计出版社，1999 年。

《江苏盐业史》编写组：《江苏盐业史》，南京：江苏人民出版社，1992 年。

姜旭朝：《中华人民共和国海洋经济史》，北京：经济科学出版社，2008 年。

蒋炳兴：《盐城市综述》，南京：江苏科学技术出版社，1990 年。

康彦彦：《江苏海岸变迁之遥感解析》，南京：河海大学出版社，2014 年。

李百齐：《海岸带管理研究》，北京：海洋出版社，2011 年。

李伯重：《江南的早期工业化（1550—1850）》（修订版），北京：中国人民大学
　　出版社，2010 年。

李积新：《盐碱地改良法》，上海：商务印书馆，1950 年。

李巨澜：《失范与重构：一九二七年至一九三七年苏北地方政权秩序化研
　　究》，北京：中国社会科学出版社，2009 年。

李明勋、尤世玮等主编，《张謇全集》编纂委员会：《张謇全集》，上海：上海辞
　　书出版社，2012 年。

李乃胜：《中国海洋科学技术史研究》，北京：海洋出版社，2010 年。

李培英、张海生、于洪军：《近海与海岸带地质灾害》，北京：海洋出版社，
　　2010 年。

李培英、杜军、刘乐军等：《中国海岸带灾害地质特征及评价》，北京：海洋出
　　版社，2007 年。

李文治：《中国近代农业史资料第 1 辑（1840—1911）》，北京：生活・读书・

新知三联书店,1957年。

凌铁军、祖子清等编著:《气候变化影响与风险——气候变化对海岸带影响与风险研究》,北京:科学出版社,2017年。

刘昌森、于海英、王锋等:《长江三角洲自然灾害录》,上海:同济大学出版社,2015年。

刘会远主编:《黄河明清故道考察研究》,南京:河海大学出版社,1998年。

刘淼:《明代盐业经济研究》,汕头:汕头大学出版社,1996年。

刘淼:《明清沿海荡地开发研究》,汕头:汕头大学出版社,1996年。

马俊亚:《被牺牲的"局部"——淮北社会生态变迁研究(1680—1949)》,北京:北京大学出版社,2011年。

马小泉:《国家与社会——清末地方自治与宪政改革》,开封:河南大学出版社,2001年。

满志敏著,葛剑雄主编:《中国历史时期气候变化研究》,济南:山东教育出版社,2009年。

毛振培、谭徐明:《中国古代防洪工程技术史》,太原:山西教育出版社,2017年。

门腾椿:《海盐生产技术问答》,北京:海洋出版社,1984年。

南京师范大学、江苏省黄河故道综合考察队编:《江苏省黄河故道综合考察报告》,1985年。

南开大学经济研究所经济史研究室编:《中国近代盐务史料选辑》,天津:南开大学出版社,1985年。

《南通盐业志》编纂委员会主修:《南通盐业志》,南京:凤凰出版社,2012年。

南通市档案馆:《大生企业系统档案选编》(纺织编),南京:南京大学出版社,1987年。

《气候变化国家评估报告》编写委员会:《气候变化国家评估报告》,北京:科学出版社,2007年。

《第三次气候变化国家评估报告》编写委员会:《第三次气候变化国家评估报告》,北京:科学出版社,2015年。

秦大河:《气候变化科学概论》,北京:科学出版社,2018年。

秦大河总主编,潘家华、胡秀莲主编:《中国气候与环境演变2012》(第3卷:减缓与适应),北京:气象出版社,2012年。

轻工业部制盐工业局编:《盐业生产基本知识》,北京:轻工业出版社,1959年。

轻工业部制盐工业局编:《制盐工业的工具改革》(第1辑),北京:轻工业出版社,1959年。

全国海岸带和海涂资源综合调查技术指导小组、中国海洋工程学会编：《1980年全国海岸带和海涂资源综合调查——海岸工程学术会议论文集》(上),北京：海洋出版社,1982年。

单树模主编、江苏省编纂委员会编：《中华人民共和国地名词典(江苏省)》,北京：商务印书馆,1987年。

沈庆、陈徐均、关洪军：《海岸带地理环境学》,北京：人民交通出版社,2008年。

史照良：《江苏省地图集》,北京：中国地图出版社,2004年。

水利部淮河水利委员会防汛办公室：《淮河流域行蓄洪区安全建设修订规划》,水利部淮河水利委员会防汛办公室,1993年。

水利部淮河水利委员会《淮河水利简史》编写组：《淮河水利简史》,北京：水利电力出版社,1990年。

水利部淮河水利委员会《淮河志》编纂委员：《淮河综述志》(淮河志·第2卷),北京：科学出版社,2000年。

水利部淮河水利委员会《淮河志》编纂委员会：《淮河水利管理志》(淮河志·第6卷),北京：科学出版社,2007年。

水利部淮河水利委员会《淮河志》编纂委员会编：《淮河治理与开发志》(淮河志·第5卷),北京：科学出版社,2004年。

水利部水文水利调度中心编：《中国风暴潮概况及其预报》,北京：中国科学技术出版社,1992年。

孙家山：《苏北盐垦史初稿》,北京：农业出版社,1984年。

孙湘平：《中国近海及毗邻海域水文概况》,北京：海洋出版社,2016年。

谭其骧主编：《中国历史地图集》,北京：中国地图出版社,1996年。

唐仁粤主编,中国盐业总公司编：《中国盐业史(地方编)》,北京：人民出版社,1997年。

陶存焕、周潮生：《明清钱塘江海塘》,北京：中国水利水电出版社,2001年。

陶存焕：《钱塘江河口潮灾史料辨误》,杭州：浙江古籍出版社,2013年。

田雪原、蔡昉：《中国沿海人口与经济可持续发展》,北京：人民出版社,1996年。

王大学：《明清"江南海塘"的建设与环境》,上海：上海人民出版社,2008年。

王登婷：《江苏省海堤建设及生态海堤研究》,北京：海洋出版社,2019年。

汪汉忠：《灾害、社会与现代化——以苏北民国时期为中心的考察》,北京：社会科学文献出版社,2005年。

汪家伦：《古代海塘工程》，北京：水利电力出版社，1988年。

汪家伦：《两淮潮灾与古代海堤工程》，华东水利学院水利史研究组（油印稿），1985年。

王慕韩：《阜宁实习调查日记》，萧铮主编：《民国20年代中国大陆土地问题资料》（100辑），台北：成文出版社，1977年。

王慕韩：《江苏盐垦区土地利用问题之研究》，台北：成文出版社，1977年。

汪宗鲁：《海盐生产理论知识》，北京：轻工业出版社，1959年。

王小军：《海岸带综合管理法律制度研究》，北京：海洋出版社，2019年。

王晓利、侯西勇：《中国沿海极端气候时空特征》，北京：科学出版社，2019年。

王文涛、曲建升、彭斯震等编著：《适应气候变化的国际实践与中国战略》，北京：气象出版社，2017年。

王颖、朱大奎：《海岸地貌学》，北京：高等教育出版社，1994年。

王永顺、姚应才：《江苏科学技术志》，北京：科学技术文献出版社，1997年。

王御华、恽才兴：《河口海岸工程导论》，北京：海洋出版社，2004年。

王祖烈编著：《淮河流域治理综述》，水利电力部治淮委员会《淮河志》编纂办公室，1987年。

温克刚、卞光辉主编：《中国气象灾害大典·江苏卷》，北京：气象出版社，2008年。

吴必虎：《历史时期苏北平原地理系统研究》，上海：华东师范大学出版社，1996年。

吴传钧、蔡清泉主编：《中国海岸带土地利用》，北京：海洋出版社，1993年。

吴海涛：《淮河流域环境变迁史》，合肥：黄山书社，2017年。

夏东兴等：《海岸带地貌环境及其演化》，北京：海洋出版社，2009年。

夏东兴、边淑华、丰爱平等：《海岸带地貌学》，北京：海洋出版社，2014年。

肖子牛：《气候与气候变化基础知识》，北京：气象出版社，2014年。

谢志仁、袁林旺、闾国年等：《海面-地面系统变化——重建·监测·预估》，科学出版社，2012年。

徐泓：《清代两淮盐场的研究》，台北：嘉新水泥公司文化基金会，1972年。

薛鸿超：《海岸及近海工程》，北京：中国环境科学出版社，2003年。

薛自义、王清明、郑喜玉等：《制盐工业手册》，北京：中国轻工业出版社，1994年。

严恺：《中国海岸工程》，南京：河海大学出版社，1992年。

严恺：《海岸工程》，北京：海洋出版社，2002年。

杨达源、汪慧慧、潘涛：《全新世以来苏北海陆变迁的遥感研究》，北京：科学出版社,1986年。

杨桂山:《中国海岸环境变化及其区域响应》,北京:高等教育出版社,2002年。

杨国桢:《东溟水土:东南中国的海洋环境与经济开发》,南昌:江西高校出版社,2003年。

杨世伦:《海岸环境和地貌过程导论》,北京:海洋出版社,2003年。

叶正伟:《淮河沿海地区水循环与洪涝灾害》,南京:东南大学出版社,2015年。

应岳林、巴兆祥:《江淮地区开发探源》,南昌:江西教育出版社,1997年。

于福江、董剑希、李涛等:《风暴潮对我国沿海影响评价》,北京:海洋出版社,2015年。

于运全:《海洋天灾:中国历史时期的海洋灾害与沿海社会经济》,南昌:江西高校出版社,2005年。

张长宽:《江苏省近海海洋环境资源基本现状》,北京:海洋出版社,2013年。

张崇旺:《明清时期江淮地区的自然灾害与社会经济》,福州:福建人民出版社,2006年。

张崇旺:《淮河流域水生态环境变迁与水事纠纷研究(1127—1949)》(上),天津:天津古籍出版社,2015年。

张崇旺:《淮河流域水生态环境变迁与水事纠纷研究(1127—1949)》(下),天津:天津古籍出版社,2015年。

张崇旺:《中国灾害志(明代卷)》,北京:中国社会出版社,2019年。

张芳:《中国古代灌溉工程技术史》,太原:山西教育出版社,2009年。

张季直先生事业史编纂处:《大生纺织公司年鉴(1895—1947)》,南京:江苏人民出版社,1998年。

张家诚、张宝元、周魁一等:《中国气象洪涝海洋灾害》,长沙:湖南人民出版社,1998年。

张加雪:《里下河湖泊湖荡管理实践与研究》,南京:河海大学出版社,2020年。

张謇研究中心、南通市图书馆编:《张謇全集》,南京:江苏古籍出版社,1994年。

张文彩:《中国海塘工程简史》,北京:科学出版社,1990年。

张孝若编:《张季子九录》,上海:上海书店,1991年。

南通市档案馆、张謇研究中心:《大生集团档案资料选编盐垦编(Ⅲ)》,北京:方志出版社,2012年。

赵大昌主编：《中国海岸带和海涂资源综合调查专业报告集·中国海岸带植被》，北京：海洋出版社，1996年。

赵筱霞：《苏北地区重大水利建设研究（1949—1966）》，合肥：合肥工业出版社，2016年。

赵昕、徐伟呈、郭晶等：《风暴潮灾害风险评估及应对机制研究》，北京：经济科学出版社，2019年。

郑肇经：《中国水利史》，台北：台湾商务印书馆，1986年。

"中国地理百科"丛书编委会编著：《苏东海岸》，北京/西安：世界图书出版公司，2017年。

中国工程院淮河流域环境与发展问题研究项目组：《淮河流域环境与发展问题研究（综合卷）》，北京：中国水利水电出版社，2016年。

中国古代海岛文献地图史料汇编委会：《中国古代海岛文献地图史料汇编》，香港：蝠池书院出版社，2013年。

中国海湾志编纂委员会编：《中国海湾志·重要河口》（第14分册），北京：海洋出版社，1998年。

《中国河湖大典》编纂委员会编著：《中国河湖大典（淮河卷）》，北京：中国水利水电出版社，2010年。

中国气象局编：《热带气旋年鉴·2010》，北京：气象出版社，2012年。

中国人民共和国国家统计局：《中国统计年鉴（2016）》，北京：中国统计出版社，2016年。

中国水利学会围涂开发专业委员会：《中国围海工程》，北京：中国水利水电出版社，2000年。

中华人民共和国水利部：《中华人民共和国国家标准——海堤工程设计规范（GB/T51015—2014）》，北京：中国计划出版社，2014年。

中央气象局气象科学研究院：《中国近500年旱涝分布图集》，北京：地图出版社，1981年。

朱诚、谢志仁、申洪源等编著：《全球变化科学导论》（第二版），南京：南京大学出版社，2003年。

朱大奎、王颖：《工程海岸学》，北京：科学出版社，2014年。

朱偰：《江浙海塘建筑史》，北京：学习生活出版社，1955年。

邹逸麟、张修桂主编：《中国历史自然地理》，北京：科学出版社，2013年。

邹迎曦：《大丰盐政志》，北京：方志出版社，1999年。

左秉坚、郭德恩：《海盐工艺》，北京：中国轻工业出版社，1989年。

左其华、窦希萍等：《中国海岸工程进展》，北京：海洋出版社，2014年。

［美］理查德·巴勒斯（Richard Burroughs）：《海岸治理》，北京：海洋出版

社,2017年。

2. 中文期刊论文

柏春广、王建、徐永辉:《江苏中部海岸全新世中期温暖期风暴潮频率的研究》,《海洋学报(中文版)》2006年第6期。

鲍俊林:《晚清淮南盐衰的历史地理分析》,《历史地理》第二十八辑,2013年。

鲍俊林:《再议黄河夺淮与江苏两淮盐业兴衰——与凌申先生商榷》,《盐业史研究》2013年第3期。

鲍俊林:《略论盐作环境变迁之"变"与"不变"——以明清江苏淮南盐场为中心》,《盐业史研究》2014年第1期。

鲍俊林、高抒:《苏北捍海堰与"范公堤"考异》,《中国历史地理论丛》2015年第4辑。

鲍俊林:《明清两淮盐场"移亭就卤"与淮盐兴衰研究》,《中国经济史研究》2016年第1期。

鲍俊林:《试论明清苏北"海势东迁"与淮盐兴衰》,《清史研究》2016年第3期。

鲍俊林、高抒:《13世纪以来中国海洋盐业动态演变及驱动因素》,《地理科学》2019年第4期。

鲍俊林:《传统技术、生态知识及环境适应——以明清时期淮南盐作为例》,《历史地理研究》2020年第2期。

蔡则健、吴曙亮:《江苏海岸线演变趋势遥感分析》,《国土资源遥感》2002年第3期。

曹爱生:《清代两淮盐官制度》,《盐业史研究》2006年第2期。

曹爱生:《清代两淮盐政中的社会救济》,《盐城工学院学报(社会科学版)》2006年第1期。

常军、刘高焕、刘庆生:《黄河口海岸线演变时空特征及其与黄河来水来沙关系》,《地理研究》2004年第5期。

陈才俊:《江苏沿海特大风暴潮灾研究》,《海洋通报》1991年第6期。

陈才俊:《江苏淤长型淤泥质潮滩的剖面发育》,《海洋与湖沼》1991年第4期。

陈才俊:《江苏中部海堤大规模外迁后的潮水沟发育》,《海洋通报》2001年第6期。

陈才俊:《围海造田与淤泥质潮滩的发育》,《海洋通报》1990年第3期。

陈昶儒:《风暴潮对沿海海塘的影响初探》,《浙江水利科技》2017年第3期。

陈方、朱大奎、黄巧华:《江苏潮滩区域可持续发展与海岸带管理研究》,《海洋通报》1998 年第 1 期。

陈金渊：《南通地区成陆过程的探索》，《历史地理》第三辑，1983 年。

陈可锋、王艳红、陆培东等：《苏北废黄河三角洲侵蚀后退过程及其对潮流动力的影响研究》，《海洋学报（中文版）》2013 年第 3 期。

陈晓玲、王腊春、朱大奎：《苏北低地系统及其对海平面上升的复杂响应》，《地理学报》1996 年第 4 期。

陈中原：《苏北滨海平原沉积特征探讨》，《华东师范大学学报（自然科学版）》1995 年第 2 期。

邓辉、王洪波：《1368—1911 年苏沪浙地区风暴潮分布的时空特征》，《地理研究》2015 年第 12 期。

丁贤荣、康彦彦、茅志兵等：《南黄海辐射沙脊群特大潮差分析》，《海洋学报（中文版）》2014 年第 11 期。

丁修真：《开口之争：明清时期里下河地区的水利社会史——以盐城石䃥口为中心的考察》，中国明史学会、江苏省盐城市盐都区人民政府：《孔尚任与盐城——孔尚任与盐都历史文化学术研讨会论文集》，中国明史学会，2018 年。

杜培培、侯西勇：《基于多源数据的中国海岸带地区人口空间化模拟》，《地球信息科学学报》2020 年第 2 期。

段居琦、徐新武、高清竹：《IPCC 第五次评估报告关于适应气候变化与可持续发展的新认知》，《气候变化研究进展》2014 年第 3 期。

方明、宗良纲：《论江苏海岸变迁及其对海涂开发的影响》，《中国农史》1989 年第 2 期。

冯贤亮：《清代江南沿海的潮灾与乡村社会》，《史林》2005 年第 1 期。

高建国：《中国潮灾近五百年来活动图象的研究》，《海洋通报》1984 年第 2 期。

高抒：《防范未来风暴潮灾害的绿色海堤蓝图》，《科学》2020 年第 4 期。

高抒：《废黄河口海岸侵蚀与对策》，《海岸工程》1989 年第 1 期。

葛剑雄：《全面正确地认识地理环境对历史和文化的影响》，《复旦学报（社会科学版）》1992 年第 6 期。

葛全胜、方修琦、郑景云：《中国历史时期气候变化影响及其应对的启示》，《地球科学进展》2014 年第 1 期。

葛全胜、刘浩龙、郑景云等：《中国过去 2000 年气候变化与社会发展》，《自然杂志》2013 年第 1 期。

葛全胜、刘健、方修琦等：《过去 2000 年冷暖变化的基本特征与主要暖期》，《地理学报》2013 年第 5 期。

葛全胜、郑景云、方修琦等：《过去 2000 年中国东部冬半年温度变化》，《第四纪研究》2002 年第 2 期。

耿秀山、傅命佐：《江苏中南部平原淤泥质岸滩的地貌特征》，《海洋地质与第四纪地质》1988 年第 2 期。

耿秀山、万延森、李善为等：《苏北海岸带的演变过程及苏北浅滩动态模式的初步探讨》，《海洋学报（中文版）》1983 年第 1 期。

耿秀山：《中国东部晚更新世以来的海水进退》，《海洋学报》1981 年第 1 期。

顾家裕、严钦尚、虞志英：《苏北中部滨海平原贝壳砂堤》，《沉积学报》1983 年第 2 期。

顾维玮、朱诚：《苏北地区新石器时代考古遗址分布特征及其与环境演变关系的研究》，《地理科学》2005 年第 2 期。

管君阳、谷国传：《废黄河口海岸近期侵蚀特征与机理》，《海岸工程》2011 年第 2 期。

郭瑞祥：《江苏海岸历史演变》，《江苏水利》1980 年第 1 期。

郭瑞祥：《历史时期江苏海岸演变与现代地貌特征》，江苏省科学技术委员会、江苏省科学技术协会主编：《江苏省海岸带、海涂资源综合考察及综合开发利用学术论文选编》，1979 年。

何峰：《明清淮南盐区盐场大使的设置、职责及其与州县官的关系》，《盐业史研究》2006 年第 1 期。

贺晓昶：《江苏海岸外沙洲地名的历史变迁》，《中国历史地理论丛》1991 年第 4 辑。

侯西勇、徐新良：《21 世纪初中国海岸带土地利用空间格局特征》，《地理研究》2011 年第 8 期。

侯西勇、徐新良、毋亭等：《中国沿海湿地变化特征及情景分析》，《湿地科学》2016 年第 5 期。

侯西勇、毋亭、侯婉等：《20 世纪 40 年代初以来中国大陆海岸线变化特征》，《中国科学：地球科学》2016 年第 8 期。

胡进、陈沈良、胡小雷等：《气候变化影响下苏北海岸的塑造过程》，《上海国土资源》2013 年第 2 期。

贾敬业、邹迎曦、李乃栓：《从大丰县生态演替史看淤长型滩涂的开发与利用》，《自然资源学报》1991 年第 3 期。

蒋炳兴：《盐城地区海陆演变的历史》，《扬州师院学报（自然科学版）》1986 年第 1 期。

鞠明库：《论明代海盐产区的荒政建设》，《中国史研究》2020 年第 4 期。

康彦彦、丁贤荣、程立刚等：《基于匀光遥感的 6000 年来盐城海岸演变研究》,《地理学报》2010 年第 9 期。

柯长青:《人类活动对射阳湖的影响》,《湖泊科学》2001 年第 2 期。

李德楠:《"续涸新涨":环境变迁与清代江南苇荡营的兴废》,《兰州学刊》
2008 年第 1 期。

李凤鸣:《清代盐业管理论略》,《盐业史研究》2011 年第 4 期。

李加林、杨晓平、童亿勤:《潮滩围垦对海岸环境的影响研究进展》,《地理科
学进展》2007 年第 2 期。

李建国、濮励杰、徐彩瑶等:《1977—2014 年江苏中部滨海湿地演化与围垦
空间演变趋势》,《地理学报》2015 年第 1 期。

李小庆、赵轶峰:《政策与绩效:清代下河地区水利治理的历史透视》,《求是
学刊》2019 年第 2 期。

李永祥:《西方人类学气候变化研究述评》,《民族研究》2017 年第 5 期。

李元芳:《废黄河三角洲的演变》,《地理研究》1991 年第 4 期。

林树涵:《我国海盐晒制产生年代考》,《盐业史研究》1989 年第 3 期。

林树涵:《中国海盐生产史上三次重大技术革新》,《中国科技史料》1992 年
第 2 期。

凌申:《苏北古海堤考证》,《海岸工程》1990 年第 2 期。

凌申:《苏北全新世海岸演变特征》,《海洋科学》1991 年第 3 期。

凌申:《江苏滩涂农垦发展史研究》,《中国农史》1991 年第 1 期。

凌申:《范公堤考略》,《盐城师范学院学报(人文社会科学版)》2001 年第
3 期。

凌申:《历史时期江苏古海塘的修筑及演变》,《中国历史地理论丛》2002 年
第 4 辑。

凌申:《历史时期射阳湖演变模式研究》,《中国历史地理论丛》2005 年第
3 辑。

凌申:《全新世苏北沿海海岸线冲淤动态研究》,《黄渤海海洋》2002 年第 2 期。

凌申:《全新世海侵与盐城市西冈古砂堤研究》,《海洋湖沼通报》2006 年第
4 期。

凌申:《全新世海面变化与盐阜平原地理空间结构的演变》,《海洋湖沼通
报》2009 年第 1 期。

凌申:《盐城市境内全新世以来的海陆变迁》,《东海海洋》1989 年第 3 期。

刘春晖、成功、薛达元等:《气候变化与传统知识关联的研究进展》,《云南农
业大学学报》2013 年第 4 期。

刘淼:《明代盐业土地关系研究》,《盐业史研究》1990 年第 2 期。

刘淼:《明清沿海荡地屯垦的考察》,《中国农史》1996 年第 1 期。

刘志岩、孙林、高蒙河：《苏北海岸线变迁的考古地理研究》，《南方文物》2006 年第 4 期。

陆宝千：《论张謇与南通之近代化》，台湾"中研院"近代史研究所：《近代中国区域史研讨会论文集》(下)，1986 年。

陆玉芹：《废灶兴垦与苏北沿海农村的社会变迁——以草堰场大丰盐垦公司为中心的考察》，《社会科学辑刊》2009 年第 5 辑。

陆人骥、宋正海：《中国古代的海啸灾害》，《灾害学》1988 年第 3 期。

卢勇、王思明、郭华：《明清时期黄淮造陆与苏北灾害关系研究》，《南京农业大学学报(社会科学版)》2007 年第 2 期。

宁立新、周云凯、张启斌等：《近 19 年江苏海岸带地区土地利用变化特征》，《水土保持研究》2017 年第 4 期。

满志敏：《典型温暖期东太湖地区水环境演变》，《历史地理》第三十辑，2014 年。

满志敏：《两宋时期海平面上升及其环境影响》，《灾害学》1988 年第 2 期。

满志敏、杨煜达：《中世纪温暖期升温影响中国东部地区自然环境的文献证据》，《第四纪研究》2014 年第 6 期。

潘凤英：《试论全新世以来江苏平原地貌的变迁》，《南京师大学报(自然科学版)》1979 年第 1 期。

潘凤英：《历史时期江浙沿海特大风暴潮灾害研究》，《南京师大学报(自然科学版)》1995 年第 1 期。

潘凤英：《历史时期射阳湖的变迁及其成因探讨》，《湖泊科学》1989 年第 1 期。

潘威、满志敏、刘大伟等：《1644—1911 年中国华东与华南沿海台风入境频率》，《地理研究》2014 年第 11 期。

潘威、王美苏、满志敏等：《1644～1911 年影响华东沿海的台风发生频率重建》，《长江流域资源与环境》2012 年第 2 期。

潘威、王美苏、满志敏：《清代江浙沿海台风影响时间特征重建及分析》，《灾害学》2011 年第 1 期。

彭安玉：《论明清时期苏北里下河自然环境变迁》，《中国农史》2006 年第 1 期。

秦大河：《气候变化科学与人类可持续发展》，《地理科学进展》2014 年第 7 期。

曲建升、肖仙桃、曾静静：《国际气候变化科学百年研究态势分析》，《地球科学进展》2018 年第 11 期。

任美锷、张忍顺：《最近 80 年来中国的相对海平面变化》，《海洋学报(中文版)》1993 年第 5 期。

任美锷：《黄河的输沙量：过去、现在和将来——距今 15 万年以来的黄河泥沙收支表》，《地球科学进展》2006 年第 6 期。

任美锷：《人类活动对中国北部海岸带地貌和沉积作用的影响》，《地理科学》1989 年第 1 期。

沈付君：《苏北灌溉总渠建设历史回顾》，《档案与建设》2017 年第 11 期。

沈明洁、谢志仁、朱诚：《中国东部全新世以来海面波动特征探讨》，《地球科学进展》2002 年第 6 期。

沈永明、张忍顺：《滩涂促淤坝田中淤积三角形研究》，《南京师大学报（自然科学版）》2001 年第 3 期。

施雅风、朱季文、谢志仁等：《长江三角洲及毗连地区海平面上升影响预测与防治对策》，《中国科学》（D 辑：地球科学）2000 年第 3 期。

宋冬霞、杨木军：《泰州捍海堰探析》，《云南社会主义学院学报》2013 年第 5 期。

苏锰、张玉坤、谭立峰：《明清江浙地区"海塘—墩堡"海岸防御体系时空分布与体系研究》，《中国文化遗产》2019 年第 2 期。

孙寿成：《黄河夺淮与江苏沿海潮灾》，《灾害学》1991 年第 4 期。

万延森、盛显纯：《淮河口的演变》，《黄渤海海洋》1989 年第 1 期。

汪汉忠：《苏北自然经济的历史特点及其对社会转型的影响》，《江海学刊》2003 年第 4 期。

王宝灿、金庆祥、周月琴等：《黄海中部海岸岸滩演变的趋势》，《华东师范大学学报（自然科学版）》1980 年第 2 期。

王芳、黎刚：《长江北翼古河间台地全新世海岸环境变迁》，《海洋湖沼通报》2016 年第 5 期。

王方中：《清代前期的盐法、盐商与盐业生产》，《中国盐业史论丛》，北京：中国社会科学出版社，1987 年。

王辉、夏非、张永战等：《江苏中部海岸西洋潮流通道区域晚更新世古地貌与沉积体系研究》，《海洋学报》2019 年第 3 期。

王建革、袁慧：《清代中后期黄、淮、运、湖的水环境与苏北水利体系》，《浙江社会科学》2020 年第 12 期。

王俊惠、侯西勇、张安定：《美国本土海岸带土地利用变化特征研究》，《世界地理研究》2018 年第 3 期。

王腊春、陈晓玲、储同庆：《黄河、长江泥沙特性对比分析》，《地理研究》1997 年第 4 期。

王骊萌、张福青、鹿化煜：《最近 2000 年江苏沿海风暴潮灾害的特征》，《灾害学》1997年第4期。

王庆、李道季、孟庆海等：《黄河夺淮期间淮河入海河口动力、地貌与演变机
制》，《海洋与湖沼》1999年第6期。

王日根：《明清时期苏北水灾原因初探》，《中国社会经济史研究》1994年第
2期。

王日根：《清代海疆政策与开发研究的回顾与展望》，《华中师范大学学报
（人文社会科学版）》2014年第3期。

王日根、叶再兴：《明清东部河海结合区域水灾及官民应对》，《福建论坛（人
文社会科学版）》2019年第1期。

王日根、陶仁义：《清代淮安府荡地开垦与政府治理的互动》，《史学集刊》
2021年第1期。

王绍武、龚道溢：《全新世几个特征时期的中国气温》，《自然科学进展》2000
年第4期。

王绍武、叶瑾琳、龚道溢：《中国小冰期的气候》，《第四纪研究》1998年第
1期。

王树槐：《江苏淮南盐垦公司的垦殖事业（1901—1937）》，《近代史研究所集
刊》1985年第14期。

王树槐：《清末民初江苏省的灾害》，《近代史研究所集刊》1981年第10期。

王树槐：《中国现代化的区域研究：江苏省（1860—1916年）》，《近代史研究
所专刊》，1986年。

王涛：《近7000年来南通地区环境演变及人类活动影响》，《长江流域资源
与环境》2010年第S2期。

王文、谢志仁：《中国历史时期海面变化（Ⅰ）——塘工兴废与海面波动》，
《河海大学学报（自然科学版）》1999年第4期。

王文、谢志仁：《中国历史时期海面变化（Ⅱ）——潮灾强弱与海面波动》，
《河海大学学报（自然科学版）》1999年第5期。

王文、谢志仁：《从史料记载看中国历史时期海面波动》，《地球科学进展》
2001年第2期。

王晓利、侯西勇：《1961—2014年中国沿海极端气温事件变化及区域差异分
析》，《生态学报》2017年第21期。

王晓青、刘健、王志远：《过去2000年中国区域温度模拟与重建的对比分
析》，《地球科学进展》2015年第12期。

汪亚平、张忍顺：《江苏岸外沙脊群的地貌形态及动力格局》，《海洋科学》
1998年第3期。

王艳红、张忍顺、谢志仁：《平均高潮位记录分析淤泥质海岸的相对海面变

化——以江苏淤泥质海岸为例》,《海洋通报》2004 年第 5 期。

王颖、傅光翮、张永战:《河海交互作用沉积与平原地貌发育》,《第四纪研究》2007 年第 5 期。

王颖、季小梅:《中国海陆过渡带——海岸海洋环境特征与变化研究》,《地理科学》2011 年第 2 期。

王颖、张振克、朱大奎等:《河海交互作用与苏北平原成因》,《第四纪研究》2006 年第 3 期。

王英华:《康乾时期关于治理下河地区的两次争论》,《清史研究》2002 年第 4 期。

王志明、李秉柏、严海兵等:《近 20 年江苏省海岸线和滩涂面积变化的遥感监测》,《江苏农业科学》2011 年第 6 期。

魏学琼、张向萍、叶瑜:《长江三角洲地区 1644—1949 年重大台风灾害年辨识与重建》,《陕西师范大学学报(自然科学版)》2013 年第 4 期。

吴必虎:《苏北平原区域发展的历史地理研究》,《历史地理》第八辑,1990 年。

吴春香:《康乾时期淮南盐区的水患与治理》,《长江大学学报(社科版)》2015 年第 8 期。

吴海波:《清代两淮盐业重要性之定性与定量分析》,《四川理工学院学报(社会科学版)》2013 年第 2 期。

吴海波:《清代两淮灶丁之生存环境与社会功能》,《四川理工学院学报(社会科学版)》2009 年第 5 期。

吴建民:《长江三角洲史前遗址的分布与环境变迁》,《东南文化》1988 年第 6 期。

吴建民:《苏北史前遗址的分布与海岸线变迁》,《东南文化》1990 年第 5 期。

吴曙亮、蔡则健:《江苏省沿海沙洲及潮汐水道演变的遥感分析》,《海洋地质动态》2002 年第 6 期。

吴滔:《海外之变体:明清时期崇明盐场兴废与区域发展》,《学术研究》2012 年第 5 期。

毋亭、侯西勇:《1940s 以来中国大陆岸线变化的趋势分析》,《生态科学》2017 年第 1 期。

吴小根、王爱军:《人类活动对苏北潮滩发育的影响》,《地理科学》2005 年第 5 期。

夏非、张永战、王瑞发等:《苏北废黄河水下三角洲沉积范围研究述评》,《地理学报》2015 年第 1 期。

夏非、张永战:《苏北平原龙冈 LG 孔晚第四纪地层与环境演化记录》,《地理研究》2018 年第 2 期。

萧凌波：《清代气候变化的社会影响研究：进展与展望》，《中国历史地理论丛》2016 年第 2 辑。

夏祥、卢奉斌：《射阳潮墩小考》，《治淮》1994 年第 10 期。

夏祥：《〈历史时期江苏海岸线的变迁〉的纠误》，《江苏地方志》1994 年第 3 期。

肖启荣：《农民、政府与环境资源的利用——明清时期下河地区的农民生计与淮扬水利工程的维护》，《社会科学》2019 年第 7 期。

肖启荣：《明清淮扬地区的水资源管理与沿范公堤海口的利用》，《青海社会科学》2020 年第 2 期。

谢行焱、谢宏维：《明代沿海地区的风暴潮灾与国家应对机制》，《鄱阳湖学刊》2012 年第 2 期。

徐冠华、葛全胜、宫鹏等：《全球变化和人类可持续发展：挑战与对策》，《科学通报》2013 年第 21 期。

徐靖捷：《水灾、海口与两淮产盐格局变迁》，《盐业史研究》2019 年第 3 期。

徐靖捷：《苏北平原的捍海堰与淮南盐场历史地理考》，《扬州大学学报（人文社会科学版）》2015 年第 5 期。

徐雪球、张登明、范迪富等：《苏中东部第四纪以来海岸带变迁与演化》，见南京地质矿产研究所编：《华东地区地质调查成果论文集（1999—2005）》，北京：中国大地出版社，2006 年。

许炯心：《人类活动对公元 1194 年以来黄河河口延伸速率的影响》，《地理科学进展》2001 年第 1 期。

薛春汀、刘健、孔祥淮：《1128—1855 年黄河下游河道变迁及其对中国东部海域的影响》，《海洋地质与第四纪地质》2011 年第 5 期。

严学熙：《张謇与淮南盐垦公司》，《历史研究》1988 年第 3 期。

杨达源、鹿化煜：《江苏中部沿海近 2000 年来的海面变化》，《科学通报》1991 年第 20 期。

杨达源、张建军、李徐生：《黄河南徙、海平面变化与江苏中部的海岸线变迁》，《第四纪研究》1999 年第 3 期。

杨桂山、施雅风、季子修：《江苏淤泥质潮滩对海平面变化的形态响应》，《地理学报》2002 年第 1 期。

杨桂山：《中国沿海风暴潮灾害的历史变化及未来趋向》，《自然灾害学报》2000 年第 3 期。

杨怀仁、谢志仁：《气候变化与海面升降的过程和趋向》，《地理学报》1984 年第 1 期。

杨怀仁、谢志仁：《中国东部近 20000 年来的气候波动与海面升降运动》，《海洋与湖沼》1984 年第 1 期。

杨怀仁、陈西庆：《中国东部第四纪海面升降、海侵海退与岸线变迁》，《海洋地质与第四纪地质》1985 年第 4 期。

杨守业、李从先、张家强：《苏北滨海平原冰后期古地理演化与沉积物物源研究》，《古地理学报》2000 年第 2 期。

杨兴媛、王玉珏、全威等：《乌蒙山苗族社区应对气候变化的传统知识研究》，《中央民族大学学报（自然科学版）》2017 年第 4 期。

叶青超：《试论苏北废黄河三角洲的发育》，《地理学报》1986 年第 2 期。

易慧郁、刘健、孙炜毅等：《过去 2000 年典型暖期北半球温度变化特征及成因分析》，《第四纪研究》2021 年第 2 期。

殷定泉：《略论清末民初的淮南盐业改革》，见赵昌智、周新国：《祁龙威先生学术活动六十周年纪念文集》，扬州：广陵书社，2006 年。

于海根：《民国期间苏北淮南盐区的废灶兴垦事业》，《盐业史研究》1993 年第 1 期。

虞志英、陈德昌、金镠：《江苏北部旧黄河水下三角洲的形成及其侵蚀改造》，《海洋学报（中文版）》1986 年第 2 期。

袁志伦、金云：《上海近两千年洪涝风潮旱等灾害年表》，《上海水务》1985 年第 1 期。

袁志伦、金云：《上海近两千年洪涝风潮旱灾害年表续登（1369～1647 年）》，《上海水务》1985 年第 3 期。

岳军、Dong Yue、吴桑云等：《气候变暖与海平面上升》，《海洋学报（英文版）》2012 年第 1 期。

张崇旺：《明清时期两淮盐区的潮灾及其防治》，《安徽大学学报（哲学社会科学版）》2019 年第 3 期。

张崇旺：《明清时期江淮地区水利治灾工程述论》，《北大史学》2007 年第 12 辑。

张红安：《明清以来苏北水患与水利探析》，《淮阴师范学院学报（哲学社会科学版）》2000 年第 6 期。

张景文、李桂英、赵希涛：《苏北地区全新世海陆变迁的年代学研究》，《海洋科学》1983 年第 6 期。

张林、陈沈良、刘小喜：《800 年来苏北废黄河三角洲的演变模式》，《海洋与湖沼》2014 年第 3 期。

张丕远、葛全胜：《过去气候演化的阶段性和突变》，《地学前缘》1997 年第 Z1 期。

张忍顺：《江苏沿海古墩台考》，《历史地理》第三辑，1983 年。

张忍顺：《苏北黄河三角洲及滨海平原的成陆过程》，《地理学报》1984 年第
　2 期。

张忍顺：《历史时期江苏海岸线的变迁》，见中国第四纪海岸线学术委员会、
　中国海洋学会：《中国第四纪海岸线学术讨论会论文集》，北京：海洋出版
　社，1985 年。

张忍顺：《辐射沙洲与琼港海岸发育的关系》，《南京大学学报（自然科学
　版）》1984 年第 2 期。

张忍顺、王雪瑜：《江苏省淤泥质海岸潮沟系统》，《地理学报》1991 年第
　2 期。

张忍顺：《滩涂围垦对沿海水闸排水的影响》，《南京师大学报（自然科学
　版）》1995 年第 2 期。

张强、朱诚、刘春玲等：《长江三角洲 7000 年来的环境变迁》，《地理学报》
　2004 年第 4 期。

张晓祥、王伟玮、严长清等：《南宋以来江苏海岸带历史海岸线时空演变研
　究》，《地理科学》2014 年第 3 期。

张晓祥、严长清、徐盼等：《近代以来江苏沿海滩涂围垦历史演变研究》，《地
　理学报》2013 年第 11 期。

张晓祥、唐彦君、严长清等：《近 30 年来江苏海岸带土地利用/覆被变化研
　究》，《海洋科学》2014 年第 9 期。

张旸、陈沈良、谷国传：《历史时期苏北平原潮灾的时空分布格局》，《海洋通
　报》2016 年第 1 期。

张岩：《论清代常平仓与相关类仓之关系》，《中国社会经济史研究》1998 年
　第 4 期。

张岩：《清代盐义仓》，《盐业史研究》1993 年第 3 期。

张志忠、顾兆峰、刘锡清等：《南黄海灾害地质及地质环境演变》，《海洋地质
　与第四纪地质》2007 年第 5 期。

张长宽、陈君、林康等：《江苏沿海滩涂围垦空间布局研究》，《河海大学学报
　（自然科学版）》2011 年第 2 期。

赵李博、胡兵、薛玲玲：《江苏大丰丁溪村遗址范公堤发掘简报》，《东方博
　物》2018 年第 4 期。

赵清、林仲秋：《江苏北部古代海堤与海陆变迁》，《徐州师范学院学报（自然
　科学版）》1995 年第 2 期。

赵希涛、耿秀山、张景文：《中国东部 20000 年来的海平面变化》，《海洋学报
　（中文版）》1979 年第 2 期。

赵希涛、鲁刚毅、王绍鸿等：《江苏建湖庆丰剖面全新世地层及其对环境变迁与海面变化的反映》，《中国科学(B辑)》1991年第9期。

赵赟：《近代苏北沿海的"走脚田"与"农民农"研究》，《中国农史》2012年第3期。

赵赟：《清代苏北沿海的潮灾与风险防范》，《中国农史》2009年第4期。

郑景云、刘洋、郝志新等：《过去2000年气候变化的全球集成研究进展与展望》，《第四纪研究》2021年第2期。

郑肇经、查一民：《江浙潮灾与海塘结构技术的演变》，《农业考古》1984年第2期。

周天军：《未来地球科学计划及其在中国的组织实施》，《气候变化研究进展》2016年第5期。

周运中：《盐城在海中考》，《盐业史研究》2007年第2期。

朱诚、程鹏、卢春成等：《长江三角洲及苏北沿海地区7000年以来海岸线演变规律分析》，《地理科学》1996年第3期。

朱诚、郑朝贵、马春梅等：《对长江三角洲和宁绍平原一万年来高海面问题的新认识》，《科学通报》2003年第23期。

朱冠登：《清代里下河地区的圩田》，《江苏水利史志资料选辑》1989年第20期。

竺可桢：《中国近五千年来气候变迁的初步研究》，《考古学报》1972年第1期。

朱玉荣：《苏北中部滨海平原成陆机制研究》，《海洋科学》2000年第12期。

邹逸麟：《黄河下游河道变迁及其影响概述》，《复旦学报(社会科学版)》1980年第S1期。

3. 英文论著

Adger W. N., Arnell, N. W., Tompkins, E. L., Successful adaptation to climate change across scales, *Global Environmental Change*, 2005, 15: 77-86.

Adger, W. N., Barnett, J., Brown, K., et al., Cultural dimensions of climate change impacts and adaptation, *Nature Climate Change*, 2013, (02): 112-117.

Agnew, T., Berry, M., Chernyak, S., et al., World oceans and coastal zones, In: Tegart, W. J. M., Sheldon, G. W., Griffiths, D. C. (eds.). *FAR Climate Change: Impacts Assessment of Climate Change*, *Report prepared for IPCC by Working Group II*, 1990, pp. 1-28. https://www. ipcc. ch/report/ar1/wg2/.

Ahlhorn, F., *Integrated Coastal Zone Management*, Springer Vieweg, Wiesbaden, 2018.

Ahmed, M., Anchukaitis, K., Asrat, A., et al., Continental-scale temperature variability during the past two millennia, *Nature Geoscience*, 2013,(06): 339 – 346.

Altieri, M. A., Nicholls, C. I., The adaptation and mitigation potential of traditional agriculture in a changing climate, *Climatic Change*, 2017, 140: 33 – 45.

Bao, G. Y., Huang, H., Gao, Y. N., et al., Study on driving mechanisms of land use change in the coastal area of Jiangsu, China, *Journal of Coastal Research*, 2017, SI 79: 104 – 108.

Bao, J. L., Gao, S., Ge, J. X., Coastal engineering evolution in low-lying areas and adaptation practice since the eleventh century, Jiangsu Province, China, *Climatic Change*, 2020,162: 799 – 817.

Bao, J. L., Gao, S., Ge, J. X., Centralization and decentralization: Coastal management pattern changes since the late 19th century, Jiangsu Province, China, *Marine Policy*, 2019,109: 103705.

Bao, J. L., Gao, S., Ge, J. X., Salt and Wetland: Traditional Development Landscape, Land Use Changes and Environmental Adaptation on the Central Jiangsu Coast, China, 1450 – 1900, *Wetlands*, 2019,39: 1089 – 1102.

Bao, J. L., Gao, S., Ge, J. X., Dynamic land use and its policy in response to environmental and social-economic changes in China: A case study of the Jiangsu coast (1750 – 2015), *Land Use Policy*, 2019,82: 169 – 180.

Bao, J. L., Gao, S., Environmental characteristics and land use pattern changes of the Old Huanghe River delta, eastern China, in the sixteenth to twentieth centuries, *Sustainability Science*, 2016,11: 695 – 709.

Bao, J. L., Gao, S., Traditional coastal management practices and land use changes during the 16 – 20th centuries, Jiangsu Province, China, *Ocean & Coastal Management*, 2016,124: 10 – 21.

Barnes, J., Dove, M., Lahsen, M., et al., Contribution of anthropology to the study of climate change, *Nature Climate Change*, 2013,(06): 541 – 544.

Behre, K. E., Coastal development, sea-level change and settlement history during the later Holocene in the Clay District of Lower Saxony

(Niedersachsen), northern Germany, *Quaternary International*, 2004, 112: 37 - 53.

Belfer, E. , Ford, J. D. , Maillet, M. , Representation of indigenous peoples in climate change reporting, *Climatic Change*, 2017,145: 57 - 70.

Berrang-Ford, L. , Ford, J. D. , Paterson, J. , Are we adapting to climate change? *Global Environmental Change*, 2011,21: 25 - 33

Blankespoor, B. , Dasgupta, S. , Laplante, B. , Sea-level rise and coastal wetlands. *AMBIO*, 2014,43: 996 - 1005.

Brown, S. , Nicholls, R. J. , Hanson, S. , et al. , Shifting perspectives on coastal impacts and adaptation, *Nature Climate Change*, 2014, (04): 752 - 755.

Câmpeanu, C. N. , Fazey, I. , Adaptation and pathways of change and response: a case study from Eastern Europe, *Global Environmental Change-Human and Policy Dimensions*, 2014,28: 351 - 367.

Celliers, L. , Rosendo, S. , Coetzee, I. , et al. , Pathways of integrated coastal management from national policy to local implementation: enabling climate change adaptation, *Marine Policy*, 2013,39: 72 - 86.

Chen, L. , Ren, C. Y. , Zhang, B. , et al. , Spatiotemporal dynamics of coastal wetlands and reclamation in the Yangtze Estuary during the past 50 years (1960s - 2015), *Chinese Geographical Science*, 2018,28(03): 386 - 399.

Cheong, S. , Guest editorial on coastal adaptation, *Climatic Change*, 2011, 106: 1 - 4.

Cheong, S. , Silliman, B. , Wong, P. P. , et al. , Coastal adaptation with ecological engineering, *Nature Climate Change*, 2013, (03): 787 - 791.

Church, J. A. , Clark, P. U. , Cazenave, A. , et al. (eds.), *Climate change 2013: the Physical Science Basis: Contribution of Working Group I to the Fifth Assessment Report of the Intergovernmental Panel on Climate Change*, Cambridge University Press, Cambridge, United Kingdom and New York, USA, 2013, pp. 1137 - 1216.

Colten, C. E. , Environmental management in coastal Louisiana: a historical review, *Journal of Coastal Research*, 2017,33: 699 - 671.

Colten, C. E. , Adaptive Transitions: The long-term perspective on humans in changing coastal settings, *Geographical Review*, 2019,109(03): 416 - 435.

Comber, A. J. , Davies, H. , Pinder, D. , et al. , Mapping coastal land use changes 1965 – 2014: methods for handling historical the-matic data, *Transactions of the Institute of British Geographers*, 2016, 41: 442 – 459.

Connell, J. , Vulnerable islands: climate change, tectonic change, and changing livelihoods in the Western Pacific, *Contemporary Pacific*, 2015,27: 1 – 36

Costanza, R. , der Leeuw, S. , Hibbard, K. , et al. , Developing An Integrated History and Future of People on Earth (IHOPE), *Current Opinion in Environmental Sustainability*, 2012,4(01): 106 – 114.

Cui, B. S. , He, Q. , Gu, B. H. , et al. , China's coastal wetlands: understanding environmental changes and human impacts for management and conservation, *Wetlands*, 2016,36(Suppl 1): S1 – S9.

Dahm Ruben, Environment: flood resilience a must for delta cities, *Nature*, 2014,7531: 329.

Darby, H. C. , *The changing fenland*, Cambridge University Press, Cambridge, 1983.

Diaz, D. B. , Estimating global damages from sea level rise with the coastal impact and adaptation model (CIAM), *Climatic Change*, 2016, 137: 143 – 156.

Du, S. Q. , Scussolini, P. , Ward, P. J. , et al. , Hard or soft flood adaptation? Advantages of a hybrid strategy for Shanghai, *Global Environmental Change-Human and Policy Dimensions*, 2020, 61: 102037.

Farmer, G. T. , Cook, J. , *Climate Change Science: A Modern Synthesis*, Springer, Dordrecht, 2013.

Fernandez-Llamazares, A. , Garcia, R. A. , Diaz-Reviriego, I. , et al. , An empirically tested overlap between indigenous and scientific knowledge of a changing climate in Bolivian Amazonia, *Regional Environmental Change*, 2017,(06): 1673 – 1685.

Filho, W. L. , *Handbook of Climate Change Adaptation*, Springer-Verlag Berlin Heidelberg, 2015.

Firth, L. B. , Thompson, R. C. , Bohn, K. , et al. , Between a rock and a hard place: Environmental and engineering considerations when designing coastal defence structures, *Coastal Engineering*, 2013,87: 122 – 135.

Fischer, F. , Black, M. , *Greening Environmental Policy-the Politics of a Sustainable Future*, Palgrave Macmillan, New York, 1995.

Ford, J. D. , Cameron, L. , Rubis, J. , et al. , Including indigenous knowledge and experience in IPCC assessment reports, *Nature Climate Change*, 2016,(06): 349 – 353.

Geoghegan, J. , Bockstael, N. , Human behavior and ecosystem valuation: an application to the Patuxent Watershed of The Chesapeake Bay, In: Simpson, R. D. (ed.), *Ecosystem function and human activities*, Springer, Berlin, 1997, pp. 147 – 173.

Ge, Q. S. , Hao, Z. X. , Zheng, J. Y. , et al. , Temperature changes over the past 2000 yr in China and comparison with the Northern Hemisphere, *Climate of the Past*, 2013,9(03): 1153 – 1160.

Martinez, G. , Bizikova, L. , Blobel, D. , et al. , Emerging Climate Change Coastal Adaptation Strategies and Case Studies Around the World, In: Schernewski, G. , Hofstede, J. , Neumann, T. (eds.), *Global Change and Baltic Coastal Zones*, Springer Netherlands, 2011, pp. 249 – 273.

Goble, B. J. , Lewis, M. , Hill, T. R. , et al. , Coastal management in South Africa: historical perspectives and setting the stage of a new era, *Ocean & Coastal Management*, 2014,91: 32 – 40.

Gómez-Baggethun, E. , Reyes-García, V. , Olsson, P. , et al. , Traditional ecological knowledge and community resilience to environmental extremes: a case study in Doñana, SW Spain, *Global Environmental Change-Human and Policy Dimensions*, 2012,22: 640 – 650.

Graf, M. T. , Chmura, G. L. , Reinterpretation of past sea-level variation of the Bay of Fundy, *Holocene*, 2010,20(01): 7 – 11.

Granderson, A. A. , The role of traditional knowledge in building adaptive capacity for climate change: perspectives from Vanuatu, *Weather, Climate and Society*, 2017,9(03): 545 – 561.

Hadley, D. Land use and the coastal zone, *Land Use Policy*, 2009, 26 (S1): S198 – S203.

Harvey, N. , Dew, R. E. C. , Hender, S. , Rapid land use change by coastal wind farm development: australian policies, politics and planning, *Land Use Policy*, 2017,61: 368 – 378.

Harvey, N. , Hilton, M. , Coastal management in the Asia-Pacific region, In: Harvey, N. (ed.), *Global Change and Integrated Coastal*

Management, Springer, Netherlands, 2006, pp. 39 – 66.

Harvey, N., Mimura, N., New directions for global change research related to integrated coastal management in the Asia-Pacific region, In: Harvey, N. (ed.), *Global Change and Integrated Coastal Management*, Springer, Netherlands, 2006, pp. 315 – 334.

Hauer, M. E., Fussell, E., Mueller, V., et al., Sea-level rise and human migration, *Nature Reviews Earth & Environment*, 2020, (01): 28 – 39.

Hildreth, R. G., Gale, M. K., Institutional and legal arrangements for coastal management in the Asia-Pacific Region, In: Hotta, K., Dutton, I. M. (eds.), *Coastal Management in the Asia-Pacific Region: Issues and Approaches*, Japan International Marine Science and Technology Federation, Tokyo, 1995, pp. 21 – 38.

Hinkel, J., Lincke, D., Vafeidis, A. T., et al., Coastal flood damage and adaptation costs under 21st century sea-level rise, *Proceeding of the National Academy of Science of the United States of America*, 2014, 111: 3292 – 3297.

Hiwasaki L, Luna E, Syamsidik, et al., Local and indigenous knowledge on climate-related hazards of coastal and small island communities in Southeast Asia, *Climatic Change*, 2015, 128: 35 – 56.

Holland, D. S., Wiersma, J., Free form property rights for fisheries: the decentralized design of rights-based management through groundfish 'sectors' in New England, *Marine Policy*, 2010, 34: 1076 – 1081.

Hong, W. Y., Guo, R. Z., Su, M., et al., Sensitivity evaluation and land-use control of urban ecological corridors: a case study of Shenzhen China, *Land Use Policy*, 2017, 62: 316 – 325.

Horstman, E. M., Wijnberg, K. M., Smale, A. J., et al., On the consequences of a long-term perspective for coastal management, *Ocean & Coastal Management*, 2009, 52: 593 – 611.

Hosen, N., Nakamura, H., Hamzah, A., Adaptation to climate change: does traditional ecological knowledge hold the key? *Sustainability*, 2020, 12(02): 676.

Howden, S. M., Soussana, J., Tubiello, F. N., et al., Adapting agriculture to climate change, *Proceedings of the National Academy of Sciences of the United States of America*, 2007, 104: 19691 – 19696.

Huang, Y. F. , Li, F. Y. , Bai, X. M. , et al. , Comparing vulnerability of coastal communities to land use change: analytical framework and a case study in China, *Environmental Science & Policy*, 2012, 23: 133 - 143.

Huntington, H. P. , Using traditional ecological knowledge in science: methods and applications, *Ecological Application*, 2000, 10: 1270 - 1274.

Iglesias-Campos, A. , Meiner, A. , Bowen, K. , et al. , Coastal population and land use changes in Europe: challenges for a sustainable future, In: Baztan, J. , Chouinard, O. , Jorgensen, B. et al. (eds.), *Coastal Zones*, Elsevier, 2015, pp. 29 - 49.

IOC/UNESCO, IMO, FAO, UNDP, *A Blueprint for Ocean and Coastal Sustainability*, Paris, 2011.

IPCC, *Climate Change 1990: The IPCC Scientific Assessment*, Houghton, J. T. , Jenkins, G. J. , Ephraums, J. J. , (eds.), Cambridge, United Kingdom and New York, N. Y. , USA, Cambridge University Press, 1990.

IPCC, *Climate Change 2007: The Physical Science Basis. Contribution of Working Group I to the Fourth Assessment Report of the Intergovernmental Panel on Climate Change*, Solomon, S. , Qin, D. , Manning, M. , et al. (eds.), Cambridge University Press, Cambridge, United Kingdom and New York, N. Y. , USA, 2007.

IPCC, *Climate Change 2013: The Physical Science Basis, Contribution of Working Group I to the Fifth Assessment Report of the Intergovernmental Panel on Climate Change*, Stocker T. F. , Qin D. , Plattner, G-K. , et al. (eds.), Cambridge University Press, Cambridge, United Kingdom and New York, NY, USA.

IPCC, *Climate Change 2014: Impacts, Adaptation, and Vulnerability, Part A: Global and Sectoral Aspects. Contribution of Working Group II to the Fifth Assessment Report of the Intergovernmental Panel on Climate Change*, Field C. B. , Barros V. R. , Dokken D. J. , et al. (eds.), Cambridge University Press, Cambridge, United Kingdom and New York, NY, USA.

IPCC, *Climate Change 2014: Impacts, Adaptation, and Vulnerability. Part B: Regional Aspects. Contribution of Working Group II to the Fifth Assessment Report of the Intergovernmental Panel on Climate Change*,

Barros, V. R., Field, C. B., Dokken, D. J., et al. (eds.), Cambridge University Press, Cambridge, United Kingdom and New York, N. Y., USA, 2014.

Jiang, T. T., Pan, J. F., Pu, X. M., et al., Current status of coastal wetlands in China: degradation, restoration, and future management, *Estuarine, coastal and Shelf Science*, 2015,164: 265–275.

Johannes, R. E., Traditional marine conservation methods in Oceania and their demise, *Annual Review of Ecology and Systematics*, 1978,(09): 349–364.

Jones, H. P., Hole, D. G., Zavaleta, E. S., Harnessing nature to help people adapt to climate change, *Nature Climate Change*, 2012,(02): 504–509.

Juliá, R., Duchin, F., Land use change and global adaptations to climate change, *Sustainability*, 2013,(05): 5442–5459.

Kang, Y. Y., Xia, F., Ding, X. R., et al., Coastal evolution of Yancheng, northern Jiangsu, China since the mid-Holocene based on the Landsat MSS imagery, *Journal of Geographical Sciences*, 2013, 23 (05): 915–931.

Kay, R., Adler, J., *Coastal Planning and Management*, Taylor and Francis, London, 2005.

Ke, C. Q., Zhang, D., Wang, F. Q., et al., Analyzing coastal wetland change in the Yancheng National Nature Reserve, China, *Regional Environmental Change*, 2011,11(01): 161–173.

Kemp, A. C., Horton, B. P., Donnelly, J. P., et al., Climate related sea-level variations over the past two millennia, *Proceedings of the National Academy of Sciences of the United States of America*, 2011,108: 11017–11022.

Khakzad, S., Pieters, M., Van Balen, K., Coastal cultural heritage: a resource to be included in integrated coastal zone management, *Ocean & Coastal Management*, 2015,118: 110–128

Kihila, J. M., Indigenous coping and adaptation strategies to climate change of local communities in Tanzania: a review, *Climate and Development*, 2018,10(05): 406–416.

King, D. M., International management of highly migratory species: centralized versus decentralized economic decision making, *Marine*

Policy, 1979,(03): 264 - 277.

Kleppel, G. S. , Becker, R. H. , Allen, J. S. , et al. , Trends in Land use policy and development in the coastal Southeast. In: Kleppel, G. S. , DeVoe, M. R. , Rawson, M. V. (eds.), *Changing Land Use Patterns in the Coastal Zone*, Springer Series on Environmental Management, Springer, New York, 2006, pp. 23 - 45.

Larson, C. , China's vanishing coastal wetlands are nearing critical red line, *Science*, 2015,350(6260): 489.

Lau, M. , Integrated coastal zone management in the People's Republic of China — an assessment of structural impacts on decision-making processes, *Ocean & Coastal Management*, 2005,48(02): 115 - 159.

Lazrus, H. , Risk Perception and Climate Adaptation in Tuvalu: A Combined Cultural Theory and Traditional Knowledge Approach, *Human Orgnization*, 2015,(01): 52 - 61.

Lebel, L. , Local knowledge and adaptation to climate change in natural resource-based societies of the Asia-Pacific, *Mitigation and Adaptation Strategies for Global Change*, 2013,18: 1057 - 1076.

Lei, Y. D. , Wang, J. A. , Yue, Y. J. , et al. , How adjustments in land use patterns contribute to drought risk adaptation in a changing climate — a case study in China, *Land Use Policy*, 2014,36: 577 - 584.

Leonard, S. , Parsons, M. , Olawsky, K. , et al. , The role of culture and traditional knowledge in climate change adaptation: insights from East Kimberley Australia, *Global Environmental Change-Human and Policy Dimensions*, 2013,23(03): 623 - 632.

Lin, G. C. S. , Ho, S. P. S. , China's land resources and land-use change: insights from the 1996 land survey, *Land Use Policy*, 2003,20(02): 87 - 107.

Lin, Q. Y. , Yu, S. , Losses of natural coastal wetlands by land conversion and ecological degradation in the urbanizing Chinese coast, *Scientific Reports*, 2018,(08): 15046.

Liu, X. , Wang, Y. B. , Costanza, R. , et al. Is China's coastal engineered defences valuable for storm protection? *Science of the Total Environment*, 2019,657: 103 - 107.

Liu, Y. S. , Fang, F. , Li, Y. H. , Key issues of land use in China and implications for policy making, *Land Use Policy*, 2014,40: 6 - 12.

Li, Y. F. , Shi, Y. L. , Zhu, X. D. , et al. , Coastal wetland loss and environmental change due to rapid urban expansion in Lianyungang, Jiangsu, China, *Regional Environmental Change*, 2014,14(03): 1175 – 1188.

Liu, J. L. , Wen, J. H. , Huang, Y. Q. , et al. , Human settlement and regional development in the context of climate change: a spatial analysis of low elevation coastal zones in China, *Mitigigation and Adaptation Strategies for Global Change*, 2015,20: 527 – 546.

Lu, X. , Shi, Y. Y. , Chen, C. L. , et al. , Monitoring cropland transition and its impact on ecosystem services value in developed regions of China: a case study of Jiangsu Province, *Land Use Policy*, 2017,69: 25 – 40.

Ma, C. , Zhang, X. C. , Chen, W. P. , et al. , China's special marine protected area policy: trade-off between economic development and marine conservation, *Ocean & Coastal Management*, 2013,76: 1 – 11.

Ma, Z. J. , Melville, D. S. , Liu, J. G. , et al. , Rethinking China's new great wall, *Science*, 2014,346(6212): 912 – 914.

Makondo, C. C. , Thomas, D. S. G. , Climate change adaptation: Linking indigenous knowledge with western science for effective adaptation, *Environmental Science & Policy*, 2018,88: 83 – 91.

Mann, M. E. , Bradley, R. S. , Hughes, M. K. , Northern hemisphere temperatures during the past millennium: Inferences, uncertainties, and limitations, *Geophysical Research Letters*, 1999,26: 759 – 762.

Manrique, D. R. , Corral, S. , Pereira, A. G. , Climate-related displacements of coastal communities in the Arctic: Engaging traditional knowledge in adaptation strategies and policies, *Environmental Science & Policy*, 2018,85(SI): 90 – 100.

Mapfumo, P. , Mtambanengwe, F. , Chikowo, R. , Building on indigenous knowledge to strengthen the capacity of smallholder farming communities to adapt to climate change and variability in southern Africa, *Climate and Development*, 2016,8(01): 72 – 82.

Martin, C. L. , Momtaz, S. , Gaston, T. , et al. , A systematic quantitative review of coastal and marine cultural ecosystem services: current status and future research, *Marine Policy*, 2016,74: 25 – 32.

Mauss, M. , *Seasonal Variations of the Eskimo: A Study in Social Morphology*, London: Routledge, 1979.

McGranahan, G. , Balk, D. , Anderson, B. , The rising tide: assessing the risks of climate change and human settlements in low elevation coastal zones, *Environment and Urbanization*, 2007,19(01): 17-37.

McLeman, R. , Smit, B. , Migration as an adaptation to climate change, *Climatic Change*, 2006,76: 31-53.

McMillen, H. , Ticktin, T. , Springer, H. K. , The future is behind us: Traditional ecological knowledge and resilience over time on Hawaii Island, *Regional Environmental Change*, 2016,17: 579-592.

Merrell, W. J. , Reynolds, L. G. , Cardenas, A. , et al. , The Ike dike: a coastal barrier protecting the Houston/Galveston region from hurricane storm surge, In: Badescu, V. , Cathcart, R. B. (eds.), *Environmental science and engineering*, Springer-Verlag, Berlin Heidelberg, 2011, pp. 691-716.

Mestanza, C. , Piccardi, M. , Pranzini, E. , Coastal erosion management at callao (Peru) in the 17th and 18th centuries: the first groin field in south America? *Water*, 2018,(07): 1-13.

Morris, R. L. , Boxshall, A. , Swearer, S. E. , Climate-resilient coasts require diverse defence solutions, *Nature Climate Change*, 2020, 10: 485-487.

Millennium Ecosystem Assessment 2005, *Ecosystems and Human Well-being: Synthesis*, Island Press Washington DC, 2005.

Mimura, N. , *Asia-Pacific Coasts and Their Management*, Springer, The Netherlands, 2008.

Munn, T. , *Encyclopedia of global environmental change*, Chichester, UK, Wiley, 2002.

Mycoo, M. A. , Gobin, J. F. , Coastal management, climate change adaptation and sustainability in small coastal communities: leatherback turtles and beach loss, *Sustainability Science*, 2013,(08): 441-453.

Naess, L. O. , The role of local knowledge in adaptation to climate change, *WIREs Climate Change*, 2013,(04): 99-106.

Nakashima, D. , Galloway, M. K. , Thulstrup, H. , et al. , *Weathering Uncertainty: Traditional Knowledge for Climate Change Assessment and Adaptation*, United Nations Educational, Scientific and Cultural Organization, 2012.

Nalau, J. , Becken, S. , Schliephack, J. , et al. , The role of indigenous and traditional knowledge in Ecosystem-Based Adaptation: A review of the literature and case studies from the Pacific Islands, *Weather*, *Climate and Society*, 2018,10(04): 851 – 865.

Neumann, B. , Vafeidis, A. T. , Zimmermann, J. , Nicholls, R. J. , Future coastal population growth and exposure to sea-level rise and coastal flooding-A global assessment, *PLOS ONE*, 2015,10(03): e0118571.

Nicholls, R. J. , Wong, P. P. , Burkett, V. R. , et al. , Coastal systems and low-lying areas, In: Parry, M. L. , Canziani, O. F. , Palutikof, J. P. et al. (eds.), *Climate Change 2007: Impacts, Adaptation and Vulnerability, Contribution of Working Group II to the Fourth Assessment Report of the Intergovernmental Panel on Climate Change*, Cambridge University Press, Cambridge, UK, 2007, pp. 315 – 356.

Nursey-Bray, M. , Palmer, R. , Smith, T. F. , et al. , Old ways for new days: Australian Indigenous peoples and climate change, *Local Environment*, 2019,24(05): 473 – 486.

Nunn, P. D. , Illuminating sea-level fall around AD 1220 – 1510(730 – 440 cal yr BP) in the Pacific Islands: implications for environmental change and cultural transformation, *New Zealand Geographic*, 2000,56: 46 – 54.

Nunn, P. D. , Runman, J. , Falanruw, M. , et al. , Culturally grounded responses to coastal change on islands in the Federated States of Micronesia, northwest Pacific Ocean, *Regional Environmental Change*, 2017,17: 959 – 971.

Parcerisas, L. , Marull, J. , Pino, J. , et al. , Land use changes, landscape ecology and their socioeconomic driving forces in the Spanish Mediterranean coast (El Maresme County, 1850 – 2005), *Environmental Science & Policy*, 2012,23: 120 – 132.

Randall, R. G. , Koops, M. A. , Minns, C. K. , A comparison of approaches for integrated management in coastal marine areas of Canada with the historical approach used in the Great Lakes (Bay of Quinte), *Aquatic Ecosystem Health & Management*, 2011,14: 104 – 113.

Reis, J. , Stojanovic, T. , Smith, H. , Relevance of systems approaches for implementing integrated coastal zone management principles in Europe, *Marine Policy*, 2014,43: 3 – 12.

Ramsar Convention. The list of wetlands of international importance, https://

www. ramsar. org/sites/default/files/documents/library/sitelist. pdf.

Ramsar Convention on Wetlands. Global Wetland Outlook: State of the World's Wetlands and their Services to People, Gland, Switzerland: Ramsar Convention Secretariat, 2018, https://www. global-wetland-outlook. ramsar. org/outlook.

Rick, T. C. , Sandweiss, D. H. , Archaeology, climate, and global change in the Age of Humans, *Proceedings of the National Academy of Sciences of the United States of America*, 2020,117(15): 8250 – 8253.

Rippon, S. , *The Transformation of Coastal Wetlands: Exploitation and Management of Marshland Landscape in North West Europe During the Roman and Medieval Periods*, Oxford University Press, Oxford, 2000.

Roy, E. D. , Martin, J. F. , Irwin, E. G. , et al. , Living within dynamic social-ecological freshwater systems: system parameters and the role of ecological engineering, *Ecological Engineering*, 2011,37: 1661 – 1672.

Salick, J. , Byg, A. , *Indigenous peoples and climate change*, Tyndall Center for Climate Change Research, Oxford, 2007.

Salick, J. , Ross, N. , Traditional peoples and climate change, *Global Environmental Change*, 2009,19: 137 – 139.

Salomons, W. , Turner, K. , Lacerda, L. D. , Ramachandran, S. , *Perspectives on Integrated Coastal Zone Management*, Springer-Verlag, Berlin Heidelberg, 1999.

Sain, B. C. , Knecht, R. W. , *Integrated Coastal and Ocean Management: Concepts and Practices*, Island Press, Washington, 1998.

Sain, B. C. , Pavlin, I. , Belfiore, S. , *Sustainable Coastal Management: A Transatlantic and Euro-Mediterranean Perspective*, Springer, Netherlands, 2002.

Sanganyado, E. , Teta, C. , Masiri, B. , Impact of African traditional worldviews on climate change adaptation, *Integrated Environmental Assessment and Management*, 2017,14(02): 189 – 193.

Santana-Cordero, A. M. , Ariza, E. , Romagosa, F. , Studying the historical evolution of ecosystem services to inform management policies for developed shorelines, *Environmental Science & Policy*, 2016, 64: 18 – 29.

Santana-Cordero, A. M. , Monteiro-Quintana, M. L. , Hernández-Calvento, L. Reconstruction of the land uses that led to the termination of an arid coastal dune system: the case of the Guanarteme dune system (Canary Islands, Spain), 1834 - 2012, *Land Use Policy*, 2016,55: 73 - 85.

Schuerch, M. , Spencer, T. , Temmerman, S. , et al. , Future response of global coastal wetlands to sea-level rise, *Nature*, 2018,561: 231 - 234.

Shi, F. , Yang, B. , Mairesse, A. , et al. , Northern Hemisphere temperature reconstruction during the last millennium using multiple annual proxies, *Climate Research*, 2013,56: 231 - 244.

Shtienberg, G. , Zviely, D. , Sivan, D. , et al. , Two centuries of coastal change at Caesarea, Israel: natural processes vs. human intervention, *Geo-Marine Letters*, 2014,34: 365 - 379.

Siders, A. R. , Hino, M. , Mach, K. J. , The case for strategic and managed climate retreat, *Science*, 2019,365(6455): 761 - 763.

Siry, H. Y. , Decentralized coastal zone management in Malaysia and Indonesia: a comparative perspective, *Coastal Management*, 2006,34: 267 - 285.

Smajgl, A. , Toan, T. Q. , Nhan, D. K. , et al. , Responding to rising sea levels in the Mekong Delta, *Nature Climate Change*, 2015,(02): 167 - 174.

Smit, B. , Wandel, J. , Adaptation, adaptive capacity and vulnerability, *Global Environmental Change*, 2006,16: 282 - 292.

Stanley, D. J. , Warne, A. G. , Nile Delta: recent geological evolution and human impact, *Science*, 1993,260(5108): 628 - 634.

Stigter, C. J. , Dawei, Z. , Onyewotu, L. O. Z. , et al. , Using traditional methods and indigenous technologies for coping with climate variability, *Climatic Change*, 2005,70: 255 - 271.

Sun, Z. G. , Sun, W. G. , Tong, C. S. , et al. , China's coastal wetlands: conservation history, implementation efforts, existing issues and strategies for future improvement, *Environment International*, 2015, 79: 25 - 41.

Susan, A. C. , Mark, N. , Introduction: Anthropology and Climate Change, In: Susan, A. C. , Mark, N. (eds.), *Anthropology and Climate Change: From encounters and actions*, Walnut Creek, CA: Left Coast Press, 2009, pp. 9 - 36.

Syvitski, J. P. M. , Kettner, A. J. , Overeem, I. , Hutton, E. W. H. , Hannon, M. T. et al. , Sinking deltas due to human activities, *Nature*

Geoscience, 2009,2(10): 681 – 686.

Szabo, S. , Brondizio, E. , Renaud, F. G. , et al. , Population dynamics, delta vulnerability and environmental change: comparison of the Mekong, Ganges-Brahmaputra and Amazon Delta regions, *Sustainability Science*, 2016,11: 539 – 554.

Temmerman, S. , Meire, P. , Bouma, T. J. , et al. , Ecosystem-based coastal defence in the face of global change, *Nature*, 2013,504: 79 – 83.

Thomas, F. R. , Marginal islands and sustainability: 2000 years of human settlement in eastern Micronesia, *Ekonomska I Ekohistorija*, 2015,11: 64 – 74.

Tobias, P. , Sebastian, D. , Elisa, O. , et al. , Assessing, mapping, and quantifying cultural ecosystem services at community level, *Land Use Policy*, 2013,33: 118 – 129.

Torry, W. I. , Anthropological perspectives on climate change, In: Chen, R. , Boulding, E. , Schneider, S. (eds.), *Social Science Research and Climate Change*, Dordrecht: Springer, 1983, pp. 207 – 288.

Turnbull, D. , Knowledge systems: local knowledge, In: Selin, H. (ed.), *Encyclopaedia of the History of Science*, *Technology*, *and Medicine in Non-Western Cultures*, Springer, Dordrecht, 2016, pp. 2495 – 2501. https://doi. org/10. 1007/978-94-007-7747-7_8705.

UNDESA, *World Urbanization Prospects: The 2014 Revision* (ST/ESA/SER. A/366),New York, USA, 2015.

Vafeidis, A. , Neumann, B. , Zimmermann, J. , Nicholls, R. J. , *MR 9: Analysis of Land Area and Population in the Low-Elevation Coastal Zone* (LECZ), Government Office for Science, London, UK, 2011.

van Loon-Steensma, J. M. , Schelfhout, H. A. , Wide green dikes: a sustainable adaptation option with benefits for both nature and landscape values? *Land Use Policy*, 2017,63: 528 – 538.

Velez, J. M. M. , Garcia, S. B. , Tenorio, A. E. , Policies in coastal wetlands: Key challenges, *Environmental Science & Policy*, 2018, 88 (SI): 72 – 82.

Vermeer, M. , Rahmstorf, S. , Global Sea level linked to global temperature, *Proceedings of the National Academy of Sciences of the United States of America*, 2009,106: 21527 – 21532.

van Eerden, M. R. , Lenselink, G. , Zijlstra, M. , Long-term changes in wetland area and composition in The Netherlands affecting the carrying capacity for wintering waterbirds, *Ardea*, 2010,98(03): 265 - 282.

van Tielhof, M. , Forced solidarity: maintenance of coastal defences along the North Sea coast in the early modern period, *Environment and History*, 2015,21: 319 - 350.

Vos, P. C. , Knol, E. , Holocene landscape reconstruction of the Wadden Sea area between Marsdiep and Weser, *Netherlands Journal of Geosciences-Geologie en Mijnbouw*, 2015,94(02): 157 - 183.

Walshe, R. A. , Seng, D. C. , Bumpus, A. , et al. , Perceptions of adaptation, resilience and climate knowledge in the Pacific: The cases of Samoa, Fiji and Vanuatu, *International Journal of Climate Change Strategies and Management*, 2018,10: 303 - 322.

Walters, B. B. , Migration, land use and forest change in St. Lucia, West Indies, *Land Use Policy*, 2016,51: 290 - 300.

Wang, J. , Chen, Y. Q. , Shao, X. M. , et al. , Land-use changes and policy dimension driving forces in China: present, trend and future, *Land Use Policy*, 2012,29(04): 737 - 749.

Wang, J. , Lin, Y. F. , Glendinning, A. , et al. , Land-use changes and land policies evolution in China's urbanization processes, *Land Use Policy*, 2018,75: 375 - 387.

Wever, L. , Glaser, M. , Gorris, P. , et al. , Decentralization and participation in integrated coastal management: policy lessons from Brazil and Indonesia, *Ocean & Coastal Management*, 2012,66: 63 - 72.

Williams, T. , Hardison, P. , Culture, law, risk and governance: contexts of traditional knowledge in climate change adaptation, *Climatic Change*, 2013,120: 531 - 544.

Wong, P. P. , Losada, I. J. , Gattuso, J. P. , et al. , Coastal systems and low-lying areas, In: Field, C. B. , Barros, V. R. , Dokken, D. J. , et al. (eds.), *Climate Change 2014: Impacts, Adaptation, and Vulnerability, Part A: Global and Sectoral Aspects. Contribution of Working Group II to the Fifth Assessment Report of the Intergovernmental Panel on Climate Change*, Cambridge University Press, Cambridge, United Kingdom and New York, USA. 2014, pp. 361 - 409.

Woodruff, J. D. , The future of tidal wetlands is in our hands, *Nature*, 2018,561(7722): 183 - 185.

Wu, W. T. , Yang, Z. Q. , Tian, B. , et al. , Impacts of coastal reclamation on wetlands: loss, resilience, and sustainable management, *Estuarine Coastal and Shelf Science*, 2018,210: 153 – 161.

Xu, Y. , Lin, M. S. , Zheng, Q. A. , et al. , A study of long-term sea level variability in the East China Sea, *Acta Oceanologica Sinica*, 2015,34: 109 – 117.

Xue, W. , Hine, D. W. , Loi, N. M. , et al. , Cultural worldviews and environmental risk perceptions: A meta-analysis, *Journal of Environmental Psychology*, 2014,40: 249 – 258.

Yin, J. , Yin, Z. , Xu, S. Y. , Composite risk assessment of typhoon-induced disaster for China's coastal area, *Natural Hazards*, 2013,69: 1423 – 1434.

Zhang, D. , Evidence for the existence of the medieval warm period in China, *Climatic Change*, 1994,26: 289 – 297.

Zia, A. , Land use adaptation to climate change: economic damages from land-falling hurricanes in the Atlantic and Gulf States of the USA, 1900 – 2005, *Sustainability*, 2012,(04): 917 – 932.

Zuo, J. C. , Yang, Y. Q. , Zhang, J. L. , et al. , Prediction of China's submerged coastal areas by sea level rise due to climate change, *Journal of Ocean University of China*, 2013,12(03): 327 – 334.

3. 学位论文

陈可锋:《黄河北归后江苏海岸带陆海相互作用过程研究》,南京水利科学研究院博士学位论文,2008 年。

李开封:《苏北陶庄和青墩遗址全新世海退记录研究》,南京大学博士学位论文,2014 年。

李小庆:《环境、国策与民生:明清下河区域经济变迁研究》,东北师范大学博士学位论文,2019 年。

施敏琦:《中国沿海低地人口分布及人群自然灾害脆弱性研究》,上海师范大学硕士学位论文,2012 年。

孙伟红:《江苏海岸滩涂资源分布与动态演变》,南京师范大学硕士学位论文,2012 年。

王涛:《全新世南通地区环境变化与人类活动影响》,中国科学院南京地理与湖泊研究所博士学位论文,2012 年。

谢行焱:《明代沿海地区的风暴潮灾与国家应对》,江西师范大学硕士学位论文,2012 年。

徐靖捷:《明清淮南中十场的制度与社会——以盐场与州县的关系为中心》,中山大学博士学位论文,2013年。

许宁:《中国大陆海岸线及海岸工程时空变化研究》,中国科学院烟台海岸带研究所博士学位论文,2016年。

杨競红:《苏北平原的形成与演化》,南京大学博士学位论文,2006年。

赵赟:《苏皖土地利用方式与驱动力机制(1500—1937)》,复旦大学博士学位论文,2005年。

孙宝兵:《明清时期江苏沿海地区的风暴潮灾与社会反应》,广西师范大学硕士学位论文,2007年。

后　记

　　这本书主要是以我博士后期间的研究积累为基础，结合近几年的工作进行比较系统的梳理与总结，同时这本书的出版也算是给自己做博士学位论文时留下的心愿的一个交待。

　　2013年到2014年，我在完成博士学位论文过程中，逐渐了解到海岸带是全球变化与人类适应研究的关键地带，以及海岸带环境变迁与人类适应研究的重要价值。但关于这些方面在历史地理研究领域以往还没有专门研究，加上江苏海岸这种具有丰富历史人类开发活动的大面积低海拔海岸带，正是非常典型的区域，能够开展长时段的环境变迁与人类适应研究，或许可以做出独特的成果。因此，在完成博士学位论文之后，我便对这个研究设想产生了强烈的兴趣与向往，有了将其作为未来研究方向的初步想法，并写在博士学位论文的后记中。

　　我将这些不成熟的设想告诉了导师葛剑雄老师，葛老师认为博士学位论文只是专业研究的一个学术起点与重要积累，要取得更重要的、更有价值的研究成果，若能在博士学位论文基础上继续深化、拓展视野，争取机会尝试做些跨学科研究与创新工作，对以后的学术发展是很重要的。当然，我也明白，这个方向明显超出了自己在历史地理领域的研究基础，需要学习了解的新东西更多，比如海岸带地质与地貌、生态与水文、气候变化、可持续科学等其他相关学科的基础知识。但或许恰恰是对新领域、新知识的好奇,给当时的我平添了一些期待。因此,尽管我知道能否实现这个研究想法,一切都是未知数,需要更多努力,也需要好运气,但正是这份好奇心,推动我去寻找、去尝试。如今回想起来,我在博士毕业之际的短短一个多月内,能够有幸接触到以后的博士后导师高抒教授,并最终能跟随高老师学习工作多年,这在很大程度上带有误打误撞的成分。

当时我想最好能去地理学研究单位跟随有经验的专家做博士后,希望能基于自己博士学位论文的研究基础,进而开展海岸带环境变迁与历史人类活动关系的研究。比较相关的是南京大学地理与海洋科学学院与华东师范大学河口海岸科学研究院两家单位,地学研究实力都很强,特别是南大地海学院的不少老师的工作都与江苏沿海相关。但一个文科博士去理科单位做博士后需要一定的勇气,自己当时并未做好充分的心理准备,要突破自己并不容易。经过一段时间的摸索与等待,我联系上了南大地海学院汪亚平教授,汪老师帮我查询了地海学院博士后的进出站标准,又咨询了人事秘书胡老师,得知地海学院要求博士后进站之前就必须达到南大理科博士毕业生的基本要求,即至少发表过一篇 SCI 或 SSCI 论文,并且出站还要求发表两篇。因为没有先例,胡老师便提醒我有可能无法进站;勉强进来的话,万一不能顺利出站,还影响院里的博士后管理考核。因此,我自觉可能去不了,加上当时对 SCI 也不太了解,只好作罢。

令我意外的是,一周后汪老师又来信相告,希望我不要放弃,并认为以我前期积累的基础,只要努力,博士后进出站的考核应该不是问题,还发来一份英文论文给我看。汪老师很谦虚,告诉我他只是一名普通的教授,可能在进站申请与未来工作中无法给予我充分支持,但他的导师是著名海洋地质学家高抒教授,能够给我更好的支持,而且他也希望能有人开展海岸带的学科交叉研究,因此将我的情况告诉了高老师,并推荐我直接申请高老师的博士后。汪老师的这份来信与鼓励显著改变了我的怯场心态,使我减少了担忧,增加了一些信心,我想一位尚未谋面的南大教授能够为我考虑,我还有什么理由退缩呢?在他的引荐下,我与高老师很快取得联系,并将打算申请高老师博士后的想法告诉了葛老师。在了解情况后,葛老师一方面提醒我可能存在的困难与风险,另一方面也嘱咐我只要认准了就可以大胆尝试,争取最好的结果。随后葛老师又亲自给高老师写了一封邮件,希望他能对我多加指点与培养关照。

2014年初夏我第一次来到南大昆山楼,与高老师当面讨论博士后研究计划以及进站申请的事宜。我将自己的研究设想告诉了高老师,他非常耐心地介绍了理科的基本研究规范与科研思路,并一起初步拟定了研究主题、主要科学问题以及科研进度安排等。这是我头回与高老师当面讨论,这次近三小时的详谈中,高老师思路清晰、视野开阔,给我留下了深刻印象,不仅激发了我的研究兴趣,更坚定了未来工作的信心。我暗自下决心,一定要全力以赴、克服困难,争取做好这些研究设想。此时内心也更感激汪老师,因为正是他的推荐我才能有幸结识高老师。在这次讨论基础上,我拟定了比较详细的博士后科研计划,认真撰写了进站的申请材料,并请葛老师与满志敏老师写了推荐信,一并提交至地海学院。经南大地海学院学术委员会讨论与投票,最终幸运地通过了进站申请。

南大地学具有深厚的学术传统,能够成为这里的地理学博士后,接触国际地球系统科学和人地关系理论,包括在地球表层系统和要素过程与全球变化、海陆相互作用与海岸带资源环境、土地资源保护和利用等方面,是十分难得的机会。尽管存在困难与风险,自己也没有理科研究的基础,也很担心万一不顺利,会给葛老师、高老师丢脸。但我知道,既然有心完成自己的研究设想,博士后出站考核标准就不应当成为障碍,反而是一种促进力。进站后自己抓得比较紧,努力做好科研规划,管理好进度。同时也努力完善知识结构、反复提炼科学问题、修正研究思路、摸索田野方法,加强阅读国内外研究文献,以及包括 IPCC 历年报告等相关的专业资料,多方面了解国内外研究动态。在高老师的指点下,经过努力,两年里我发表了四篇中英文学术论文,申请并顺利完成了国家博士后、江苏省博士后科研基金项目。到 2016 年暑假,我顺利出站,结束博士后工作。此时高老师开始担任河口海岸学国家重点实验室主任,因此我继续跟随高老师来到华东师大河口院工作,担任课题组的专职助理研究员。

在华东师大河口海岸学国家重点实验室期间,我进一步拓展了研究视野。例如对河口演变规律、海岸动力地貌与沉积过程、河口海岸生态与环境等方面的基本理论知识有了更多了解。这里还是国际大科学计划"未来地球海岸"(Future earth-Coasts)在国内的重要合作者,有来自不同国家、地区不同学科的众多专家学者,我也曾跟随他们一起考察长江口重要湿地,了解滨海湿地生态系统的现状与趋势。这些经历也使我理解了基础研究与现实需求结合起来的重要性,也为我深入思考气候变化与河口海岸地区人类适应研究提供了重要体验,更直观地理解了学科交叉对于中国东部沿海与长江口人类适应研究的重要价值。

大约到 2018 年初,我逐渐将研究主题集中到低地海岸的历史适应研究上来,围绕该主题,先后申请了教育部人文社科研究基金、国家社科基金项目,陆续在国内外期刊发表了几篇研究论文。希望通过努力探索气候变化影响下低地海岸的环境演变与历史时期人类适应行为的变迁,为更好地理解沿海与三角洲地区的人类生存环境、促进形成适合本地特征的适应格局提供基础研究积累。

自 2014 年从复旦史地所博士毕业开始，到 2018 年末，我跟随高老师先后在南大与华东师大学习工作了四年半，对学科交叉研究有了更多的体会与信心，扩大了研究视野。同时也感谢地海学院李满春书记、鹿化煜院长在我进出站与工作中给予的指点与帮助，感谢华东师大河口室俞世恩书记、江红老师给予我工作与生活上的关照，还有在请教陈中原与王张华教授时，他们的讨论同样让我获益良多。

2018 年末我结束华东师大工作，返回复旦史地所，开始有了要将从博士后工作以来的研究积累整理出版的想法，争取形成比较系统的学术专著，并得到葛老师的鼓励与支持。2020 年初我申请获得复旦大学历史地理研究中心"十三五"重大攻关方向研究课题的出版资助。同时，也继续以这些年的研究为基础，努力开展新的研究课题，如围绕长三角地区的历史气候变化适应研究，在 2020 年申请获得上海市教育委员会科研创新计划重大项目（人文社科类）的资助。

一路走来，我深感学术导师的鼓励与支持十分重要。如果说，人一辈子能遇到一位好导师已经十分幸运，那么自己更幸运的是遇到了两位好导师，跨越了文科与理科两个专业方向。葛老师多年来给予我很多关心与鼓励，特别是在学习、工作与生活上的很多关键时候总能给予我指点与帮助，时常提醒我研究工作要实事求是，珍惜多种资助机会，争取多做出创新性成果、高水平成果。高老师对科研工作很有热情，时常能听到他分享的科研想法与经验感悟。在我写作论文、申请研究项目过程中常会请教他，他都能耐心地给予指导意见。他对待科学论文写作的态度严肃认真，诸如写作风格的多样性、数据的准确性、表达的科学性、语法的规范性以及总结讨论的创新性等,都会提出丰富的建议,近几年我发表的论文中,高老师都付出了很多精力协助。高老师还鼓励我加强与国际同行的交流,近几年我也先后参加了国际河口海岸大会(ECSA)、波兰华沙大学国际历史地理学家大会、巴西第三届世界环境史大会。我想,这些年正是在两位导师的支持下,自己才能按照最初的研究设想不断深化,不受干扰地、有比较充分的时间去持续推进。高山仰止、见贤思齐,虽然自己多愚钝,但十年来两位恩师的指导与勉励,都是对我最好的鞭策,他们追求学术的精神与做人做事的风范,更是自己最为宝贵的财富与终身学习的榜样。

一路走来,我深知学问面前需要始终保持谦卑,拥有质疑与较真的精神至关重要。我也深知自己基础薄弱,诚惶诚恐之心不敢淡忘。因此,继续保持好奇心,不局限于一个小的知识领域,不断开阔视野、突破自己,注重吸收相关科学的理论与方法,做到"不以人蔽己,不以己蔽己",才能更好地做好学术工作。今年适逢太老师谭其骧先生诞辰110周年纪念,在最近举办的全国历史地理学年会上,自己在2016年出版的一本书又忝列禹贡基金优秀青年著作奖。我想,常怀感恩之心,并勉力做出一些成绩,是致敬前贤、回馈老师与学校培养的最好方式。尽管一个人的时间精力有限,但如果能够尽量集中,是可以做一些事的。未来所愿,惟锲而不舍、谦虚踏实,努力做出一些更重要的成果。

本书原计划去年出版,但2020年新冠疫情突发,导致提交初稿、申请出版资助,以及书稿修定等环节的进度受到一定影响,部分资料查阅不甚便利,田野调查工作也不得不拖延,直到今年暑假才走访考察了盐城、大丰、东台、弶港、角斜、海安等多地,完成了部分必要的田野调查工作。因此,也特别感谢复旦史地所领导与诸位教授的大力支持,这些环节才得以顺利进行。

最后,在本书出版过程中,对一些关键资料与原始文献进行了重新核对,也修订了大部分图件,补充了一些相关的最新研究文献。在图件修改送审、文字校对等方面还请教了复旦大学出版社王卫东总编与本书责编关春巧老师,他们给了我很多专业的指点与热情协助。此外,除了此次复旦史地所提供的出版资助之外,本书部分内容在前期研究过程中也曾受到国家社科基金、教育部人文社科基金的研究资助,在此一并表示感谢!

鲍俊林

2021 年 7 月(辛丑夏),复旦光华楼

图书在版编目(CIP)数据

气候变化与江苏海岸的历史适应研究/鲍俊林著. —上海：复旦大学出版社，2021.9
(复旦史地丛刊)
ISBN 978-7-309-15895-3

Ⅰ.①气… Ⅱ.①鲍… Ⅲ.①沿海-生态系-气候变化-适应性-研究-江苏 Ⅳ.①P748

中国版本图书馆 CIP 数据核字(2021)第 173340 号

气候变化与江苏海岸的历史适应研究
鲍俊林 著
责任编辑/关春巧
审图号：GS(2021)6689 号

复旦大学出版社有限公司出版发行
上海市国权路 579 号 邮编：200433
网址：fupnet@fudanpress.com http://www.fudanpress.com
门市零售：86-21-65102580 团体订购：86-21-65104505
出版部电话：86-21-65642845
上海四维数字图文有限公司

开本 890×1240 1/32 印张 12.625 字数 294 千
2021 年 9 月第 1 版第 1 次印刷

ISBN 978-7-309-15895-3/P·16
定价：65.00 元